Wilfried Kuhn
Janez Strnad

Quantenfeldtheorie

vieweg studium
Aufbaukurs Physik

Herausgegeben von Hanns Ruder

Wilfried Kuhn und Janez Strnad
Quantenfeldtheorie

Horst Rollnik
Quantentheorie
Band 1: Grundlagen – Wellenmechanik – Axiomatik
Band 2: Quantifizierung physikalischer Systeme – Pfadintegrale – relativistische Quantentheorie

Etienne Guyon, Jean-Pierre Hulin und Luc Petit
Hydrodynamik

Grundkurs Physik

Herausgegeben von Hanns Ruder

Roman und Hannelore Sexl
Weiße Zwerge – Schwarze Löcher

Roman Sexl und Herbert Kurt Schmidt
Raum – Zeit – Relativität

Hanns und Margret Ruder
Die Spezielle Relativitätstheorie

Wilfried Kuhn
Janez Strnad

Quantenfeldtheorie

Photonen und ihre Deutung

Prof. Dr. Wilfried Kuhn
Institut für Didaktik der Physik
Justus-Liebig-Universität Gießen
Karl-Glöckner-Straße 21
35394 Gießen

Prof. Dr. Janez Strnad
Physik-Department und Stefan-Institut
Universität Ljubljana
6100 Ljubljana/Slowenia

Der Verlag Vieweg ist ein Unternehmen der Bertelsmann Fachinformation GmbH.

Umschlag: Klaus Birk, Wiesbaden

Gedruckt auf säurefreiem Papier

ISBN 978-3-528-07275-9 ISBN 978-3-322-90949-7 (eBook)
DOI 10.1007/978-3-322-90949-7

Vorwort

Es gibt eine Reihe von sehr guten Büchern zur Quantentheorie des elektromagnetischen Feldes. Diesen ein weiteres hinzuzufügen, bedarf daher einer Begründung.

Darstellungen auf hohem mathematischem Niveau sind für den Spezialisten konzipiert. Einer der Begründer der Quantenelektrodynamik Richard Feynman hat aber auch in seinem Buch *QED - Die seltsame Theorie des Lichtes und der Materie* den sehr bemerkenswerten Versuch unternommen, einem breiten Publikum von interessierten Nichtspezialisten die Grundgedanken der QED ganz ohne mathematischen Formalismus näher zu bringen. Unsere Darstellung ist in der Mitte dieses breiten Literaturspektrums plaziert. Es handelt sich um eine didaktisch reflektierte auf die wesentlichen Grundgedanken der Theorie gerichtete Darstellung, die sich sehr wohl des mathematischen Formalismus bedient.

Das Buch wendet sich an Studenten, die bereits die theoretischen Grundkurse in Mechanik, Elektrodynamik und Quantenmechanik absolviert haben, insbesondere an Lehramtskandidaten. Aufgrund langjähriger Erfahrungen in Lehrerfortbildung kennen wir die Defizite dieser Physikergruppe, die im Rahmen ihrer Studienordnung und auch nicht zuletzt wegen des hohen Anspruchniveaus mit der Quantentheorie des elektromagnetischen Feldes ernsthaft nicht in Berührung gekommen ist. Die Folgen dieser bedauerlichen Situation sind nicht unbekannt. So wird immer noch die falsche Behauptung vertreten, zur theoretischen Deutung des Photoeffektes sei ein teilchenhaftes Photon notwendig. Wenn Lehrer gelegentlich in Fortbildungskursen erfahren, das Photon sei als Anregungszustand des elektromagnetischen Feldes zu deuten, dann sagt ihnen dies nur dann etwas, wenn sie die Grundgedanken der Quantentheorie auch in einem elementaren mathematischen Kontext kennen, der sie mit diesem Hintergrundwissen davor bewahrt, in der Schule Falsches zu lehren. Ebenso ist das Buch auch für die Studenten, die sich speziell mit der Quantentheorie befassen, z.B. im Rahmen der Hochenergiephysik, als Grundlage für ein weiterführendes Studium von nicht zu unterschätzendem Nutzen.

Obwohl es sich um ein Theorie-Buch handelt, wird in der Darstellung die Verbindung von Theorie und Experiment besonders herausgestellt. Dazu wurden auch neue Experimente mit einbezogen. Dadurch bekommt der interpretierte mathematische Formalismus noch mehr Farbe.

Um sich einen schnellen Überblick zu verschaffen, können beim ersten Durchgang des Buches längere Rechnungen, die durch Zeichen

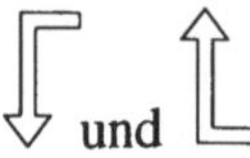

markiert sind, zunächst überschlagen werden.

Die Gleichungen sind abschnittsweise numeriert. So bedeutet im gleichen Kapitel z.B. (1.3) die dritte Gleichung im ersten Abschnitt und im anderen Kapitel z.B. (**2**.1.3) die entsprechende Gleichung aus dem zweiten Kapitel.

Wir dankem dem Deutschen Akademischen Austauschdienst, der mit mehreren Stipendien für J.S. unsere gemeinsame Arbeit an dem vorliegenden Buch am Institut für Didaktik der Physik der Justus-Liebig-Universität Gießen besonders förderte.

Gießen, 1994 Wilfried Kuhn Janez Strnad

Inhaltsverzeichnis

Methodisches Konzept

R.Feynman, einer der Begründer der Quantenelektrodynamik (QED), hat im Rahmen der Dualismusdiskussion auf die Frage „*Was ist Licht?*" die Antwort gegeben „*Keines von beiden.*" Nach Feynman ist Licht etwas „*Drittes*". Dieses „*Dritte*" wird in der Quantentheorie des elektromagnetischen Feldes behandelt. Die Quantentheorie hat als Ziel, das bei Experimenten mit Mikroobjekten in Erscheinung tretende teilchen- und wellenhafte Verhalten, nicht durch getrennte, sich widersprechende anschauliche Modellvorstellungen zu deuten, sondern im Rahmen einer einheitlichen Theorie widerspruchsfrei zu erfassen. Die naturphilosophische Frage nach der „wirklichen" Natur der Mikroobjekte bleibt dabei offen. Das „*Dritte*" ist nicht im Sinne eines ontischen Substrates der Quantenwelt, sondern als mathematisches Konzept zu verstehen, das erlaubt, die Quantenphänomene widerspruchsfrei darzustellen. Die theoretischen Voraussagen der Quantentheorie sind in hervorragender Übereinstimmung mit den experimentellen Daten. Es ist eine grundsätzliche naturphilosophische Frage, ob ein derartiges mathematisches Konzept Aussagen über die „*Wirklichkeit*" macht oder über die Art und Weise unserer Erkenntnisgewinnung. Wir gehen davon aus, daß die Quantentheorie des elektromagnetischen Feldes die Realität zwar nicht ikonisch abbildet, aber in einer strukturellen Korrespondenz zu ihr steht.

Eine wesentliche didaktische Leitlinie unserer elementaren Darstellung der Quantentheorie des elektromagnetischen Feldes sind *strukturelle Analogien* zwischen der klassischen Mechanik und der Quantenmechanik, die uns den Weg von der klassischen Elektrodynamik zur Quantenelektrodynamik zeigen. Dabei spielt der *harmonische Oszillator* die Rolle eines methodischen „*Leitfossils*", weil die quantisierten Energiestufen und Übergänge des quantenmechanischen Oszillators in analoger Weise zur Quantisierung des elektromagnetischen Feldes methodisch genutzt werden können. *Photonen* erscheinen dann nicht mehr als teilchenhafte Gebilde, sondern als *Anregungszustände des Feldes.*

Bei der Behandlung des harmonischen Oszillators wird gezeigt, wie der Übergang von der klassischen Mechanik zur Quantenmechanik zu vollziehen ist. Die Quantisierung erfolgt dadurch, daß man in geeigneter Form die klassischen dynamischen Variablen Ort und Impuls durch entsprechende *Operatoren* ersetzt, für die eine ganz bestimmte *Vertauschungsregel* gilt. In *analoger* Weise läßt sich der Übergang von der klassischen Elektrodynamik zur Quantenelektrodynamik durchführen.

Dementsprechend müssen die elektrische und die magnetische Feldstärke durch Operatoren, für die eine bestimmte Vertauschungsregel gilt, ersetzt werden. Beim harmonischen Oszillator treten zwei Energieformen auf: potentielle und kinetische

Energie. Die Energie oszilliert ständig zwischen diesen beiden Energieformen hin und her, wobei die Summe der beiden Energien konstant bleibt. Ein mechanisches Beispiel dafür sind stehende Seilwellen. Unser theoretisches Konzept läßt sich veranschaulichen, indem wir die dazu *analoge Situation konstruieren*, wobei wir uns die elektromagnetische Strahlung in einen von spiegelnden Wänden gebildeten Kasten eingesperrt denken. In einem solchen *optischen Resonator* treten dann *analog* zur potentiellen und kinetischen Energie des mechanischen Oszillators nun zwei Energieformen des Feldes auf, zwischen denen die elektrische und magnetische Feldenergie oszilliert.

Unser Ziel ist, das elektromagnetische Feld als quantenmechanisches Objekt zu behandeln, indem wir die kontinuierlichen Feldvariablen durch einen Satz von diskontinuierlichen (diskreten) Veränderlichen beschreiben. Anders ausgedrückt bedeutet dies, daß man das Feld in einem großen, aber endlichen Volumen nach fortschreitenden Wellen entwickelt. Dies geschieht bereits in der klassischen Elektrodynamik, indem man die Feldgrößen durch eine entsprechende Fourier-Entwicklung darstellt. Eine derartige Entwicklung des elektromagnetischen Feldes durch einen Satz von diskreten Veränderlichen läßt sich anschaulich als eine „Zerlegung" des Feldes in einen unendlichen Satz von *harmonischen Oszillatoren* deuten. Der Übergang von der klassischen Elektrodynamik zur Quantenelektrodynamik wird dann folgerichtig vollzogen, indem man den klassischen Oszillator durch den quantenmechanischen Oszillator ersetzt. Berechnet man den Ausdruck für die Gesamtenergie aller in unserem Kasten eingeschlossenen Eigenschwingungen, dann zeigt dieser eine zur Hamilton-Funktion des harmonischen Oszillators *analoge mathematische Struktur*, wobei ausdrücklich darauf hingewiesen sei, daß diese Analogie nur strukturell und nicht wörtlich verstanden werden darf. Die zu Impuls- bzw. Ortsoperator analogen Feldoperatoren bzw. die „Masse" sind nicht im wörtlichen Sinne, sondern nur im formalen Sinne als Abkürzungen für eine durch geschickte formale Umformungen entstandene Kombination physikalischer Bestimmungsstücke im Rahmen unseres Kastenmodells aufzufassen.

Um von der Analogie zwischen Orts- und Impulskoordinaten des harmonischen Oszillators und den Feldgrößen zu den Operatoren für die elektrische und magnetische Feldstärke zu gelangen, erinnern wir uns an die „algebraische Methode", die Energiezustände des quantenmechanischen Oszillators durch die Einführung von *Erzeugungs-* und *Vernichtungsoperatoren* zu gewinnen. Danach lassen sich der Orts- und Impulsoperator des quantenmechanischen Oszillators aus einer Kombination von Erzeugungs- und Vernichtungsoperator darstellen. Um die Operatoren für die elektrische und magnetische Feldstärke zu konstruieren, verfahren wir *analog*. Wir erhalten dann Ausdrücke in Produktform, wobei der eine Faktor den Wellencharakter des Feldes mathematisch zum Ausdruck bringt, während der zweite, in den die Erzeugungs- und Vernichtungsoperatoren eingegangen sind, die Quantisierung des Feldes beschreibt. *Damit wird deutlich, daß die Quantisierung des elektromagnetischen Feldes unter ausdrücklicher Wahrung des Wellencharakters und keineswegs im Gegensatz dazu in der QED vollzogen wird.* Wellenhaftes und teilchenhaftes ist bei den Mikroobjekten potentiell immer gleichzeitig vorhanden. Welcher Aspekt in einem ganz bestimmten Experiment hervortritt, hängt davon ab, wie der andere unterdrückt wird. Mit neueren experimentellen Anordnungen kann man beide Aspekte auch gleichzeitig demonstrieren.

Auf Grund unserer *Analogiebetrachtungen* läßt sich sofort die Schrödinger-Gleichung für das elektromagnetische Feld finden. Ihre Eigenwerte sind uns ja bereits bekannt, denn wir wissen, daß bei Wechselwirkungsprozessen der Lichtwelle Energie in ganzzahligen Vielfachen von $\hbar\omega$ ausgetauscht wird. Welche Bedeutung kommt nun den Wellenfunktionen des quantisierten elektromagnetischen Feldes zu? Man kann die Emissions- und Absorptionsvorgänge so interpretieren, daß sich der durch die Wellenfunktion beschriebene Energiezustand des Feldes um ein Energiequant $\hbar\omega$ erhöht oder erniedrigt, wobei die Wellenfunktion u_n in die Wellenfunktion u_{n+1} bzw. u_{n-1} übergeht. In *Analogie* zum quantenmechanischen Oszillator ist diese Beschreibung eines Zustandes des elektromagnetischen Feldes durch Angabe von Quantenzahlen eine „*Besetzungszahldarstellung*".

Hinsichtlich des Zusammenhangs zwischen der Quantenelektrodynamik und klassischer Elektrodynamik sei bemerkt, daß man Zustände eines elektromagnetischen Feldes konstruieren kann, bei denen sich der Erwartungswert des Feldstärkeoperators wie die entsprechende Größe bei der klassischen Welle verhält. Diese sogenannten *kohärenten Zustände* sind durch große Besetzungszahlen bzw. hohe Photonenzahlen charakterisiert. Daher kann unter bestimmten Bedingungen die Maxwell-Theorie als klassische Näherung der Quantenelektrodynamik angesehen werden. Dies läßt sich auch experimentell zeigen, wenn man den Photoeffekt mit Laserlicht von hoher Intensität ausführt. Dann ist nämlich im Gegensatz zur üblichen Demonstration des Effektes, die kinetische Energie der Photoelektronen im Einklang mit der Wellentheorie des Lichtes proportional der Intensität des eingestrahlten Lichtes, welche durch die Wellenamplitude bestimmt ist.

Wir stellen noch einmal ausdrücklich heraus:

In der Quantentheorie des elektromagnetischen Feldes wird der Wellencharakter des elektromagnetischen Feldes durch die Feldquantisierung nicht aufgehoben.

Der Wellencharakter der Feldgrößen und der Quantencharakter der Feldenergie geraten nicht in den Konflikt. Der „*Dualismus*" reduziert sich darauf, daß beide Größen nicht gleichzeitig scharf meßbar sind. Bildlich gesprochen kann man sagen, daß sich bei einer scharfen Energiemessung die Feldstärken gleichsam verschmieren. Dadurch sind die Wellen in ihrem zeitlichen Verlauf nicht mehr erkennbar, die räumliche Ausmessung der Feldstärken zeigt jedoch ein klares Wellenbild. Damit reduziert sich die Dualismusproblematik letztlich auf eine Besonderheit des quantenphysikalischen Meßprozesses. Obwohl die Quantenelektrodynamik eine empirisch äußerst erfolgreiche Theorie ist, sei noch einmal wiederholt, daß den im Rahmen unseres Analogiekonzeptes gebildeten Feldoperatoren keine physikalischen Größen in der Raum-Zeit zugeordnet werden können. Deshalb können wir von der Quantenelektrodynamik keine Antworten bezüglich der raumzeitlichen Einbettung und Lokalisierung der Quantenobjekte erwarten. Das Photon verrät uns gleichsam nur den Ort seiner Geburt bzw. den seines Grabes. Wir erhalten keine Auskunft darüber, was es treibt, wenn es nicht beobachtet wird. Nachdem sich die Teilchenvorstellung als untauglich erwiesen hat, müssen wir uns darauf beschränken, sein Verhalten durch das mathematische Konzept der Quantenelektrodynamik zu beschreiben. Vertreter einer ontischen Deutung physikalischer Erkenntnisse halten diese Einstellung für einen „epistemischen Rückzug" oder gar für die Aufweichung des klassischen Erkenntnisanspruches. Diese naturphilosophischen Fragen werden sicher noch weitere Generationen von Philosophen und Physikern beschäftigen. Solange keine bessere Theorie in Sicht ist, arbeiten wir als Physiker weiter mit dem Konzept der QED. Bisher hat sie alle experimentellen Tests glänzend bestanden.

Strukturkonzept

1. Klassische Mechanik	**2. Quanten-Mechanik**	**3. Klassische Elektrodynamik**	**4. Quanten-Elektrodynamik**
1.1 Grundbegriffe	2.1 Grundbegriffe	3.1 Grundlagen	4.1 Feldquantisierung
	2.2 Schrödinger-Gleichung	3.2 Laufende und stehende Wellen	4.2 Feldquantisierung mit stehenden Wellen
	2.3 Vertauschbarkeit von Operatoren	3.3 Schwingungen und Wellen	4.3 Feldquantisierung mit laufenden Wellen
1.2 Harmonischer Oszillator	2.4 Harmonischer Oszillator	3.4 Modendichte	4.4 Photon
	2.5 Hermite-Polynome	3.5 Dipolstrahlung	
	2.6 Erzeugungs- und Vernichtungsoperatoren		
	...		
	2.11 Selbstadjungierte Operatoren		
	2.12 Unschärfebeziehung		
	2.13 Kohärente Zustände		4.5 Kohärente Zustände
	2.14 Heisenberg-Bild		
	2.15 Teilchenzahldarstellung und Dirac-Schreibweise		
	2.16 Gequetschte Zustände		
	2.17 Die Phase		
	2.18 Quantenmechanik und klassische Mechanik		4.6 QED und klassische Elektrodynamik
			...

1 Klassische Mechanik

1.1 Grundbegriffe

Die Bewegung eines Massenpunktes in einer Dimension kann mit dem Newton-Gesetz oder dem Energiesatz, der Lagrange-Gleichung oder den Hamilton-Gleichungen behandelt werden. Auf dem Energiesatz und den Hamilton-Gleichungen wird die Quantenmechanik aufgebaut.

Aus der Grundform der Bewegungsgleichung der klassischen Mechanik, aus dem zweiten *Newton-Gesetz*, kann man weitere Formen der Bewegungsgleichungen herleiten, den *Energiesatz* und letztlich die *Hamilton-Gleichungen*. Bei der Betrachtung von Vorgängen, die man mit einer dieser Bewegungsgleichungen beschreibt, wollen wir uns der Einfachheit halber auf die Bewegung eines Massenpunktes auf einer Geraden beschränken. Später wollen wir einerseits die Bewegungsgleichungen der Quantenmechanik auf den klassischen Bewegungsgleichungen aufbauen und andererseits die Bedingungen untersuchen, unter denen die Quantenmechanik in die klassische Mechanik übergeht.

Das zweite *Newton-Gesetz* besagt, daß die Kraft F eine Änderung des Impulses p verursacht.

$$F = \frac{dp}{dt} \; . \tag{1}$$

Ein mit der Masse m behafteter Massenpunkt besitzt den Impuls:

$$p = mv \; , \tag{2}$$

wobei die *Koordinate* x seine Entfernung vom Koordinatenursprung bezeichnet und $v = dx/dt = \dot{x}$ die *Geschwindigkeit* des Massenpunktes darstellt. Damit gilt:

$$F = m\frac{dv}{dt} \; . \tag{3}$$

Gleichung (3) kann integriert werden, indem man $Fdx = m(dv/dt)dx = mvdv$ bildet. Dann folgt:

$$m\int vdv - \int Fdx = 0 \; .$$

Ist die Kraft *konservativ* und hängt das Integral nur von der Anfangskoordinate und Endkoordinate ab, gilt der *Energiesatz*, nach dem die *Gesamtenergie* des Massenpunktes H konstant ist:

$$H = T + V \ . \tag{4}$$

Sie setzt sich zusammen aus der *kinetischen Energie*:

$$T = \tfrac{1}{2}mv^2 = \tfrac{1}{2}p^2/m \tag{5}$$

und aus der *potentiellen Energie*:

$$V = V_0 - \int\limits_0^x F dx \ . \tag{6}$$

V_0 ist eine willkürliche Konstante, die gleich Null gesetzt werden kann. Umgekehrt kann man die Kraft aus der potentiellen Energie gewinnen:

$$F = -\frac{dV}{dx} \ . \tag{6a}$$

Die kinetische Energie T hängt nur von der Geschwindigkeit des Massenpunktes, die potentielle Energie V nur von seiner Koordinate ab.

Setzen wir in die Gleichung (1) auf der linken Seite (6a) und wegen (5) auf der rechten Seite $p = \partial T/\partial v = \partial T/\partial \dot{x}$, so geht (1) über in:

$$-\frac{dV}{dx} = \frac{d}{dt}\frac{\partial T}{\partial \dot{x}} \ .$$

Wenn wir die *Lagrange-Funktion*

$$L = T - V = \tfrac{1}{2}p^2/m - V(x) \ , \tag{7}$$

einführen, gelangen wir wegen $\partial T/\partial \dot{x} = \partial L/\partial \dot{x}$ zu der *Lagrange-Gleichung*:

$$\frac{d}{dt}\frac{\partial L}{\partial \dot{x}} = \frac{\partial L}{\partial x} \ . \tag{8}$$

Der mit Variationsrechnung vertraute Leser erkennt in ihr die *Euler-Gleichung*, die sich aus dem *Variationsprinzip*

$$\delta \int L(x, \dot{x}) dt = 0 \tag{9}$$

ergibt. Dabei wird die Bahn bei fixierter Anfangs- und Endkoordinate variiert. Wenn die *Wirkung* $\int Ldt$ ein Extremum hat, ist die erste Variation $\delta \int Ldt$ gleich Null. Die tatsächliche Bahn $x(t)$ verläuft also so, daß für sie die erste Variation des Integrals der Lagrange-Funktion gleich Null ist. Das ist der Inhalt des *Hamilton-Prinzips* oder des *Prinzips der kleinsten Wirkung*.

Die Differentialgleichung zweiter Ordnung (8) kann durch zwei *Hamilton-Gleichungen* ersetzt werden:

$$\frac{dx}{dt} = \frac{\partial H}{\partial p}, \qquad \frac{dp}{dt} = -\frac{\partial H}{\partial x}, \tag{10}$$

die erster Ordnung sind. Die *Hamilton-Funktion* wird dabei mit $p = \partial L/\partial\dot{x}$ als $H = p\dot{x} - L$ eingeführt und stimmt mit der Gesamtenergie (4) überein. Die erste Gleichung folgt mit $p = \partial L/\partial\dot{x}$ und $\partial L/\partial x = \partial H/\partial x$ aus (8) und die zweite aus $p/m = dx/dt = \partial L/m\partial\dot{x} = \partial L/\partial p = \partial H/\partial p$.

Jede der angegebenen Bewegungsgleichungen erlaubt die Behandlung der eindimensionalen Bewegung des Massenpunktes. Die Herleitung der Vielfalt der Bewegunsggleichungen ist aber kein Spiel mit Symbolen. Bei gewissen Fragestellungen sind entweder die Lagrange-Gleichung oder die Hamilton-Gleichungen zweckmäßiger, bzw. verallgemeinerungsfähig. Diese Gleichungen gelten auch für *generalisierte Koordinaten*, die den Freiheitsgraden entsprechen, und denen *generalisierte Impulse* zugeordnet werden. Ein Beispiel dafür werden wir bei der Behandlung des elektromagnetischen Feldes geben.

Abschließend sei betont, daß in der klassischen Mechanik die Bewegung eines Massenpunktes mit der *Bahnkurve* $x = x(t)$ beschrieben wird. Ein Problem kann als gelöst angesehen werden, wenn man bei bekannter Kraft oder potentieller Energie die Bahnkurve aus den Bewegungsgleichungen ermittelt hat.

1.2 Harmonischer Oszillator

Die Bewegungsgleichung des Federpendels wird diskutiert. Dies geschieht im Hinblick auf die besondere Rolle des quantenmechanischen harmonischen Oszillators als didaktische Leitlinie unseres Analogiekonzeptes.

Als Beispiel behandeln wir das *Federpendel*. Eine Masse m ist an einer Schraubenfeder mit der Federkonstanten D an einer Wand befestigt. Sie soll sich ohne Reibung auf einer waagrechten Unterlage, etwa einem Luftkissentisch, bewegen. Dieselben Ergebnisse gelten auch für eine Masse, die an einer Feder aufgehängt ist. Die Kraft der Feder auf den Massenpunkt ist der jeweiligen Auslenkung x aus der Gleichgewichtslage proportional und zu dieser hin gerichtet:

$$F = -Dx\,. \tag{1}$$

Für die potentielle Energie gilt nach (1.6) (Bild 1.1):

$$V = \tfrac{1}{2}Dx^2\,. \tag{1a}$$

Die Hamilton-Funktion des Federpendels lautet somit:

$$H = \tfrac{1}{2}mv^2 + \tfrac{1}{2}Dx^2 = \tfrac{1}{2}p^2/m + \tfrac{1}{2}Dx^2\,. \tag{2}$$

Wir versuchen die Gleichung mit dem Ansatz:

$$x = x_0 \cos(\omega t + \phi) \tag{3}$$

zu lösen. Dabei ist x_0 die *Amplitude*, ω die *Kreisfrequenz* und ϕ die *Phasenverschiebung*, kurz *Phase*, der Schwingung. Amplitude und Phase werden durch die *Anfangsbedingungen*, z.B.

$$x_1 = x(t=0) \quad \text{und} \quad v_1 = \left(\frac{dx}{dt}\right)_{t=0}$$

festgelegt. Der Massenpunkt schwingt periodisch mit der *Schwingungsdauer*:

$$2\pi/\omega\ .$$

Seine Geschwindigkeit beträgt:

$$v = \frac{dx}{dt} = -\omega x_0 \sin(\omega t - \phi)\ . \tag{3a}$$

Aus der Forderung, daß die Hamilton-Funktion konstant ist, folgt für die Kreisfrequenz:

$$\omega = \sqrt{\frac{D}{m}}\ . \tag{3b}$$

Die Gesamtenergie ist dem Quadrat der Amplitude proportional:

$$H = T + V = \tfrac{1}{2}p^2/m + \tfrac{1}{2}m\omega^2x^2 = \tfrac{1}{2}m\omega^2x_0^2\ .$$

Obwohl wir den Hamilton-Gleichungen (1.10) vertrauen, ist es nützlich zu prüfen, ob sie für das Federpendel gelten. Wir gehen dabei aus von der Hamilton-Funktion $H = \frac{1}{2}p^2/m + \frac{1}{2}m\omega^2x^2$ und von der Bahnkurve $x = x_0\cos(\omega t - \phi)$ mit dem zugehörigen Impuls $p = m dx/dt = -m\omega x_0 \sin(\omega t - \phi)$. Die Gleichung $dx/dt = \partial H/\partial p$ gibt auf der rechten Seite $p/m = v$, was identisch gleich der linken Seite ist. Die Gleichung $dp/dt = -\partial H/\partial x$ gibt auf der rechten Seite $-m\omega^2 x$, was gleich der linken Seite ist: $dp/dt = -m\omega^2x_0\cos(\omega t - \phi) = -m\omega^2x$.

Für das Praktikum in Experimentalphysik gebe ich meinen Studenten immer einen einfachen Tip: Wenn immer sie nach einem unbekannten Apparat gefragt werden, sollten sie antworten: das ist ein harmonischer Oszillator! Ob Automotor, Pendel oder Telephon: in der Betrachtungsweise des Physikers wird stets alles so lange genähert und vereinfacht, bis es zum linearen harmonischen Oszillator wird.

R.Sexl, Phys.Blätt. **40** (1984) 158

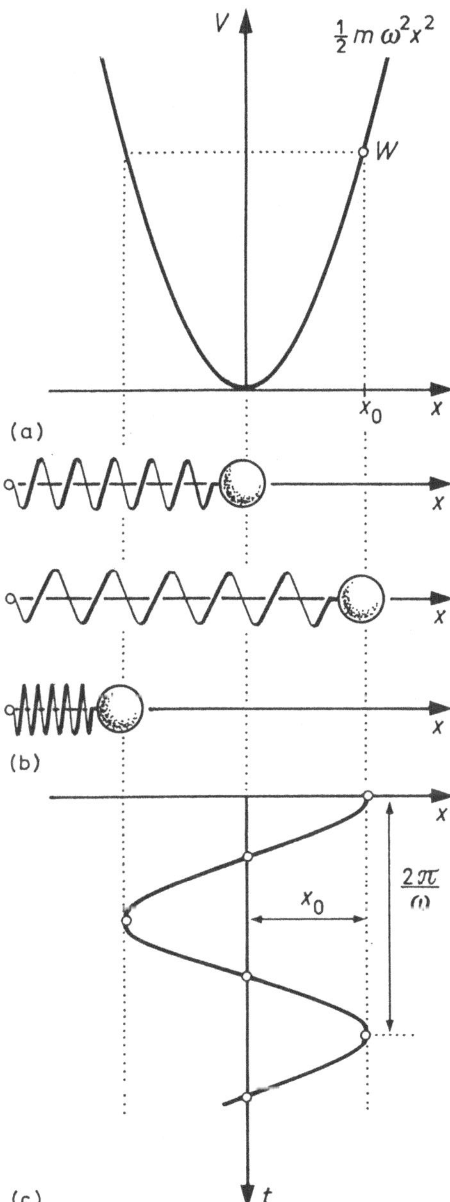

Bild 1.1
Das Federpendel, der „klassische harmonische“ Oszillator. Die Abhängigkeit der Energie der Feder von der Auslenkung des Körpers aus der Ruhelage; die Energie des Federpendels ist der größten Energie der Feder gleich (a). Der schwingende Körper hat die größte Geschwindigkeit, wenn er durch die Ruhelage geht, und ruht in den beiden äußeren Lagen (b). Die Zeitabhängigkeit der Auslenkung aus der Gleichgewichtslage (c).

2 Quantenmechanik

2.1 Grundbegriffe

Es werden im vertrauten Rahmen der Quantenmechanik „Werkzeuge" für die Quantentheorie des elektromagnetischen Feldes bereitgestellt. Im Zuge der „ersten" Quantisierung werden dynamischen Veränderlichen, den Koordinaten und den entsprechenden Impulskomponenten, Operatoren zugeodnet.

Wir gehen nun von der Newton-Mechanik zur nichtrelativistischen Quantenmechanik über und befassen uns zunächst mit der Bewegungsgleichung im *Schrödinger-Bild*. In ihm werden den *dynamischen Veränderlichen zeitunabhängige Operatoren* zugeordnet und der Zustand eines quantenmechanischen Systems mit *zeitabhängigen Wellenfunktionen* (*Zustandsvektoren*) beschrieben.

Die Grundgesetze der Quantenmechanik kann man in Form der *von Neumann-Axiome* zusammenfassen. Für ein gebundenes System, also ein System das diskrete Energien aufweist, lauten sie für den eindimensionalen Fall:

- Jedem physikalischen System entspricht ein *Hilbertraum*, dessen Vektoren vollständig die Zustände des Systems beschreiben. Jeder dynamischen Veränderlichen A entspricht ein *selbstadjungierter Operator* $\hat{A}$, der auf die Vektoren des Hilbertraums wirkt.

- Für ein System im Zustand Ψ_b ist der *Erwartungswert* der dynamischen Veränderlichen A durch

  $$\int \Psi_b^* \hat{A} \Psi_b dx$$

  bestimmt. Dabei ist $\hbar = h/2\pi$ und ist $h = 6,62 \cdot 10^{-34}$ Js die für die Quantenmechanik charakteristische *Plancksche Konstante*.

- Die zeitliche Entwicklung des Systems ist durch die *Schrödinger-Gleichung*

  $$\hat{H}\Psi = i\hbar \frac{\partial \Psi}{\partial t}$$

  gegeben, wobei $\hat{H}$ der *Operator der Gesamtenergie* oder *Hamilton-Operator* ist.

- Wenn die Messung der dynamischen Veränderlichen A den *Eigenwert* A_n ergibt, ist das System unmittelbar nach der Messung im *Eigenzustand* Ψ_n des Operators $\hat{A}$.

Diese Axiome sollten nicht erschrecken. Später werden wir einsehen, was die in den Axiomen vorkommenden abstrakten mathematischen Begriffe beinhalten und welche physikalische Bedeutung ihnen zugeschrieben werden kann. Die axiomatische Darstellung am Anfang soll bereits deutlich machen, daß man die Gesetze der Quantenmechanik, im besonderen die Schrödinger-Gleichung, nicht aus den Gesetzen der klassischen Mechanik herleiten kann.

Wir beginnen mit der *Konfigurationsraum-Darstellung* des Schrödinger-Bildes, in der die Koordinate x die Rolle der grundlegenden *dynamischen Veränderlichen* spielt. Der Übergang von der klassischen Mechanik zur Quantenmechanik läßt sich in diesem Bild am leichtesten verstehen. Als dynamische Veränderliche bezeichnet man in der Quantenmechanik veränderliche Größen, die zur Beschreibung des physikalischen Systems gebraucht werden und die im Prinzip meßbar sind, z.B. Koordinate, Impuls, kinetische und potentielle Energie, Gesamtenergie, Drehimpuls u.a. Die Zeit ist keine dynamische Veränderliche sondern ein äußerer Parameter.

In der Quantenmechanik werden dynamischen Veränderlichen *Operatoren* zugeordnet. Dies sind mathematische Ausdrücke, die einen „Befehl" zur Ausführung einer Rechenoperation enthalten. Für die Operatoren gelten *Operatorengleichungen*, die den Gleichungen der klassischen Mechanik entsprechen. Die Operatoren, mit denen wir uns in diesem Kapitel befassen werden, sind in der folgenden Tabelle zusammengestellt. Wir werden später sehen, warum diese Zuordnung sinnvoll ist.

Tabelle 2.1 Die dynamischen Veränderlichen und die ihnen zugeordneten Operatoren in der Konfigurationsraum-Darstellung des Schrödinger-Bildes. Es ist üblich, die Operatoren mit dem Dach ^ zu kennzeichnen.

Dynamische Veränderliche	klassisch	Operator
Koordinate	x	$\hat{x} = x$
Impuls	p	$\hat{p} = (\hbar/i)\partial\ /\partial x$
kinetische Energie	$T = p^2/2m$	$\hat{T} = -(\hbar^2/2m)\partial^2\ /\partial x^2$
potentielle Energie	$V = V(x)$	$\hat{V} = V(x)$
Gesamtenergie	$H = T + V$	$\hat{H} = \hat{T} + \hat{V}$

2.2 Schrödinger-Gleichung

Eine Form der Bewegungsgleichung, die Schrödinger-Gleichung, entspricht dem Energiesatz der klassischen Mechanik. Die Gleichung ist einerseits verwandt mit der Wellengleichung und andererseits mit der Diffusionsgleichung der klassischen Physik. Der Operator der Koordinate $\hat{x}$ ist in unserer Darstellung sehr einfach; er „befiehlt" nur, die nachstehende Funktion mit x zu multiplizieren. Das gilt auch für Operatoren, die Funktionen von $\hat{x}$ sind, etwa für das *Potential*, wie man potentielle Energie in der Quantenmechanik nennt. Der Operator $\hat{V}$ „befiehlt" nur die Multiplikation mit der Funktion $V(x)$.

Die Axiome lassen sich durch folgende Überlegung physikalisch verständlich machen. Wenn wir vom Energiesatz

$$H = \frac{p^2}{2m} + V \tag{1}$$

ausgehen und ihn in Einklang mit der Wellenfunktion

$$\Psi = \exp i(kx - \omega t) \tag{2}$$

bringen wollen, dann müssen die Größen W und p aus (1) mit ω und k bzw. k^2 in Verbindung gebracht werden. Die Quantenmechanik fordert

$$H = \hbar\omega \qquad \text{und} \qquad p = \hbar k\,. \tag{3}$$

ω können wir durch einmaliges Differenzieren von (2) nach t und k^2 durch zweimaliges Differenzieren nach x aus dem Exponenten (2) „herausholen". Es ergibt sich:

$$\omega = \frac{i}{\Psi}\frac{\partial\Psi}{\partial t} \qquad \text{und} \qquad k^2 = -\frac{1}{\Psi}\frac{\partial^2\Psi}{\partial x^2}\,. \tag{4}$$

Einsetzen von (4) in den Energiesatz (1) liefert

$$i\frac{\hbar}{\Psi}\frac{\partial\Psi}{\partial t} = -\frac{\hbar^2}{2m\Psi}\frac{\partial^2\Psi}{\partial x^2} + V$$

und nach Multiplikation mit Ψ die zeitabhängige Schrödinger-Gleichung:

$$-\frac{\hbar^2}{2m}\frac{\partial^2\Psi}{\partial x^2} + V(x)\Psi = i\hbar\frac{\partial\Psi}{\partial t}\,. \tag{5}$$

Nun sieht man durch *Strukturvergleich* von (5) und (1) sofort ein, *wie* die in Tabelle 2.1 dort nur mitgeteilten Operatoren zustande kommen:

$$\hat{T} = \frac{1}{2m}\hat{p}^2 = -\frac{\hbar^2}{2m}\frac{\partial^2}{\partial x^2} \qquad \text{und} \qquad \hat{p} = \frac{\hbar}{i}\frac{\partial}{\partial x}\,.$$

$\hat{H} = \hat{T} + \hat{V}$, der Operator der Gesamtenergie, wird *Hamilton-Operator* genannt. Dieser Operator wirkt in der Schrödinger-Gleichung (5) auf die Wellenfunktion $\Psi(x,t)$. Die Differentialgleichung ist linear und man kann die zeitliche Abhängigkeit der Wellenfunktion $\Psi(x,t)$ von der räumlichen mit dem Produktansatz

$$\Psi_n(x,t) = u_n(x)\exp(-i\omega_n t) \tag{6}$$

trennen. Mit der Beziehung von Planck: $W_n = \hbar\omega_n$ erhalten wir die *stationäre Schrödinger-Gleichung*

$$-\frac{\hbar^2}{2m}\frac{d^2u_n}{dx^2} + V(x)u_n(x) = W_n u_n \tag{7}$$

oder:

$$\hat{H}u_n = W_n u_n \ .$$

Bei dieser Gleichung handelt es sich offensichtlich um eine *Eigenwertgleichung*. W_n sind die *Eigenwerte* und u_n die *Eigenfunktionen* des Hamilton-Operators. Zu Gleichung (7) gehört noch die *Randbedingung* mit zwei Angaben, da es sich um eine Differentialgleichung zweiter Ordnung handelt, z.B.:

$$u_n(x_1) = 0 \ , \qquad u_n(x_2) = 0 \ .$$

Den Index n, der die Eigenwerte und Eigenfunktionen durchnumeriert, nennt man die *Quantenzahl*.

An dieser Stelle erscheint es angebracht, die formale Analogie der stationären Schrödinger-Gleichung (7) mit der *Amplituden-Gleichung*

$$\frac{d^2s}{dx^2} + \frac{\omega^2}{c^2}s = 0 \tag{7a}$$

der Newton-Mechanik zu erwähnen. Diese Gleichung folgt aus der *Wellengleichung* der Newton-Mechanik

$$\frac{\partial^2 S}{\partial x^2} - \frac{1}{c^2}\frac{\partial^2 S}{\partial t^2} \tag{5a}$$

mit dem Ansatz für stehende Wellen:

$$S(x,t) = s(x)\cos\omega t \ . \tag{6a}$$

Dabei ist $S(x,t)$ die Verschiebung der Teile des Mediums, $s(x)$ seine ortsabhängige Amplitude und c die Wellengeschwindigkeit. Man soll nicht vergessen, daß die Verschiebung $S(x,t)$ reell sein muß, da man sie direkt beobachten kann, im Gegensatz zur Wellenfunktion (6), die im allgemeinen komplex ist. Die Schrödinger-Gleichung (5) ist im Gegensatz zu der Wellengleichung (5a) komplex. Die Amplituden-Gleichung (7a) der Newton-Mechanik geht aber direkt in die stationäre Schrödinger-Gleichung über, wenn man die klassische Wellenlänge $\lambda = 2\pi c/\omega$ mit der *de Broglie-Wellenlänge*

$$\lambda_B = \frac{h}{p} = \frac{h}{\sqrt{2mT}} = \frac{h}{\sqrt{2m(H-V)}}$$

ersetzt, also in der Gleichung (7a) ω^2/c^2 mit $2m(H-V)/\hbar^2$. Die „Wellenlänge" ist im Medium ortsabhängig.

Obwohl sich die Wellenfunktion $\Psi(x,t)$ in wesentlichen Eigenschaften von der Funktion $S(x,t)$ unterscheidet – wir werden den Unterschied noch näher untersuchen und oft betonen – ist die de Broglie-Wellenlänge unmittelbar meßbar bei Interferenzexperimenten mit Teilchenstrahlen an Kristallen.

Andererseits erinnert die Form der Schrödinger-Gleichung (5) mit der ersten Ableitung nach der Zeit für $V = 0$ an die *Diffusions-Gleichung*

$$\frac{\partial^2 n}{\partial x^2} = \frac{1}{D}\frac{\partial n}{\partial t}$$

für die Konzentration $n(x,t)$ einer Komponente im Gemisch. Die „Diffusionskonstante" D der Schrödinger-Gleichung muß aber als imaginär angenommen werden.

Da es sich um eine lineare homogene partielle Differentialgleichung handelt, ist eine Linearkombination von Lösungen wieder eine Lösung. Die allgemeine Lösung der Gleichung (7) wird daher als eine Linearkombination angesetzt, die unendlich viele Glieder haben kann:

$$\Psi(x,t) = \sum_{n=0}^{\infty} c_n u_n \exp\left(-iW_n t/\hbar\right) . \tag{8}$$

Die Koeffizienten c_n sind im allgemeinen komplex. Es soll noch die *Anfangsbedingung* erfüllt sein:

$$\Psi(x,0) = \sum_{n=0}^{\infty} c_n u_n(x) = \mathcal{F}(x) .$$

Die Angabe einer Funktion genügt, da die Schrödinger-Gleichung (7) bezüglich der Zeit eine partielle Differentialgleichung erster Ordnung ist.

Die Wellenfunktion $\Psi(x,t)$ kann nicht unmittelbar beobachtet werden. Man kann z.B. nicht bestimmen, in welchem Punkt $\Psi(x,t)$ zu gegebener Zeit einen Wellenberg oder ein Wellental hat. Unmittelbar der Beobachtung zugänglich ist lediglich $\Psi^*\Psi dx$ als die *relative Teilchenzahl* dN/N im Intervall zwischen $x - \frac{1}{2}dx$ und $x + \frac{1}{2}dx$ oder $\Psi^*\Psi$ als die *lineare Teilchendichte* dN/Ndx.

Bei Experimenten wird anfangs die *Gesamtheit* der N Teilchen mit einer makroskopischen Anordnung *präpariert*, so daß die Teilchen untereinander völlig ununterscheidbar sind. Elektronen aus einer glühenden Kathode werden z.B. durch die Öffnung in der Anode und durch einen engen Spalt im senkrechten homogenen Magnetfeld geführt. Jedes Elektron der durch den Spalt heraustretenden Gesamtheit hat eine Geschwindigkeit in einem sehr engen Intervall – idealisiert die gleiche

Geschwindigkeit – und unterscheidet sich von anderen Elektronen der Gesamtheit durch keine meßbare Eigenschaft. Diese Elektronen treffen beim Interferenzexperiment am Kristall den Schirm in verschiedenen Punkten.

Im Rahmen der *Kopenhagener Deutung* wird Ψ einem *einzelnen* Elektron aus dieser Gesamtheit zugeordnet. $\Psi^*\Psi dx$ ist dann die *Wahrscheinlichkeit*, ein Elektron auf dem Schirm im Intervall zwischen $x - \frac{1}{2}dx$ und $x + \frac{1}{2}dx$ anzutreffen und $\Psi^*\Psi$ die entsprechende *Wahrscheinlichkeitsdichte*. Es gilt $\int \Psi^*\Psi dx = 1$. Somit ist bei der Definition der Wahrscheinlichkeit die Gesamtheit der Elektronen unentbehrlich.

Für Objekte, die auf diese Weise beschrieben werden müssen, hat man Namen wie „Mikroobjekte", „Quantonen", „wavicles" (nach waves), „rapticles" (nach particles), „Quantenteilchen", „Mikroteilchen" vorgeschlagen, um sie von Teilchen, die in der klassischen Mechanik als Massenpunkte beschrieben werden, zu unterscheiden. Keiner von diesen Namen wurde allgemein angenommen und das spricht für den Vorschlag von L.D.Landau, in Fällen, in denen keine Verwechslung möglich ist, den Namen Elektronen zu gebrauchen.

2.3 Vertauschbarkeit von Operatoren

Die Quantisierung findet in der Nichtvertauschbarkeit der Operatoren ihren Ausdruck.

Einige Operatoren enthalten die Ableitung nach der Koordinate und andere sind Funktionen der Koordinate. Deswegen kann das Ergebnis von der Reihenfolge der Operatoren abhängen. Für das Operatorenpaar Koordinate-Impuls gilt

$$\hat{p}\hat{x}\Psi = \frac{\hbar}{i}\frac{\partial(x\Psi)}{\partial x} = \frac{\hbar}{i}\Psi + x\frac{\hbar}{i}\frac{\partial\Psi}{\partial x} ,$$

jedoch:

$$\hat{x}\hat{p}\Psi = x\frac{\hbar}{i}\frac{\partial\Psi}{\partial x} .$$

Bildet man die Differenz, so ergibt sich:

$$\hat{p}\hat{x}\Psi - \hat{x}\hat{p}\Psi = \frac{\hbar}{i}\Psi .$$

Die Wellenfunktion Ψ ist noch völlig beliebig, so daß man sie auch weglassen kann und schließlich nur noch die Operatorengleichung

$$\hat{p}\hat{x} - \hat{x}\hat{p} = \frac{\hbar}{i} \tag{1}$$

verbleibt. Diese Gleichung ist von grundlegender Bedeutung für die Quantenmechanik. Sie bringt zum Ausdruck: die Operatoren $\hat{p}$ und $\hat{x}$ *kommutieren nicht*, sie sind *nicht vertauschbar*. Die Operatorengleichung (1) wird die *Vertauschungsregel* genannt und der Operator auf ihrer linken Seite

$$\hat{p}\hat{x} - \hat{x}\hat{p} = [\hat{p}, \hat{x}]$$

der *Kommutator*.

Damit sind wir zur Grundlage eines der wichtigsten Ergebnisse der Quantenmechanik, der *Heisenberg Unschärfebeziehung*, vorgedrungen. Bei unmittelbar aufeinanderfolgenden Messungen kann man den Ort und den Impuls eines Elektrons nicht scharf bestimmen. Allgemein gilt dies für alle Paare von dynamischen Veränderlichen, deren Operatoren nicht vertauschbar sind. Wenn bei aufeinanderfolgenden Messungen zwei dynamische Veränderliche scharf bestimmt werden können, sind ihre Operatoren vertauschbar. Anstatt „unmittelbar aufeinanderfolgend" sagt man meist idealisiert „gleichzeitig".

2.4 Harmonischer Oszillator

Die Schrödinger-Gleichung führt zu den Energieeigenwerten und Eigenfunktionen des harmonischen Oszillators.

Der lineare *harmonische Oszillator* wird in der Quantenmechanik analog wie das Federpendel in der klassischen Mechanik behandelt. Er entpuppt sich als ein vielbenutztes Hilfsmittel bei der Verdeutlichung abstrakter Überlegungen und Vorstellungen.

Ein Elektron, das sich im eindimensionalen parabolischen Potential bewegt, kann man als einen linearen harmonischen Oszillator behandeln. Auch ein zweiatomiges Molekül läßt sich angenähert als ein linearer harmonischer Oszillator ansehen, solange man sich nur für die Schwingung der Atome in der Richtung ihrer Verbindungslinie interessiert. Wird der Abstand x vom Minimum des Potentials aus gemessen, gilt die stationäre Schrödinger-Gleichung in der Form

$$-\frac{\hbar^2}{2m}\frac{d^2u_n}{dx^2} + \tfrac{1}{2}m\omega^2x^2u_n = W_nu_n \,, \tag{1}$$

wobei für das Potential $V = \frac{1}{2}m\omega^2x^2$ eingesetzt wurde und ω die *klassische Kreisfrequenz* ist. Der harmonische Oszillator ist ein gebundenes System: das Elektron oder das Atom im Molekül entfernt sich nicht sehr weit vom Minimum des Potentials. Die Eigenfunktion muß in großer Entfernung abklingen und die Randbedingung lautet:

$$u_n(x \to \infty) = 0\ , \qquad u_n(x \to -\infty) = 0\ .$$

Im Endlichen muß die Funktion stetig und endlich bleiben.

Mit der neuen Veränderlichen

$$\xi = \kappa x\ , \qquad \kappa = \sqrt{\frac{m\omega}{\hbar}}$$

kann Gleichung (1) in die dimensionslose Form

$$\frac{d^2 u_n}{d\xi^2} + \left(\frac{2W_n}{\hbar\omega} - \xi^2\right) u_n = 0 \tag{2}$$

überführt werden. Wie man sich leicht überzeugt, ist $u_0 = \exp\left(-\frac{1}{2}\xi^2\right)$ eine Lösung von Gleichung (2) zum Eigenwert $W_0 = \frac{1}{2}\hbar\omega$. Das ist der kleinste Eigenwert. Im allgemeinen sind die Eigenwerte (Bild 2.1):

$$W_n = (n + \tfrac{1}{2})\hbar\omega \qquad n = 0, 1, 2, \dots\ . \tag{3}$$

Die entsprechenden Eigenfunktionen werden als Produkt von $\exp\left(-\frac{1}{2}\xi^2\right)$ und den *Hermite-Polynomen* $H_n(\xi)$ gebildet. Es ist:

$$H_0 = 1\ , \qquad H_1 = 2\xi\ , \qquad H_2 = 4\xi^2 - 2\ , \dots\ .$$

Die Eigenfunktionen haben dann die Form:

$$u_n = \sqrt{\frac{\kappa}{2^n n! \sqrt{\pi}}} \exp\left(-\tfrac{1}{2}\xi^2\right) H_n(\xi)\ . \tag{4}$$

Das Energiespektrum zeigt angeregte Zustände mit Quantenzahlen $n = 1, 2, \dots$ in festen Abständen von $\hbar\omega$. Die Größe $\hbar\omega$ hat beim harmonischen Oszillator eine besondere Bedeutung. Wir wollen sie *Quant* nennen. Dann kann man sagen: im ersten angeregten Zustand mit $n = 1$ ist ein Quant vorhanden, im zweiten mit $n = 2$ zwei Quanten und so weiter. Im Grundzustand mit $n = 0$ ist demgemäß kein Quant vorhanden, obwohl die Energie nicht gleich Null ist. Da aber nur Energiedifferenzen beobachtet werden, kann man dem Grundzustand die Energie Null zuschreiben, bzw. die Energie anderer Zustände vom Grundzustand aus messen. Dann ist die Energie unmittelbar mit der Anzahl der Quanten bestimmt (Bild 2.2):

$$\mathcal{W}_n = n\hbar\omega\ . \tag{5}$$

Dieser Schritt bewährt sich nur teilweise und wir werden später einsehen, daß die *Nullpunktsenergie* $W_\circ = \frac{1}{2}\hbar\omega$ eine überaus wichtige und für die Quantenmechanik charakteristische Rolle spielt.

Für die reellen Eigenfunktionen u_n ist das Betragsquadrat $u_n^* u_n = |u_n|^2 = u_n^2$. Betrachtet man stattdessen die Funktionen

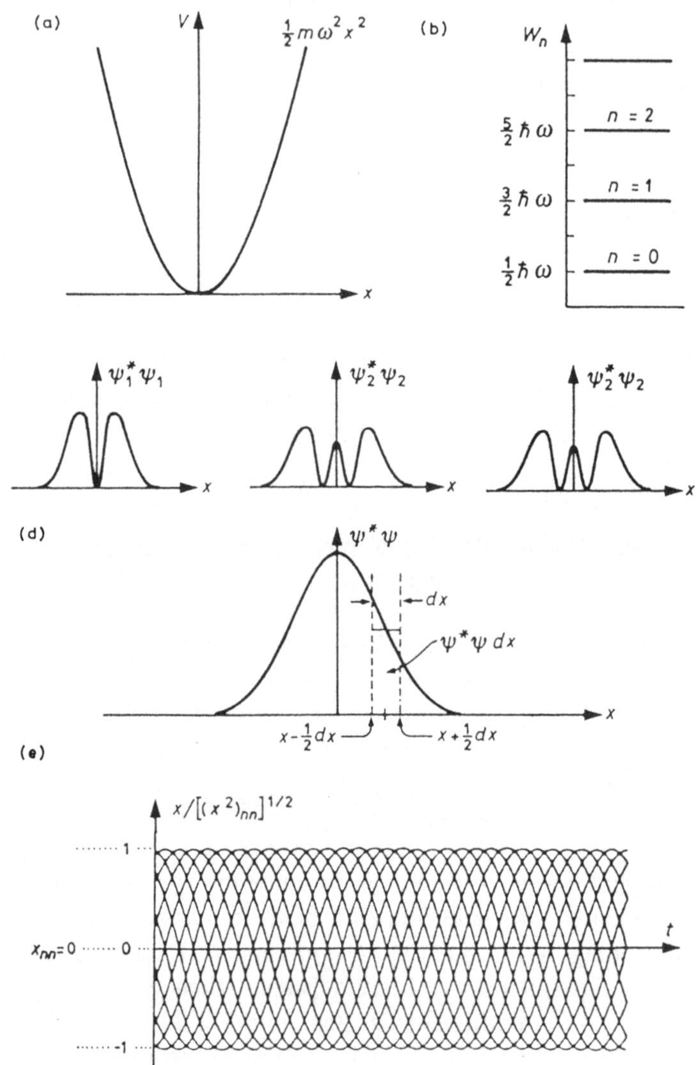

Bild 2.1 Der quantenmechanische harmonische Oszillator. Die Abhängigkeit der potentiellen Energie von der Auslenkung aus der mittleren Lage (a) und die Energie (b) und die Wahrscheinlichkeitsdichte (c) für den Grundzustand und die beiden nächsten angeregten Zustände. Die Wahrscheinlichkeit, daß man das Elektron auf dem Intervall zwischen $x - \frac{1}{2}dx$ und $x + \frac{1}{2}dx$ antrifft, wird von $\Psi^*\Psi dx$ bestimmt (d). Für die Bewegung des Elektrons kann man nicht eine Bahnkurve angeben. Da die Phase völlig unbekannt ist, kann man sich lediglich die Gesamtheit der Schwingungen mit der klassischen Kreisfrequenz vorstellen, ohne daß man unter ihnen eine auszeichnen könnte (e).

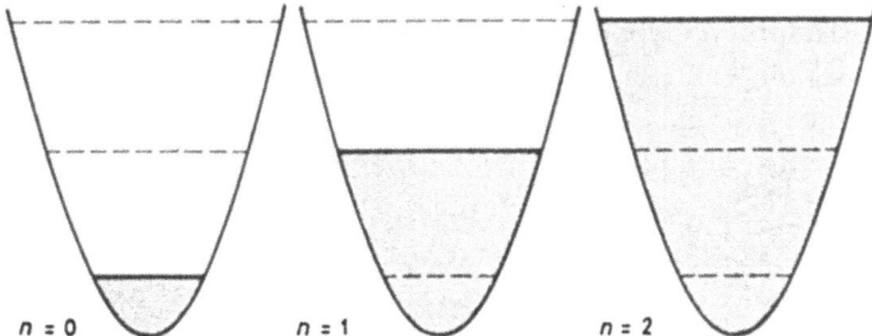

Bild 2.2 Die Veranschaulichung der Zustände des harmonischen Oszillators: der Grundzustand ohne Quanten ($n = 0$), der erste angeregte Zustand mit einem Quant ($n = 1$) und der zweite angeregte Zustand mit zwei Quanten ($n = 2$). Im Grundzustand ist die Energie von Null verschieden.

$$\Psi_n = u_n \exp(-i\omega_n t) ,$$

so ändert sich in dieser Hinsicht nichts, da das Betragsquadrat des zeitabhängigen Exponentialfaktors gleich 1 ist: $|\exp(-i\omega_n t)|^2 = 1$. Es gilt demnach:

$$\Psi_n^* \Psi_n = u_n^* u_n .$$

Nun können wir den Hintergrund der Normierung verstehen. Das Elektron muß irgendwo auf dem Definitionsbereich der Wellenfunktion mit Gewißheit angetroffen werden. Die entsprechende Wahrscheinlichkeit muß unabhängig von der Zeit gleich 1 sein:

$$\int \Psi_n^* \Psi_n dx = \int u_n^* u_n dx = 1 .$$

In der nichtrelativistischen Quantenmechanik gibt es weder Paarerzeugung noch Paarvernichtung und die Normierung berücksichtigt die Erhaltung der Elektronen.

2.5 Hermite-Polynome

In den Eigenfunktionen des harmonischen Oszillators treten Hermite-Polynome auf.

Die Hermite-Polynome, die in den Eigenfunktionen des harmonischen Oszillators auftreten, werden uns einen beträchtlichen Teil unseres Weges begleiten. Deswegen ist es zweckmäßig, ihnen besondere Aufmerksamkeit zu widmen.

Zu den Hermite-Polynomen gelangt man über Ableitungen der Gauß-Funktion. Ihre Entwicklung führt zu der Erzeugungsfunktion der Hermite-Polynome. Mit Hilfe der Erzeugungsfunktion kann man die Ableitung eines Hermite-Polynomes durch andere ausdrücken. So kommt man zu der Differentialgleichung für die Hermite-Polynome, die man mit der Schrödinger-Gleichung des harmonischen Oszillators vergleicht. Die Normierungskonstante der Eigenfunktionen des harmonischen Oszillators wird mit Hermite-Polynomen berechnet.

Der Gauß-Funktion $y(\xi) = \exp(-\xi^2)$ entspricht eine glockenartige Kurve über den Koordinatenursprung. Ihre erste Ableitung lautet $dy/d\xi = y^{(1)} = -2\xi\exp(-\xi^2)$ und die zweite Ableitung $d^2y/d^2\xi = y^{(2)} = (4\xi^2 - 2)\exp(-\xi^2)$. Auch weitere Ableitungen haben die Form eines Produktes der ursprünglichen Funktion mit einem Polynom. Die Hermite-Polynome werden mit

$$y^{(n)} = (-1)^n H_n(\xi)\exp(-\xi^2)$$

eingeführt. Geben wir noch die Gleichung für $y^{(n-1)}$ an

$$y^{(n-1)} = -(-1)^n H_{n-1}\exp(-\xi^2)$$

und leiten sie ab. Der Vergleich des Ergebnisses mit der Definition der Hermite-Polynome ergibt für die Ableitung die Gleichung:

$$\frac{dH_{n-1}}{d\xi} = 2\xi H_{n-1}(\xi) - H_n(\xi)\,. \tag{1}$$

Wenn man $y^{(n)} = d^n[\exp(-\xi^2)]/d\xi^n$ mit der Definition vergleicht, kann man die Hermite-Polynome auch vermöge der Gleichung

$$H_n(\xi) = (-1)^n \exp(\xi^2)\frac{d^n[\exp(-\xi^2)]}{d\xi^n}$$

einführen.

Entwickelt man die Funktion $y(\xi)$ um den Punkt ξ_0

$$y(\xi_0{+}s) = exp[-(\xi_0 + s)^2] = \sum_{n=0}^{\infty} s^n \frac{y^{(n)}(\xi_0)}{n!} = \sum_{n=0}^{\infty} s^n(-1)^n \exp(-\xi_0^2)\frac{H_n(\xi_0)}{n!}\,,$$

ersetzt s durch $-s$ und wieder ξ durch ξ_0 und multipliziert den Ausdruck schließlich noch mit $\exp(\xi^2)$, bekommt man:

$$\exp(\xi^2)y(\xi - s) = \sum_{n=0}^{\infty} s^n \frac{H_n(\xi)}{n!} = \exp(\xi^2)\exp[-(\xi - s)^2] = \exp(2\xi s - s^2)\,.$$

Der Ausdruck auf der linken Seite der Gleichung

$$\exp(2\xi s - s^2) = \sum_{n=0}^{\infty} s^n \frac{H_n(\xi)}{n!} \tag{2}$$

ist die *Erzeugungsfunktion* der Hermite-Polynome. Aus dieser Gleichung kann man eine alternative Definition der Hermite-Polynome erhalten:

$$H_n(\xi) = \left(\frac{\partial^n \exp(2\xi s - s^2)}{\partial s^n} \right)_{s=0}$$

Wir leiten nun Gleichung (2) nach ξ ab und berücksichtigen (2) anschließend nochmals:

$$2s \exp(2s\xi - s^2) = \sum_{n=0}^{\infty} s^n \frac{1}{n!} \frac{dH_n}{d\xi} = 2s \sum_{n=0}^{\infty} s^n \frac{H_n(\xi)}{n!} .$$

Weil sich auf der linken und auf der rechten Seite dieser Gleichung Glieder mit der gleichen Potenz von s entsprechen müssen, gilt:

$$\frac{dH_n}{d\xi} = 2nH_{n-1}(\xi) . \tag{3}$$

Nun wird die Gleichung (2) nach s abgeleitet

$$(2\xi - 2s)\exp(2s\xi - s^2) = \sum_{n=0}^{\infty} ns^{n-1} \frac{H_n(\xi)}{n!} = (2\xi - 2s) \sum_{n=0}^{\infty} s^n \frac{H_n(\xi)}{n!}$$

und der eben benutzte Kunstgriff wiederholt. Wir erhalten

$$H_{n+1}(\xi) = 2\xi H_n(\xi) - 2nH_{n-1}(\xi)$$

oder:

$$H_n(\xi) = 2\xi H_{n-1} - 2(n-1)H_{n-2}(\xi) . \tag{4}$$

Nach zweifachem Gebrauch der Gleichung (3) für die Ableitung, bekommt man mit Gleichung (4) für die zweite Ableitung:

$$\frac{d^2 H_n}{d\xi^2} = \frac{d(2nH_{n-1})}{d\xi} = 4n(n-1)H_{n-2} = 4n\xi H_{n-1}(\xi) - 2nH_n(\xi) . \tag{5}$$

Wenn in die dimensionslose stationäre Schrödinger-Gleichung des harmonischen Oszillators (4.2) $u_n \propto H_n(\xi)\exp(-\frac{1}{2}\xi^2)$ eingesetzt wird, bekommt man mit $2n + 1 = 2W_n/\hbar\omega$ die Differentialgleichung

$$\frac{d^2 H_n}{d\xi^2} - 2\xi \frac{dH_n}{d\xi} + 2nH_n = 0$$

der Hermite-Polynome. Mit den Gleichungen (5) und (3) für die Ableitungen der Hermite-Polynome kann man sich leicht von der Gültigkeit dieser Gleichung überzeugen.

So haben wir gezeigt, daß $u_n \propto H_n(\xi)\exp(-\frac{1}{2}\xi^2)$ Eigenfunktionen des harmonischen Oszillators sind, die zu den Eigenwerten der Energie $W_n = (n + \frac{1}{2})\hbar\omega$ gehören. Die Eigenfunktionen werden mit der Forderung

$$\int\limits_{-\infty}^{\infty} u_n^2(x)dx = \int\limits_{-\infty}^{\infty} C_n^2 H_n^2(\xi)\exp(-\xi^2)\frac{d\xi}{\kappa} = 1$$

normiert. Integraltafeln entnimmt man

$$\int\limits_{-\infty}^{\infty} H_n^2(\xi)\exp(-\xi^2)d\xi = 2^n n!\sqrt{\pi}\ ,$$

so daß $C_n^2 = \kappa(2^n n!\sqrt{\pi})^{-1}$ ist. Dies haben wir bei der Angabe von Eigenfunktionen in (4.4) schon berücksichtigt.

2.6 Erzeugungs- und Vernichtungsoperatoren

Erzeugungs- und Vernichtungsoperatoren helfen, den Gleichungen für den harmonischen Oszillator eine übersichtliche Form zu geben.

Wir wollen nun einen Formalismus einführen, der zunächst etwas umständlich oder gekünstelt erscheinen mag. Beim rechnen mit den Eigenfunktionen des harmonischen Oszillators wird er uns jedoch später viel Arbeit ersparen.

Der Ausdruck für die Ableitung des Hermite-Polynoms ermöglicht die Ableitung der Eigenfunktion des hermonischen Oszillators zu ermitteln. Auf diesem Weg gelangt man zu Operatoren, die auf die Eigenfunktion angewandt ihre Quantenzahl um Eins vergrößern oder verkleinern, d.h. ein zusätzliches Quant erzeugen oder ein bestehendes Quant vernichten. Diese Operatoren sind nicht vertauschbar, ähnlich wie die Operatoren für den Impuls und die Koordinate. Die Kombination des Vernichtungsoperators und des Erzeugungsoperators ist ein Operator, der die Quanten zählt und mit dem man den Hamilton-Operator bildet. Mit allen diesen Operatoren lassen sich viele Gleichungen für den harmonischen Oszillator in eine übersichtlichere Form bringen.

Wir untersuchen die Ableitung $du_n/d\xi$. Mit Gleichung (5.1) erhält man für die Eigenfunktion

$$u_n = \sqrt{\frac{\kappa}{2^n n!\sqrt{\pi}}}\exp(-\tfrac{1}{2}\xi^2)H_n(\xi)$$

die Ableitung

$$\frac{du_n}{d\xi} = \sqrt{\frac{\kappa}{2^n n!\sqrt{\pi}}}\left[-\xi\exp(-\tfrac{1}{2}\xi^2)H_n + \exp(-\tfrac{1}{2}\xi^2)\tfrac{dH_n}{d\xi}\right]$$

$$= \sqrt{\frac{\kappa}{2^n n!\sqrt{\pi}}}[-\xi\exp-\tfrac{1}{2}\xi^2 H_n + 2\xi\exp(-\tfrac{1}{2}\xi^2)H_n - \exp(-\tfrac{1}{2}\xi^2)H_{n+1}]$$

also:

$$\frac{du_n}{d\xi} = \xi u_n - \sqrt{2(n+1)}\,u_{n+1}\,. \qquad (1)$$

Dann gibt die Gleichung (4.4):

$$u_{n+1} = \sqrt{\tfrac{\kappa}{2^{n+1}(n+1)!\sqrt{\pi}}}\exp(-\tfrac{1}{2}\xi^2)H_{n+1}$$

$$= \sqrt{\tfrac{\kappa}{2^{n+1}(n+1)!\sqrt{\pi}}}\cdot 2\xi\exp(-\tfrac{1}{2}\xi^2)H_n$$

$$- \sqrt{\tfrac{\kappa}{2^{n-1}.2.2(n-1)!n(n+1)\sqrt{\pi}}}\cdot 2n\exp(-\tfrac{1}{2}\xi^2)H_{n-1}$$

$$= \sqrt{\tfrac{2}{n+1}}\,\xi u_n - \sqrt{\tfrac{n}{n+1}}\,u_{n-1}.$$

Damit ersetzt man u_{n+1} in Gleichung (1) und bekommt:

$$\frac{du_n}{d\xi} = \xi u_n - 2\xi u_n + \sqrt{2n}\,u_{n-1} = -\xi u_n + \sqrt{2n}\,u_{n-1}\,. \qquad (2)$$

Gleichungen (1) und (2) lassen sich in der Form

$$(\xi - \frac{d}{d\xi})u_n = \sqrt{2(n+1)}\,u_{n+1} \qquad (\xi + \frac{d}{d\xi})u_n = \sqrt{2n}\,u_{n-1}$$

schreiben. Erinnert man sich an $\xi = \kappa x = \sqrt{\frac{m\omega}{\hbar}}x$, folgt:

$$\xi \pm \frac{d}{d\xi} = \kappa x \pm \frac{d}{\kappa dx} = \sqrt{\frac{m\omega}{\hbar}}x \pm \sqrt{\frac{\hbar}{m\omega}}\frac{d}{dx} = \frac{1}{\sqrt{m\hbar\omega}}(m\omega x \pm \hbar\frac{d}{dx})\,.$$

Es ist zweckmäßig mit $\hbar\frac{d}{dx} = i\hat{p}$ die Operatoren

$$\hat{a} = \frac{1}{\sqrt{2m\hbar\omega}}(m\omega\hat{x} + i\hat{p}) \qquad (3)$$

und

$$\hat{a}^\dagger = \frac{1}{\sqrt{2m\hbar\omega}}(m\omega\hat{x} - i\hat{p}) \tag{4}$$

einzuführen. Mit ihnen gelangt man schließlich zu den Gleichungen

$$\hat{a}u_n = \sqrt{n}\, u_{n-1} \tag{5}$$

und:

$$\hat{a}^\dagger u_n = \sqrt{n+1}\, u_{n+1} \, . \tag{6}$$

Der Operator $\hat{a}$ (5) führt die Eigenfunktion u_n in die Eigenfunktion u_{n-1} über, vernichtet dabei ein Quantum $\hbar\omega$ und wird *Vernichtungsoperator* genannt (Bild 2.3a). Der Operator $\hat{a}^\dagger$ (sprich a-Kreuz) (6) führt die Eigenfunktion u_n in die Eigenfunktion u_{n+1} über, erzeugt dabei ein Quant $\hbar\omega$ und wird *Erzeugungsoperator* genannt (Bild 2.3b). Die Funktionen u_n sind nicht die Eigenfunktionen der Operatoren $\hat{a}$ und $\hat{a}^\dagger$. Wenn man aber die Operatoren nacheinander anwendet

$$\hat{a}\hat{a}^\dagger u_n = \hat{a}[\sqrt{n+1}\, u_{n+1}] = \sqrt{n+1}\, \hat{a}u_{n+1} = (n+1)u_n$$

oder

$$\hat{a}^\dagger \hat{a}u_n = \hat{a}^\dagger[\sqrt{n}\, u_{n-1}] = \sqrt{n}\, \hat{a}u_{n-1} = nu_n \, ,$$

sieht man, daß u_n die Eigenfunktionen der Operatoren $\hat{a}\hat{a}^\dagger$ und $\hat{a}^\dagger\hat{a}$ sind. Einen besonderen Namen verdient der zweite Operator:

$$\hat{n} = \hat{a}^\dagger\hat{a} \, . \tag{7}$$

Man nennt ihn *Teilchenzahloperator*. Eigentlich müßte man ihn *Quantenzahloperator* nennen. Dann könnte man aber meinen, daß sich der Name auf die *Quantenzahl* und nicht auf die *Zahl der Quanten* bezieht. Deswegen benutzen wir den Namen Teilchenzahloperator, obwohl Quanten weder wie Elektronen beschrieben werden können, noch wie Teilchen der klassischen Mechanik behandelt werden dürfen.

Auf u_n angewendet, zeigt $\hat{n}$ die Zahl der Quanten an und mit $\hbar\omega$ multipliziert, die Energie, gemessen vom Grundzustand aus. Demnach gilt für den Operator der Gesamtenergie

$$\hat{\mathcal{H}} = \hbar\omega\hat{n} = \hbar\omega\hat{a}^\dagger\hat{a} \, , \tag{8}$$

wenn man vom Grundzustand ausgeht.

Die vorangegangene Rechnung zeigt, daß die Operatoren $\hat{a}$ und $\hat{a}^\dagger$ nicht vertauschbar sind. Wir können sofort die Vertauschungsregel angeben:

$$\hat{a}\hat{a}^\dagger - \hat{a}^\dagger\hat{a} = 1 \, . \tag{9}$$

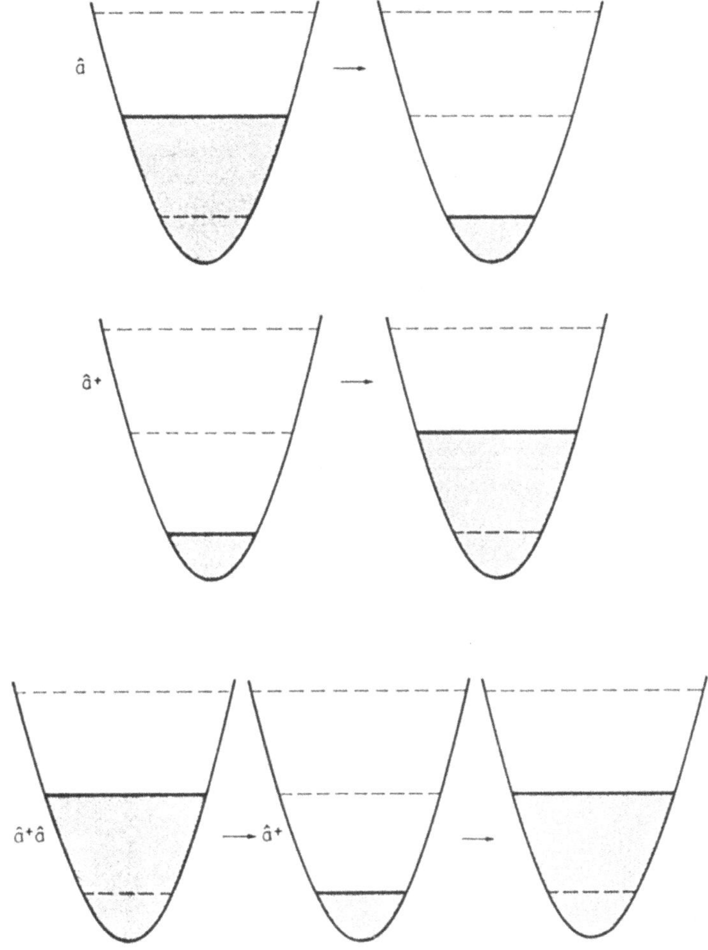

Bild 2.3 Die Veranschaulichung der Wirkung des Vernichtungsoperators (oben), des Erzeugungsoperators (mitte) und des Teilchenzahloperators (unten).

Zu der Vertauschungsregel für den Erzeugungs- und Vernichtungsoperator kann man auch direkt gelangen und auf diese Weise den Hamilton-Operator durch den Teilchenzahloperator ausdrücken.

Für diese Vertauschungsregel folgt

$$\begin{aligned}
\hat{a}\hat{a}^\dagger - \hat{a}^\dagger\hat{a} &= \tfrac{1}{2m\hbar\omega}[(m\omega\hat{x}+i\hat{p})(m\omega\hat{x}-i\hat{p}) - (m\omega\hat{x}-i\hat{p})(m\omega\hat{x}+i\hat{p}] \\
&= \tfrac{1}{2m\hbar\omega}[m^2\omega^2\hat{x}^2 - m^2\omega^2\hat{x}^2 + im\omega(\hat{p}\hat{x}-\hat{x}\hat{p}) \\
&\quad + im\omega(\hat{p}\hat{x}-\hat{x}\hat{p}) + \hat{p}^2 - \hat{p}^2] \\
&= \tfrac{i}{\hbar}(\hat{p}\hat{x}-\hat{x}\hat{p}) = \tfrac{i}{\hbar}\cdot\tfrac{\hbar}{i} = 1,
\end{aligned}$$

wenn man die Vertauschungsregel für $\hat{p}$ und $\hat{x}$ (3.1) berücksichtigt.

Um den Anschluß zu den Gleichungen der klassischen Mechanik nicht zu verlieren, lösen wir die Gleichungen (3) und (4) nach den Operatoren $\hat{x}$ und $\hat{p}$ auf

$$\hat{x} = \frac{\sqrt{2m\hbar\omega}(\hat{a}+\hat{a}^\dagger)}{2m\omega} = \sqrt{\frac{\hbar}{2m\omega}}(\hat{a}+\hat{a}^\dagger) \tag{10}$$

und:

$$\hat{p} = \frac{\sqrt{2m\hbar\omega}(\hat{a}-\hat{a}^\dagger)}{2i} = \frac{1}{i}\sqrt{\tfrac{1}{2}m\hbar\omega}(\hat{a}-\hat{a}^\dagger)\,. \tag{11}$$

Man kann jetzt leicht nachrechnen, daß sich der Hamilton-Operator

$$\begin{aligned}
\hat{H} &= \tfrac{1}{2}\hat{p}^2/m + \tfrac{1}{2}m\omega^2\hat{x}^2 = \tfrac{1}{2}\hbar\omega(\hat{a}^\dagger\hat{a}+\hat{a}\hat{a}^\dagger) \\
&= \hbar\omega(\hat{a}^\dagger\hat{a}+\tfrac{1}{2}) = \hbar\omega(\hat{n}+\tfrac{1}{2}) = \hat{\mathcal{H}} + \tfrac{1}{2}\hbar\omega
\end{aligned}$$

durch den Teilchenzahloperator ausdrücken läßt. Wir kamen schon früher zu diesem Ergebnis, wobei jedoch die Energie vom Grundzustand aus gemessen wurde.

Es gilt nämlich

$$\hat{x}^2 = \frac{\hbar}{2m\omega}(\hat{a}+\hat{a}^\dagger)(\hat{a}+\hat{a}^\dagger) = \frac{\hbar}{2m\omega}(\hat{a}\hat{a}+\hat{a}^\dagger\hat{a}+\hat{a}\hat{a}^\dagger+\hat{a}^\dagger\hat{a}^\dagger)$$

und:

$$\hat{p}^2 = -\tfrac{1}{2}m\hbar\omega(\hat{a}-\hat{a}^\dagger)(\hat{a}-\hat{a}^\dagger) = -\tfrac{1}{2}m\hbar\omega(\hat{a}\hat{a}-\hat{a}^\dagger\hat{a}-\hat{a}\hat{a}^\dagger+\hat{a}^\dagger\hat{a}^\dagger)\,.$$

Daraus folgt sofort:

$$\tfrac{1}{2}\hat{p}^2/m + \tfrac{1}{2}m\omega^2\hat{x}^2 = \tfrac{1}{2}\hbar\omega(\hat{a}^\dagger\hat{a}+\hat{a}\hat{a}^\dagger) = \hbar\omega(\hat{n}+\tfrac{1}{2})\,.$$

Als erster führte die Vernichtungs- und Erzeugungsoperatoren P.A.M.Dirac bei der Quantisierung des elektromagnetischen Feldes ein.[1] Seine Arbeit stellt den Anfang der Quantenelektrodynamik dar.[2] Kurz danach wurden die Operatoren von P.Jordan und O.Klein[3] und von P.Jordan und E.P.Wigner[4] benutzt. Eine Übersicht über die Operatoren für Bosonen und Fermionen vom heutigen Standpunkt aus gibt z.B. J.Avery.[5]

Der Übergang von den Gleichungen der klassischen Mechanik zu den Gleichungen der Quantenmechanik kann nicht eindeutig vollzogen werden, weil die Operatoren nicht vertauschbar sind. So könnte man statt des symmetrischen Hamilton-Operators $\hat{H} = \frac{1}{2}\hbar\omega(\hat{a}^\dagger\hat{a} + \hat{a}\hat{a}^\dagger)$ mit den Eigenwerten $W_n = (n + \frac{1}{2})\hbar\omega$ in den klassischen Gleichungen die Reihenfolge der entsprechenden Größen vertauschen und den nichtsymmetrischen Hamilton-Operator [6] $\hat{H}' = \hbar\omega\hat{a}^\dagger\hat{a}$ mit den Eigenwerten $W_n' = n\hbar\omega$ benutzen.

2.7 Orthogonalität und Normierung

Die lineare Unabhängigkeit ist eine wesentliche Eigenschaft der Eigenfunktionen, die in der Orthogonalität ihren Ausdruck findet. Durch Normierung gelangt man zum vollständiger Satz von orthonormierten Eigenfunktionen.

Zur Realisierung unserer Zielsetzungen müssen wir noch einige mathematische Hilfsmittel bereitstellen. Zuerst wollen wir zeigen, daß die Eigenfunktionen des harmonischen Oszillators orthogonal sind. Es ist nicht schwer das ganz allgemein für die Eigenfunktionen der stationären Schrödinger-Gleichung zu tun.

Wir gehen davon aus, daß wir die stationäre Schrödinger-Gleichung (2.7) eines gebundenen eindimensionalen Systems gelöst haben und die Eigenfunktionen $u_n(x)$ mit den entsprechenden Eigenwerten der Energie W_n kennen. Dann multiplizieren wir die Gleichung für u_n mit $u_{n'}^*$ und die konjugiert komplexe Gleichung für $u_{n'}^*$ mit u_n. Von der ersten Gleichung

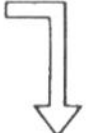

$$-\frac{\hbar^2}{2m}u_{n'}^*\frac{d^2u_n}{dx^2} + V(x)u_nu_{n'}^* = W_nu_{n'}^*u_n$$

wird die zweite

[1] P.A.M.Dirac, *The quantum theory of emission and absorption of radiation*, Proc.Roy.Soc. A **114** (1927) 243.

[2] J.Schwinger (Hrsg.), *Quantum Electrodynamics*, Dover, New York 1958.

[3] P.Jordan, O.Klein, *Zum Mehrkörperproblem der Quantentheorie*, Z.Phys. **45** (1927) 751.

[4] P.Jordan, E.P.Wigner, *Über das Paulische Equivalenzverbot*, Z.Phys. **47** (1928) 631.

[5] J.Avery, *Creation and Annihilation Operators*, McGraw-Hill, New York 1976.

[6] W.Heitler, *The Quantum Theory of Radiation*, Clarendon Press, Oxford 1954, S.57.

$$-\frac{\hbar^2}{2m} u_n \frac{d^2 u_{n'}^*}{dx^2} + V(x) u_n u_{n'}^* = W_{n'} u_n u_{n'}^*$$

subtrahiert. Mit der Annahme, daß das Potential $V(x)$ reell ist, erhalten wir:

$$-\frac{\hbar^2}{2m}\left(u_{n'}^* \frac{d^2 u_n}{dx^2} - u_n \frac{d^2 u_{n'}}{dx^2}\right) = (W_n - W_{n'}) u_{n'}^* u_n \; .$$

Die Differenz integrieren wir über den ganzen Definitionsbereich der Eigenfunktionen u_n. Die linke Seite können wir in der Form

$$u_{n'}^* \frac{d^2 u_n}{dx^2} - u_n \frac{d^2 u_{n'}^*}{dx^2} = \frac{d}{dx}\left(u_{n'}^* \frac{du_n}{dx} - u_n \frac{du_{n'}^*}{dx}\right)$$

schreiben. Das Integral auf der linken Seite in den Grenzen von $-\infty$ bis ∞ kann ausgewertet werden:

$$-\frac{\hbar^2}{2m} \int\limits_{-\infty}^{\infty} \left(u_{n'}^* \frac{d^2 u_n}{dx^2} - u_n \frac{d^2 u_{n'}^*}{dx^2}\right) dx = -\frac{\hbar^2}{2m}\left(u_{n'}^* \frac{du_n}{dx} - u_n \frac{du_{n'}^*}{dx}\right)\Bigg|_{-\infty}^{\infty} = 0 \; .$$

Für ein gebundenes System gilt nämlich für jede Eigenfunktion die Bedingung $u_n(x \to \pm\infty) = 0$. Auf der rechten Seite erhalten wir nun:

$$(W_n - W_{n'}) \int u_{n'}^* u_n dx \; .$$

Dabei führen wir eine Vereinbarung ein, die viel Schreibarbeit erspart. Wenn nicht anders angegeben, erstrecken sich die Integrale über den ganzen Definitionsbereich. Wir schreiben also

$$\int u_{n'}^* u_n dx \qquad \text{statt} \qquad \int\limits_{-\infty}^{\infty} u_{n'}^* u_n dx$$

und es folgt:

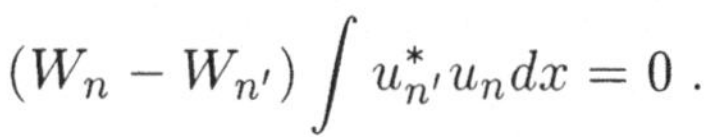

$$(W_n - W_{n'}) \int u_{n'}^* u_n dx = 0 \; .$$

Für verschiedene Eigenwerte der Energie, $W_n \neq W_{n'}$, erhalten wir die wichtige Beziehung

$$\int u_{n'}^* u_n dx = 0, \qquad n \neq n' \; , \tag{1}$$

wenn zu verschiedenen Eigenfunktionen verschiedene Energieeigenwerte gehören, d.h. wenn die Eigenfunktionen nicht *entartet* sind.

Nach Gleichung (1) sind die Eigenfunktionen *orthogonal.* Diese Eigenschaft erinnert an die Orthogonalität $\mathbf{e}_n \cdot \mathbf{e}_{n'} = 0,\ n \neq n'$, der Einheitsvektoren $\mathbf{e}_1, \mathbf{e}_2, \mathbf{e}_3$ im dreidimensionalen Raum.

Im allgemeinen haben Operatoren von Veränderlichen, die in der Quantenmechanik vorkommen, orthogonale Eigenvektoren. Dies wurde für den Sonderfall des Hamilton-Operators vorgeführt.

Wenn aber $n = n'$ und $W_n = W_{n'}$ ist, gilt:

$$\int u_n^* u_n dx = \int |u_n|^2 dx \quad > \quad 0 \, .$$

Man kann dann die Eigenfunktionen mit einer passenden Konstante multiplizieren und diese in die Eigenfunktion aufnehmen, so daß

$$\int u_n^* u_n dx = 1 \tag{2}$$

gilt. Man sagt, die Eigenfunktionen seien *normiert.* Auch von den Einheitsvektoren kann man behaupten, daß sie normiert sind: $\mathbf{e}_n \cdot \mathbf{e}_n = 1$. Gleichungen (1) und (2) können nun zu einer Gleichung zusammengezogen werden:

$$\int u_{n'}^* u_n dx = \delta_{n'n} \tag{3}$$

mit dem *Kronecker-Symbol*:

$$\delta_{n'n} = \begin{cases} 1 & n' = n, \\ 0 & n' \neq n \end{cases} .$$

Auch sprachlich werden die Eigenschaften (1) und (2) zusammengefaßt: man sagt, daß die Eigenfunktionen *orthonormiert* sind.

2.8 Entwicklung nach Eigenfunktionen

Im Einklang mit dem Superpositionsprinzip kann man Wellenfunktionen nach einem vollständigen Satz von Eigenfunktionen entwickeln.

Bei gebundenen physikalischen Systemen, wie sie in der Quantenmechanik betrachtet werden, sind die Sätze orthonormierter Eigenfunktionen *vollständig.* Damit will man sagen, daß jede stetige und stetig ableitbare Funktion $u_b(x)$, die auf dem gleichen Bereich wie die Eigenfunktionen definiert ist und den gleichen Randbedingungen genügt, als eine lineare Kombination der Eigenfunktionen dargestellt werden kann:

$$u_b(x) = \sum_n c_n u_n \,. \tag{1}$$

Wir sagen, daß die Funktion $u_b(x)$ *nach den Eigenfunktionen entwickelt* wird. Die *Entwicklungskoeffizienten* c_n sind im allgemeinen komplex. Es kann sich dabei um eine Kombination von einer endlichen oder unendlichen Zahl von Eigenfunktionen handeln, also um eine endliche oder unendliche Reihe. Im allgemeinen wollen wir eine Wellenfunktion, die aus mehreren Eigenfunktionen aufgebaut ist, *zusammengesetzt* bezüglich des bestimmten Satzes von Eigenfunktionen u_n nennen. In diesem Sinne sprechen wir von einem *zusammengesetzten Zustand.*

Nun nehmen wir an, daß die Funktion $u_b(x)$ normiert ist und ermitteln die Entwicklungskoeffizienten c_n. Wir multiplizieren die Reihe (1) mit $u^*_{n'}dx$ und integrieren über den ganzen Definitionsbereich:

$$\int u^*_{n'} u_b dx = \sum_n c_n \int u^*_{n'} u_n dx = \sum_n c_n \delta_{n'n} = c_{n'} \,.$$

Wegen Gleichung (7.3) bleibt von der Reihe nur ein einziges Glied übrig. Der Entwicklungskoeffizient c_n ist somit durch den „Überlapp" der Eigenfunktion u_n mit zu der entwickelnden Funktion u_b bestimmt:

$$c_n = \int u^*_n u_b dx \,. \tag{2}$$

Dabei wurde n' durch n ersetzt. Wenn wir die Orthogonalität und Normierung von Eigenfunktionen mit den entsprechenden Eigenschaften der Einheitsvektoren im dreidimensionalen Raum vergleichen, können wir die Ermittlung des Entwicklungskoeffizienten c_n (2) mit der Projektion $\mathbf{e}_n \cdot \mathbf{b}$ eines Vektors $\mathbf{b}$ auf den Einheitsvektor $\mathbf{e}_n$ vergleichen.

Nun multiplizieren wir die Reihe (2) mit der konjugiert komplexen Reihe

$$u^*_b(x) = \sum_{n'} c^*_{n'} u^*_{n'}(x)$$

und integrieren über den ganzen Definitionsbereich:

$$\int u^*_b u_b dx = \sum_n \sum_{n'} c^*_{n'} c_n \int u^*_{n'} u_n dx = \sum_n \sum_{n'} c^*_{n'} c_n \delta_{n'n} = \sum_n c^*_n c_n \,.$$

Weil die Funktion $u_b(x)$ normiert ist, muß

$$\sum_n c^*_n c_n = 1 \tag{3}$$

gelten. Dies können wir so deuten, daß $c^*_n c_n = |c_n|^2$ die Wahrscheinlichkeit darstellt, mit der wir im Zustand u_b auf den Eigenzustand u_n treffen. Davon werden wir uns später ausführlicher überzeugen.

Durch die Wahl der Normierungskonstante

$$\sqrt{\frac{\kappa}{2^n n! \sqrt{\pi}}}$$

erreichten wir bereits, daß die Eigenfunktionen des harmonischen Oszillators orthonormiert sind. Von ihrer Orthogonalität könnte man sich mit einer langwierigen Rechnung direkt überzeugen. Aber das ist nicht nötig, weil wir ganz allgemein gezeigt haben, daß alle nichtentarteten Lösungen der stationären Schrödinger-Gleichung diese Eigenschaft haben.

2.9 Erwartungswerte und Unschärfen

Der Erwartungswert spielt in der Quantenmechanik eine wichtige Rolle. Bei der Berechnung der Erwartungswerte und Unschärfen gewinnt die Entwicklung nach Eigenfunktionen von dynamischen Veränderlichen besondere Bedeutung.

Die Koordinate x eines Elektrons, das mit der Wellenfunktion u_n beschrieben wird, hat keinen festen Wert. Bei wiederholten Messungen im gleichen Zustand beobachtet man nämlich verschiedene Werte von x. Wenn man bedenkt, daß $|u_n|^2 dx$ die Wahrscheinlichkeit ist, mit der man das Elektron auf dem Intervall zwischen $x - \frac{1}{2}dx$ und $x + \frac{1}{2}dx$ antrifft, kann man den Durchschnittswert oder, wie man in der Quantenmechanik zu sagen pflegt, den *Erwartungswert* der Koordinate ermitteln:

$$x_{nn} = \int x|u_n|^2 dx = \int x u_n^* u_n dx \; . \tag{1}$$

Die Eigenfunktion u_n muß normiert sein. Dies läßt sich mit der Berechnung des Schwerpuktes einen inhomogenen Stabes in Analogie setzen. Ähnlich kann man auch Erwartungswerte höherer Potenzen von x berechnen, z.B.:

$$(x^2)_{nn} = \int x^2 u_n^* u_n dx \; . \tag{2}$$

Dies entspricht der Berechnung des Quadrats des Trägheitsradius des Stabes.

Die *Unschärfe* δx der Koordinate wird mit diesen Erwartungswerten folgendermaßen definiert

$$\begin{aligned} (\delta x)^2 &= \int (x - x_{nn})^2 u_n^* u_n dx \\ &= \int x^2 u_n^* u_n dx - 2x_{nn} \int x u_n^* u_n dx + x_{nn}^2 \int u_n^* u_n dx \\ &= (x^2)_{nn} - 2x_{nn} \cdot x_{nn} + x_{nn}^2 = (x^2)_{nn} - x_{nn}^2 \; . \end{aligned} \tag{3}$$

Von vornherein wissen wir nicht, wie man Erwartungswerte von komplizierteren Operatoren berechnet, d.h. an welcher Stelle der Operator anzuwenden ist. Man kann den Hamilton-Operator als Wegweiser benutzen, dessen Erwartungswert mit dem Eigenwert übereinstimmen muß, und sieht ein, daß der Operator auf die Wellenfunktion, nicht etwa auf die Wahrscheinlichkeitsdichte wirken muß:

$$A_{nn} = \int \Psi^* \hat{A} \Psi dx \; .$$

Diese Überlegungen illustrieren den anfangs axiomatisch eingeführten Erwartungswert.

Der Erwartungswert des Impulses ist somit

$$p_{nn} = \int u_n^* \hat{p} u_n dx = \frac{\hbar}{i} \int u_n^* \frac{du_n}{dx} dx$$

und der Erwartungswert seines Quadrats:

$$(p^2)_{nn} = \int u_n^* \hat{p}^2 dx = -\hbar^2 \int u_n^* \frac{d^2 u_n}{dx^2} dx \; .$$

Die Impulsunschärfe δp wird ähnlich wie δx definiert:

$$(\delta p)^2 = (p^2)_{nn} - p_{nn}^2 \; .$$

Wir berechnen die Erwartungswerte der Operatoren der Koordinate und des Impulses und die Erwartungswerte ihrer Quadrate und die Unschärfen für den harmonischen Oszillator. Es stellt sich heraus, daß das Produkt der Unschärfen die genaue untere Schranke $\frac{1}{2}\hbar$ hat.

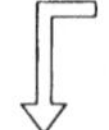

Um zu zeigen, wie sinnvoll die Einführung der Operatoren $\hat{a}$ und $\hat{a}^\dagger$ war, drücken wir zunächst x nach (6.10) durch den Operator

$$\hat{x} = \sqrt{\frac{\hbar}{2m\omega}} (\hat{a} + \hat{a}^\dagger)$$

aus. Dann ist:

$$x_{nn} = \int u_n^* \hat{x} u_n dx = \sqrt{\frac{\hbar}{2m\omega}} \int u^* (\hat{a} + \hat{a}^\dagger) u_n dx \; .$$

Die Eigenfunktionen des harmonischen Oszillators sind reell und u_n^* kann durch u_n ersetzt werden. Die Wellenfunktion

$$(\hat{a} + \hat{a}^\dagger) u_n = \sqrt{n}\, u_{n-1} + \sqrt{n+1}\, u_{n+1}$$

ist nur aus den Eigenfunktionen u_{n-1} und u_{n+1} zusammengesetzt und ist somit zu der Eigenfunktion u_n orthogonal. So folgt das Ergebnis $x_{nn} = 0$, das wir auch aus Symmetriegründen erwarten.

Für den Erwartungswert des Quadrats der Koordinate bekommen wir:

$$\begin{aligned}(x^2)_{nn} &= \tfrac{\hbar}{2m\omega} \int u_n^*(\hat{a} + \hat{a}^\dagger)^2 u_n dx = \tfrac{\hbar}{2m\omega} \int u_n^*(\hat{a}\hat{a}^\dagger + \hat{a}^\dagger\hat{a}) u_n dx \\ &= \tfrac{\hbar}{2m\omega} \int u_n^*(2\hat{n} + 1) u_n dx = \tfrac{\hbar}{m\omega}(n + \tfrac{1}{2}) \,.\end{aligned}$$

Die Operatoren $\hat{a}^2$ und $\hat{a}^{\dagger 2}$ liefern dabei keine Beiträge. Auch dieses Ergebnis überrascht nicht, da wir für den Erwartungswert des Potentials $V_{nn} = \frac{1}{2}m\omega^2(x^2)_{nn}$ die Hälfte des Energieeigenwertes $\frac{1}{2}\hbar\omega(n + \frac{1}{2})$ erwarten. Kinetische und potentielle Energie sind beim klassischen harmonischen Oszillator gleichwertig; jede übernimmt im Zeitmittel die Hälfte der Gesamtenergie. Schließlich ist die Unschärfe der Koordinate mit

$$\delta x = \sqrt{(x^2)_{nn}} = \sqrt{\frac{\hbar(n + \frac{1}{2})}{m\omega}}$$

gegeben.

Auch die Erwartungswerte des Impulses ermittelt man am besten mit dem Operator (6.11):

$$\hat{p} = \frac{1}{i}\sqrt{\tfrac{1}{2}m\hbar\omega}(\hat{a} - \hat{a}^\dagger) \,.$$

Man bekommt auf dem gleichen Weg, wie bei der Koordinate

$$\begin{aligned}p_{nn} &= \tfrac{1}{i} \cdot \sqrt{\tfrac{1}{2}m\hbar\omega} \int u_n^*(\hat{a} - \hat{a}^\dagger) u_n dx = 0 \qquad \text{und} \\ (p^2)_{nn} &= -\tfrac{1}{2}m\hbar\omega \int u_n^*(\hat{a} - \hat{a}^\dagger)^2 u_n dx = \tfrac{1}{2}m\hbar\omega \int u_n^*(\hat{a}\hat{a}^\dagger - \hat{a}^\dagger\hat{a}) u_n dx \\ &= \tfrac{1}{2}m\hbar\omega \int u_n^*(2\hat{n} + 1) u_n dx = m\hbar\omega(n + \tfrac{1}{2})\end{aligned}$$

Auch der Erwartungwert der kinetischen Energie $T_{nn} = (p^2)_{nn}/2m = \frac{1}{2}\hbar\omega(n+\frac{1}{2})$ ist gleich der Hälfte des Energieeigenwertes Für die Impulsunschärfe erhalten wir:

$$\delta p = \sqrt{(p^2)_{nn}} = \sqrt{m\hbar\omega(n + \tfrac{1}{2})} \,.$$

Für das Produkt der Unschärfen ergibt sich:

$$\delta x \, \delta p = \hbar(n + \tfrac{1}{2}) \,. \qquad (4)$$

Im Grundzustand $n = 0$ hat das Produkt den kleinsten Wert $\frac{1}{2}\hbar$, in den angeregten Zuständen ist er größer. Die Ungleichung

$$\delta x\,\delta p \geq \tfrac{1}{2}\hbar\,,$$

die diese Erfahrung ausdrückt, bezeichnet man als die *Heisenbergsche Unschärfebeziehung*. Später werden wir zeigen, daß sie allgemein gilt.

Wir bemerkten schon, daß der Eigenwert der Energie im Grundzustand des harmonischen Oszillators $W_0 = \frac{1}{2}\hbar\omega$ von Null verschieden ist. Das ist wichtig für das Zustandekommen der Unschärfebeziehung. Wäre die Energie im Grundzustand Null, wären auch die Erwartungswerte des Potentials und der kinetischen Energie und mit ihnen die Erwartungswerte $(x^2)_{nn}$ und $(p^2)_{nn}$ gleich Null. Das würde aber zu verschwindenden Unschärfen δx und δp führen, was nicht mit der Unschärfebeziehung vereinbar wäre.

Schließlich versuchen wir uns anhand beider Erwartungswerte der Koordinate $x_{nn} = 0$ und $(x^2)_{nn} = (\hbar/m\omega)(n + \frac{1}{2})$ die Bewegung des Elektrons im harmonischen Potential zu veranschaulichen. Man kann keinen festen Wert für die Koordinate x zur bestimmten Zeit angeben. Man weiß aber, daß sich das Elektron symmetrisch um $x = 0$ bewegt und kann mit $\sqrt{(x^2)_{nn}} = \delta x$ die *effektive Amplitude* angeben. Es ist also erlaubt, sich vorzustellen, daß das Elektron um $x = 0$ mit der Amplitude δx und der klassischen Kreisfrequenz ω schwingt, wobei die Phase ϕ aber gänzlich unbestimmt ist (Bild 2.3e).

Heisenberg gelangte zu seinem *Unschärfeprinzip* als er sich bei der Betrachtung von Elektronenspuren auf Blasenkammeraufnahmen fragte, ob der Formalismus der Quantenmechanik verlangt, daß man Ort und Impuls des Elektrons gleichzeitig nicht scharf bestimmen kann. In welcher Beziehung kann eine womöglich aus der Theorie folgende Unschärfe mit dem Fehler bei höchstmöglicher Meßgenauigkeit stehen?[1] M.Jammer hat der Heisenberg-Ungleichung ein ganzes Kapitel gewidmet.[2] Einige Lehrbücher benutzen die Ungleichung als einen roten Faden bei der Einführung in die elementare Quantenmechanik und schreiben ihr eine zentrale Bedeutung zu.

2.10 Matrizen

Für einen gegebenen vollständigen Satz von Eigenfunktionen kann man einen Operator durch eine Matrix darstellen.

Operatoren, die auf Funktionen wirken und sie verändern, sind nach der bisherigen Behandlung „Befehle". Die im vorangegangenen Absatz berechneten Erwartungswerte von Operatoren zeigen uns den Weg, wie man Operatoren im allgemeinen

[1] W.Heisenberg, *Über den anschaulichen Inhalt der quantenmechanischen Kinematik und Mechanik*, Z.Phys. **43** (1927) 172.

[2] M.Jammer, *The Philosophy of Quantum Mechanics*, J.Wiley & Sons, New York 1974.

darstellen kann. Wenn ein Operator auf eine Funktion wirkt, entsteht eine neue Funktion, die mit einer konjugiert komplexen Funktion multipliziert und über den ganzen Definitionsbereich integriert werden kann. So bekommt man eine Zahl, möglicherweise versehen mit einer Einheit.

Im Erwartungswert tritt die gleiche Eigenfunktion vor dem Operator und nach ihm auf, z.B.:

$$x_{nn} = \int u_n^* \hat{x} u_n dx .$$

Es können aber auch zwei verschiedene Eigenfunktionen auftreten:

$$x_{n'n} = \int u_{n'}^* \hat{x} u_n dx . \tag{1}$$

Solche Ausdrücke kommen vor, wenn man Erwartungswerte in zusammengesetzten Zuständen berechnet, z.B.:

$$\int u_b^* \hat{x} u_b dx = \sum_n \sum_{n'} c_{n'}^* c_n \int u_{n'}^* \hat{x} u_n dx = \sum_{n'} \sum_n c_{n'}^* c_n x_{n'n} .$$

Man nennt sie *Matrixelemente* und ordnet sie in ein quadratisches Schema, die *Matrix*. Matrixelemente werden in der späteren Diskussion eine bedeutende Rolle spielen. Wir untersuchen deswegen Eigenschaften von Matrizen, die in der Quantenmechanik vorkommen.

Der erste Index eines Matrixelementes gibt die Zeile und der zweite die Spalte an, in der das Matrixelement auftritt:

$$(x) = \begin{pmatrix} \cdots & . & . & . & . & . & \cdots \\ \cdots & . & x_{n-1\,n-1} & x_{n-1\,n} & x_{n-1\,n+1} & . & \cdots \\ \cdots & . & x_{n\,n-1} & x_{nn} & x_{n\,n+1} & . & \cdots \\ \cdots & . & x_{n+1\,n-1} & x_{n\,n+1} & x_{n+1\,n+1} & . & \cdots \\ \cdots & . & . & . & . & . & \cdots \end{pmatrix} .$$

Die Matrixelemente mit gleichen Indizes liegen auf der Hauptdiagonalen der Matrix. Das sind die bekannten Erwartungswerte. Die Matrixelemente der Energie:

$$H_{n'n} = \int u_{n'}^* \hat{H} u_n dx = \int u_{n'}^* W_n u_n dx = W_n \delta_{n'n}$$

haben nur auf der Hauptdiagonalen von Null verschiedene Werte. Sie sind gleich den Eigenwerten der Energie. Der Energie entspricht demnach bezüglich des Satzes der Eigenfunktionen u_n eine *diagonale* Matrix. Die Matrix des Operators, mit dessen Eigenfunktionen man die Matrixelemente berechnet, ist immer diagonal.

Um sich mit Matrizen vertraut zu machen, berechnen wir die Matrixelemente der Koordinate und des Impulses für den harmonischen Oszillator.

Für die Matrixelemente der Koordinate erhält man:

$$\begin{aligned} x_{n'n} &= \int u_{n'}^* \hat{x} u_n dx = \sqrt{\tfrac{\hbar}{2m\omega}} \int u_{n'}^* (\hat{a} + \hat{a}^\dagger) u_n dx \\ &= \sqrt{\tfrac{\hbar}{2m\omega}} \int u_{n'}^* \left(\sqrt{n}\, u_{n-1} + \sqrt{n+1}\, u_{n+1} \right) dx \\ &= \sqrt{\tfrac{\hbar}{2m\omega}} \left(\sqrt{n}\, \delta_{n'\, n-1} + \sqrt{n+1}\, \delta_{n'\, n+1} \right) . \end{aligned}$$

Wie man sieht, sind von Null verschieden nur die Matrixelemente

$$x_{n-1\, n} = \sqrt{\frac{n\hbar}{2m\omega}} \tag{2a}$$

und:

$$x_{n+1\, n} = \sqrt{\frac{(n+1)\hbar}{2m\omega}} . \tag{2b}$$

Die Matrixelemente auf der Hauptdiagonalen x_{nn}, d.h. die Erwartungswerte, sind gleich Null. Die Matrixelemente $x_{n-1\, n}$ und $x_{n+1\, n}$ liegen unmittelbar an der Hauptdiagonalen:

$$(x) = \begin{pmatrix} 0 & x_{01} & 0 & 0 & 0 & 0 & \dots \\ x_{10} & 0 & x_{12} & 0 & 0 & 0 & \dots \\ 0 & x_{21} & 0 & x_{23} & 0 & 0 & \dots \\ 0 & 0 & x_{32} & 0 & x_{34} & 0 & \dots \\ 0 & 0 & 0 & x_{43} & 0 & x_{45} & \dots \\ 0 & 0 & 0 & 0 & x_{54} & 0 & \dots \end{pmatrix}$$

$$= \sqrt{\frac{\hbar}{2m\omega}} \begin{pmatrix} 0 & \sqrt{1} & 0 & 0 & 0 & 0 & \dots \\ \sqrt{1} & 0 & \sqrt{2} & 0 & 0 & 0 & \dots \\ 0 & \sqrt{2} & 0 & \sqrt{3} & 0 & 0 & \dots \\ 0 & 0 & \sqrt{3} & 0 & \sqrt{4} & 0 & \dots \\ 0 & 0 & 0 & \sqrt{4} & 0 & \sqrt{5} & \dots \\ 0 & 0 & 0 & 0 & \sqrt{5} & 0 & \dots \end{pmatrix} . \tag{3}$$

Auf ähnliche Weise berechnen wir die Matrixelemente des Impulses für den harmonischen Oszillator, wobei wir $1/i = -i$ berücksichtigen:

$$\begin{aligned} p_{n'n} &= \int u_{n'}^* \hat{p} u_n dx = -i\sqrt{\tfrac{1}{2} m\hbar\omega} \int u_{n'}^* (\hat{a} - \hat{a}^\dagger) u_n dx \\ &= -i\sqrt{\tfrac{1}{2} m\hbar\omega} \int u_{n'}^* \left(\sqrt{n}\, u_{n-1} - \sqrt{n+1}\, u_{n+1} \right) dx \\ &= -i\sqrt{\tfrac{1}{2} m\hbar\omega} \left(\sqrt{n}\, \delta_{n'\, n-1} - \sqrt{n+1}\, \delta_{n'\, n+1} \right) . \end{aligned}$$

Wieder sind nur die Matrixelemente

$$\begin{aligned} p_{n-1\,n} &= -i\sqrt{\tfrac{1}{2}nm\hbar\omega} \quad \text{und} \\ p_{n+1\,n} &= -i\sqrt{\tfrac{1}{2}(n+1)m\hbar\omega} \end{aligned} \tag{4}$$

von Null verschieden. Auch diese Matrixelemente liegen unmittelbar an der Hauptdiagonale:

$$(p) = \begin{pmatrix} 0 & p_{01} & 0 & 0 & 0 & 0 & \dots \\ p_{01} & 0 & p_{12} & 0 & 0 & 0 & \dots \\ 0 & p_{21} & 0 & p_{23} & 0 & 0 & \dots \\ 0 & 0 & p_{32} & 0 & p_{34} & 0 & \dots \\ 0 & 0 & 0 & p_{43} & 0 & p_{45} & \dots \\ 0 & 0 & 0 & 0 & p_{54} & 0 & \dots \end{pmatrix}$$

$$= \sqrt{\tfrac{1}{2}m\hbar\omega} \begin{pmatrix} 0 & -i\sqrt{1} & 0 & 0 & 0 & 0 & \dots \\ i\sqrt{1} & 0 & -i\sqrt{2} & 0 & 0 & 0 & \dots \\ 0 & i\sqrt{2} & 0 & -i\sqrt{3} & 0 & 0 & \dots \\ 0 & 0 & i\sqrt{3} & 0 & -i\sqrt{4} & 0 & \dots \\ 0 & 0 & 0 & i\sqrt{4} & 0 & -i\sqrt{5} & \dots \\ 0 & 0 & 0 & 0 & i\sqrt{5} & 0 & \dots \end{pmatrix} . \tag{5}$$

Die Matrizen (x) und (p) haben unendlich viele Reihen und unendlich viele Spalten, sie sind *unendlich*. Das gilt auch für viele andere Matrizen in der Quantenmechanik. Wir geben dann nur die linke obere Ecke der Matrix mit einigen Reihen und Spalten an.

Zwei Matrizen kann man multiplizieren. Das Element der Produktmatrix mit den Indizes $n'n$ bekommt man als Summe von Produkten der Elemente der Reihe n' der ersten Matrix mit den entsprechenden Elementen der Spalte n der zweiten Matrix, z.B.:

$$(px)_{n'n} = \sum_{n''} p_{n'n''} x_{n''n} \quad , \qquad (xp)_{n'n} = \sum_{n''} x_{n'n''} p_{n''n} \, . \tag{6}$$

Das Produkt ist also von der Reihenfolge der Matrizen abhängig. Es ergibt sich:

$$(px) = \tfrac{1}{2}\hbar \begin{pmatrix} -i & 0 & -i\sqrt{2} & 0 & 0 & 0 & \dots \\ 0 & -i & 0 & -i\sqrt{6} & 0 & 0 & \dots \\ i\sqrt{2} & 0 & -i & 0 & -i\sqrt{12} & 0 & \dots \\ 0 & i\sqrt{6} & 0 & -i & 0 & -i\sqrt{20} & \dots \\ 0 & 0 & i\sqrt{12} & 0 & -i & 0 & \dots \\ 0 & 0 & 0 & i\sqrt{20} & 0 & -i & \dots \end{pmatrix} \quad \text{und}$$

$$(xp) = \frac{1}{2}\hbar \begin{pmatrix} i & 0 & -i\sqrt{2} & 0 & 0 & 0 & \dots \\ 0 & i & 0 & -i\sqrt{6} & 0 & 0 & \dots \\ i\sqrt{2} & 0 & i & 0 & -i\sqrt{12} & 0 & \dots \\ 0 & i\sqrt{6} & 0 & i & 0 & -i\sqrt{20} & \dots \\ 0 & 0 & i\sqrt{12} & 0 & i & 0 & \dots \\ 0 & 0 & 0 & i\sqrt{20} & 0 & i & \dots \end{pmatrix} .$$

Man sieht sofort, daß für die Differenz dieser Matrizen:

$$(px) - (xp) = \frac{\hbar}{i}(\mathbf{1})$$

gilt, wobei (**1**) die *Einheitsmatrix* ist. Auf ihrer Hauptdiagonalen stehen Einser und alle außerdiagonalen Elemente sind gleich Null:

$$(\mathbf{1}) = \begin{pmatrix} 1 & 0 & 0 & 0 & 0 & 0 & \dots \\ 0 & 1 & 0 & 0 & 0 & 0 & \dots \\ 0 & 0 & 1 & 0 & 0 & 0 & \dots \\ 0 & 0 & 0 & 1 & 0 & 0 & \dots \\ 0 & 0 & 0 & 0 & 1 & 0 & \dots \\ 0 & 0 & 0 & 0 & 0 & 1 & \dots \end{pmatrix} .$$

Die Unvertauschbarkeit der Operatoren (3.1) hat die Unvertauschbarkeit der Matrizen zur Folge.

2.11 Selbstadjungierte Operatoren

Die Operatoren der dynamischen Veränderlichen haben reelle Eigenwerte und Erwartungswerte; sie sind selbstadjungiert.

Die Eigenwerte des Operators einer dynamischen Veränderlichen, die man unmittelbar messen kann, müssen reell sein. Das muß auch für die Erwartungswerte im Eigenzustand und auch im zusammengesetzten Zustand gelten. Aus diesen Forderungen folgen Eigenschaften der Operatoren von dynamischen Veränderlichen. Diese Eigenschaften übertragen sich auch auf Matrizen, mit denen man sie ausdrückt.

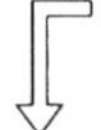

Für den Eigenwert des Operators einer dynamischen Veränderlichen muß gelten

$$A_n^* = A_n ,$$

also neben $\hat{A}u_n = A_n u_n$ auch $\hat{A}^* u_n^* = A_n u_n^*$. Wenn man die erste Gleichung von links mit u_n^* multipliziert, erhält man das gleiche Ergebnis, wie bei der Multiplikation der zweiten Gleichung mit u_n von links. Demnach müssen auch die Integrale der linken und der rechten Seite der Gleichung $u_n^* \hat{A} u_n = u_n \hat{A}^* u_n^*$ gleich sein:

$$\int u_n^* \hat{A} u_n dx = \int u_n \hat{A}^* u_n^* dx \; . \tag{1a}$$

Auch der Erwartungswert des Operators für die zusammengesetzte Wellenfunktion $c_n u_n + c_{n'} u_{n'}$ muß reell sein:

$$\left(\int (c_n^* u_n^* + c_{n'}^* u_{n'}^*) \hat{A} (c_n u_n + c_{n'} u_{n'}) dx\right)^* = \int (c_n^* u_n^* + c_{n'}^* u_{n'}^*) \hat{A} (c_n u_n + c_{n'} u_{n'}) dx \; .$$

Bei Berücksichtigung der Gleichung (1a) folgt:

$$c_n c_{n'}^* \int u_n \hat{A}^* u_{n'}^* dx + c_{n'} c_n^* \int u_{n'} \hat{A}^* u_n^* dx =$$
$$c_{n'} c_n^* \int u_n^* \hat{A} u_{n'} dx + c_n c_{n'}^* \int u_{n'}^* \hat{A} u_n dx \; .$$

Da die Koeffizienten c_n und $c_{n'}$ noch beliebig sind, müssen die Integrale bei gleichen Koeffizienten gleich sein.

Es muß somit gelten:

$$\int u_{n'}^* \hat{A} u_n dx = \int u_n \hat{A}^* u_{n'}^* dx \; . \tag{1b}$$

Die Wirkung des konjugiert komplexen Operators auf die Wellenfunktion links führt zum gleichen Ergebnis wie die Wirkung des Operators auf die Wellenfunktion rechts. Operatoren mit dieser Eigenschaft nennt man *selbstadjungiert* oder *Hermite-Operatoren.* Die Operatoren einer dynamischen Veränderlichen, z.B. der Koordinate, des Impulses, der kinetischen Energie, des Potentials, der Gesamtenergie, sind selbstadjungiert. Das gilt aber nicht für den Vernichtungsoperator $\hat{a}$ und den Erzeugungsoperator $\hat{a}^\dagger$.

Für die Matrixelemente eines selbstadjungierten Operators folgt aus der Gleichung

$$\int u_{n'}^* \hat{A} u_n dx = \int u_n \hat{A}^* u_{n'}^* dx = \left(\int u_n^* \hat{A} u_{n'} dx\right)^*$$

sofort:

$$A_{n'n} = A_{nn'}^* \; . \tag{2}$$

Die *selbstadjungierte Matrix*, für die die Gleichung (2) gilt, geht in sich selbst über, wenn man sie an der Hauptdiagonalen spiegelt und die Elemente konjugiert komplex nimmt. Ein Blick genügt, um sich zu vergewissern, daß die bisher angegebenen Matrizen selbstadjungiert sind.

Die Matrizen des Vernichtungs- und Erzeugungsoperators sind nicht selbstadjungiert. Wir überzeugen uns davon, indem wir sie berechnen.

Es gilt

$$
\begin{aligned}
a_{n'n} &= \int u^*_{n'} \hat{a} u_n dx = \sqrt{n} \int u^*_{n'} u_{n-1} dx = \sqrt{n}\, \delta_{n'\,n-1} \quad \text{und} \\
a^\dagger_{n'n} &= \int u^*_{n'} \hat{a}^\dagger u_n dx = \sqrt{n+1} \int u^*_{n'} u_{n+1} dx = \sqrt{n+1}\, \delta_{n'\,n+1}\,.
\end{aligned}
$$

Nur die Matrixelemente

$$
a_{n-1\,n} = \sqrt{n}\,, \qquad a^\dagger_{n+1\,n} = \sqrt{n+1}
$$

sind von Null verschieden. Man sieht sofort, daß die Matrizen

$$
(a) = \begin{pmatrix}
0 & \sqrt{1} & 0 & 0 & 0 & 0 & \dots \\
0 & 0 & \sqrt{2} & 0 & 0 & 0 & \dots \\
0 & 0 & 0 & \sqrt{3} & 0 & 0 & \dots \\
0 & 0 & 0 & 0 & \sqrt{4} & 0 & \dots \\
0 & 0 & 0 & 0 & 0 & \sqrt{5} & \dots \\
0 & 0 & 0 & 0 & 0 & 0 & \dots
\end{pmatrix} \quad \text{und}
$$

$$
(a^\dagger) = \begin{pmatrix}
0 & 0 & 0 & 0 & 0 & 0 & \dots \\
\sqrt{1} & 0 & 0 & 0 & 0 & 0 & \dots \\
0 & \sqrt{2} & 0 & 0 & 0 & 0 & \dots \\
0 & 0 & \sqrt{3} & 0 & 0 & 0 & \dots \\
0 & 0 & 0 & \sqrt{4} & 0 & 0 & \dots \\
0 & 0 & 0 & 0 & \sqrt{6} & 0 & \dots
\end{pmatrix}
$$

nicht selbstadjungiert sind. Ihre Produkte

$$
(aa^\dagger) = \begin{pmatrix}
1 & 0 & 0 & 0 & 0 & 0 & \dots \\
0 & 2 & 0 & 0 & 0 & 0 & \dots \\
0 & 0 & 3 & 0 & 0 & 0 & \dots \\
0 & 0 & 0 & 4 & 0 & 0 & \dots \\
0 & 0 & 0 & 0 & 5 & 0 & \dots \\
0 & 0 & 0 & 0 & 0 & 6 & \dots
\end{pmatrix} \quad \text{und}
$$

$$
(a^\dagger a) = \begin{pmatrix}
0 & 0 & 0 & 0 & 0 & 0 & \dots \\
0 & 1 & 0 & 0 & 0 & 0 & \dots \\
0 & 0 & 2 & 0 & 0 & 0 & \dots \\
0 & 0 & 0 & 3 & 0 & 0 & \dots \\
0 & 0 & 0 & 0 & 4 & 0 & \dots \\
0 & 0 & 0 & 0 & 0 & 5 & \dots
\end{pmatrix}
$$

sind aber diagonale Matrizen. Die Matrizengleichung

$$(aa^\dagger) - (a^\dagger a) = (\mathbf{1})$$

entspricht der Vertauschungsregel (6.9).

Wir haben Matrixelemente der Operatoren mit den Eigenfunktionen u_n berechnet und nicht mit den Eigenfunktionen

$$\Psi_n = u_n \exp\left(-iW_n t/\hbar\right) ,$$

die die Zeitabhängigkeit enthalten. An den Erwartungswerten, d.h. an den diagonalen Matrixelementen, ändert das nichts. Sie sind wegen

$$\Psi_n^* \Psi_n = u_n^* u_n$$

unabhängig von der Zeit. Bei den außerdiagonalen Elementen tritt aber ein zusätzlicher Zeitfaktor

$$\begin{aligned} \int \Psi_{n'}^* \hat{A} \Psi_n dx &= \exp\left[-i(W_n - W_{n'})t/\hbar\right] \int u_{n'}^* \hat{A} u_n dx \\ &= \exp\left[-i(W_n - W_{n'})t/\hbar\right] A_{n'n} \end{aligned}$$

auf. Beim harmonischen Oszillator ist dieser Faktor entweder $\exp\left(-i\omega t\right)$ bei $x_{n-1\ n}$ und $p_{n-1\ n}$, also oberhalb der Hauptdiagonalen, oder $\exp i\omega t$ bei $x_{n+1\ n}$ und $p_{n+1\ n}$, also unterhalb der Hauptdiagonalen.

Die Quantenmechanik entstand in den Jahren 1925 und 1926. Zuerst schrieb W.Heisenberg dynamischen Veränderlichen, z.B. dem Ort und dem Impuls, Folgen von komplexen Zahlen zu.[1] M.Born erkannte in ihnen Matrixelemente und verfasste zusammen mit W.Heisenberg und P.Jordan in der „Dreimännerarbeit" die *Matrixmechanik*.[2] Andererseits fand E.Schrödinger die stationäre Gleichung für die de Broglie-Wellen. Bohrs Quantisierungsvorschrift deutete er als Bedingung für die Existenz endlicher und stetiger stationärer Lösungen seiner Gleichung.[3] Er zeigte, daß die „Matrixmechanik" und seine „Wellenmechanik" nur zwei Gesichter der gleichen Theorie darstellen.[4] Im Rahmen der Wellenmechanik erklärte er den Zeeman-Effekt und Stark-Effekt.[5] Zulezt gab er die „Wellengleichung" an, die

[1] W.Heisenberg, *Über quantentheoretische Umdeutung kinematischer und mechanischer Beziehungen*, Z.Phys. **33** (1925) 879.

[2] M.Born, W.Heisenberg, P.Jordan, *Zur Quantenmechanik II*, Z.Phys. **35** (1926) 557.

[3] E.Schrödinger, *Quantisierung als Eigenwertproblem*, Ann.Phys. **79** (1926) 361; *II.Mitteilung*, Ann.Phys. **79** (1926) 489.

[4] E.Schrödinger, *Über das Verhältnis der Heisenberg-Born-Jordanschen Mechanik zu der meinen*, Ann.Phys. **79** 91926) 743.

[5] E.Schrödinger, *III.Mitteilung, Störungstheorie mit Anwendung auf den Starkeffekt der Balmerlinien*, Ann.Phys. **80** (1926) 437.

seinen Namen trägt.[6] M.Born kam zu der Überzeugung, daß das Absolutquadrat der Wellenfunktion von Schrödinger als Wahrscheinlichkeitsdichte gedeutet werden kann.[7] Die Grundlagen der nichtrelativistischen Quantenmechanik waren somit 1926 abgeschlossen. Einige Jahre danach wurde der mathematische Formalismus von Johann von Neumann[8] als die Theorie der selbstadjungierten Operatoren im Hilbertraum ausgearbeitet.[9]

2.12 Unschärfebeziehung

Die Heisenberg-Unschärfebeziehung gilt allgemein. Der Grundzustand des harmonischen Oszillators hat die besondere Eigenschaft, daß die entsprechenden Unschärfen für Impuls und Koordinate zeitunabhängig und minimal sind.

Wir befassen uns mit dem Hintergrund der Heisenberg Unschärfebeziehung, weil die Ergebnisse für den weiteren Gedankengang maßgebend sind. Wir leiten die Unschärfebeziehung her und überzeugen uns davon, daß für den Grundzustand des harmonischen Oszillators das Unschärfeprodukt der Koordinate und des Impulses minimal ist.

Zwei selbstadjungierte Operatoren nennen wir $\hat{x}$ und $\hat{p}$, ohne dabei vorläufig an Koordinate und Impuls zu denken. Im Zustand, der mit der normierten Eigenfunktion u_n beschrieben wird, sind ihre Erwartungswerte:

$$x_{nn} = \int u_n^* \hat{x} u_n dx \quad , \quad p_{nn} = \int u_n^* \hat{p} u_n dx \; .$$

Für die weitere Herleitung ist es vorteilhaft, die Operatoren:

$$\hat{X} = \hat{x} - x_{nn} \quad , \quad \hat{P} = \hat{p} - p_{nn}$$

einzuführen, die auch selbstadjungiert sind. Für sie gilt die bekannte Vertauschungsregel:

$$\hat{P}\hat{X} - \hat{X}\hat{P} = \hat{p}\hat{x} - \hat{x}\hat{p} = \frac{\hbar}{i}$$

und die Unschärfen sind definitionsgemäß $(\delta x)^2 = \int u_n^* \hat{X}^2 u_n dx$ und $(\delta p)^2 = \int u_n^* \hat{P}^2 u_n dx$.

[6] E.Schrödinger, *IV.Mitteilung*, Ann.Phys. **81** (1926) 109.

[7] M.Born, *Zur Quantenmechanik der Stoßvorgänge*, Z.Phys. **37** (1926) 863; *Quantenmechanik der Stoßvorgänge*, Z.Phys. **38** (1926) 803.

[8] J.von Neumann, *Mathematische Grundlagen der Quantenmechanik*, Springer, Berlin 1932.

[9] M.Jammer, *The Philosophy of Quantum Mechanics*, J.Wiley & Sons, New York 1974.

Nun lassen wir den zusammengesetzten Operator $\hat{X} + iq\hat{P}$ mit dem reellen Parameter q auf die Eigenfunktion u_n wirken und untersuchen das Integral des Betragsquadrats, das nicht negativ sein kann:

$$\begin{aligned} I(q) &= \int (\hat{X}u_n + iq\hat{P}u_n)^*(\hat{X}u_n + iq\hat{P}u_n)dx \\ &= \int [(\hat{X}u_n)^* - iq(\hat{P}u_n)^*](\hat{X}u_n + iq\hat{P}u_n)dx \\ &= (\delta x)^2 + q^2(\delta p)^2 - iq \int u_n^*(\hat{P}\hat{X} - \hat{X}\hat{P})u_n dx \geq 0 \, . \end{aligned}$$

Dabei benutzten wir Gleichungen, die für selbstadjungierte Operatoren gelten, z.B. $\int (\hat{X}u_n)^*\hat{P}u_n dx = \int u_n^*\hat{X}\hat{P}u_n dx$, und die Definitionen für die Unschärfen.

Das Integral $I(q)$ erreicht als Funktion von q den Minimalwert $I(q_0) = 0$ bei q_0. Dabei muß die Bedingung

$$\partial I/\partial q = 0$$

erfüllt sein. Aus ihr folgt sofort:

$$q_0 = \frac{i}{2(\delta p)^2} \int u_n^*[\hat{p}, \hat{x}]u_n dx \, .$$

Die Gleichheit der Kommutatoren $[\hat{P}, \hat{X}]$ und $[\hat{p}, \hat{x}]$ wurde schon berücksichtigt. Die Gleichung $I(q_0) = 0$ liefert

$$(\delta x)^2(\delta p)^2 - \tfrac{1}{4}\left(\int u_n^*[\hat{p}, \hat{x}]u_n dx\right)^2 + \tfrac{1}{2}\left(\int u_n^*[\hat{p}, \hat{x}]dx\right)^2 = 0$$

und schließlich

$$\delta x \delta p = \left|\tfrac{1}{2} i \int u_n^*[\hat{p}, \hat{x}]u_n dx\right| \, .$$

Das alles bezieht sich auf das Minimum; im allgemeinen gilt dann die Ungleichung:

$$\delta x \delta p \geq \left|\tfrac{1}{2} i \int u_n^*[\hat{p}, \hat{x}]u_n dx\right| \, . \qquad (1)$$

Zu dieser Ungleichung kamen wir für ein beliebiges Paar von selbstadjungierten Operatoren, ohne Ausdrücke zu gebrauchen, die für die Koordinate $\hat{x}$ und den Impuls $\hat{p}$ gelten. Beschränken wir uns auf dieses Paar von selbstadjungierten Operatoren, gelangen wir mit $[\hat{p}, \hat{x}] = \hbar/i$ zu der bekannten Ungleichung (9.4):

$$\delta x \delta p \geq \tfrac{1}{2}\hbar \, .$$

Das Integral $I(q)$ erreicht den Minimalwert $I(q_0) = 0$ nur wenn die Gleichung

$$\hat{X}u_0 + iq_0\hat{P}u_0 = \hat{x}u_0 + iq_0\hat{p}u_0 = xu_0 + q_0\hbar\frac{\partial u_0}{\partial x} = 0$$

erfüllt ist, die zu der Differentialgleichung

$$\frac{du_0}{dx} = -\frac{xu_0}{q_0\hbar}$$

führt. Ihre Lösung

$$u_0 \propto \exp\left(\frac{-x^2}{2q_0\hbar}\right) = \exp\left(\frac{-m\omega x^2}{2\hbar}\right) = \exp\left(-\tfrac{1}{2}\xi^2\right)$$

ist die Eigenfunktion u_0 für den Grundzustand des harmonischen Oszillators. Wir haben dieses Ergebnis vorweggenommen, als wir $x_{00} = 0$, $p_{00} = 0$ und $q_0 = -\frac{1}{2}\hbar/(\delta p)^2 = 1/m\omega$ setzten, was nur für den Grundzustand des harmonischen Oszillators zutrifft. Dieser Zustand ist in der Tat dadurch ausgezeichnet, daß für ihn das Unschärfeprodukt minimal ist.

2.13 Kohärente Zustände

Aus den Eigenfunktionen des harmonischen Oszillators kann eine Wellenfunktion gebildet werden, deren Erwartungswerte dem schwingenden Massenpunkt der klassischen Mechanik entsprechen. Ein solcher kohärenter Zustand stellt somit eine Brücke zwischen der klassischen Mechanik und der Quantenmechanik her.

Wir untersuchen nun beim harmonischen Oszillator Wellenfunktionen, die aus Eigenfunktionen zusammengesetzt sind und besondere Eigenschaften aufweisen. Da diese Wellenfunktionen einen Übergang zur klassischen Mechanik und später zur klassischen Elektrodynamik ermöglichen, behandeln wir sie ausführlich.

Wir betrachten den Grundzustand des harmonischen Oszillators, für den das Unschärfeprodukt minimal ist, verschieben das Potential aus dem Koordinatenursprung und entwickeln die zugehörige Eigenfunktion nach den ursprünglichen Eigenfunktionen. Das tun wir vorerst ohne Zeitabhängigkeit und schließen sie nachher ein. So gelangen wir zu der Wellenfunktion, die schon auf den ersten Blick ein harmonisch schwingendes Wellenpaket beschreibt.

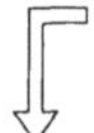

Zunächst setzen wir in die allgemeine Wellenfunktion für den harmonischen Oszillator die Eigenenergie $W_n = \hbar\omega(n + \frac{1}{2})$ ein und stellen fest, daß die Wellenfunktion

$$\Psi(x,t) = \sum_n c_n u_n \exp\left(-\tfrac{1}{2}i\omega t\right) \exp\left(-in\omega t\right)$$

eine Periodizität mit der Zeitperiode $2\pi/\omega$ aufweist.

Wir haben festgestellt, daß das Unschärfeprodukt im Grundzustand des harmonischen Oszillators minimal ist. Das gilt auch dann, wenn wir das Potential $V(x)$ um x_0 aus dem Koordinatenursprung verschieben. Wir bilden die Wellenfunktion im Grundzustand für den Oszillator mit „verschobenem" Potential:

$$\sqrt{\frac{\kappa}{\sqrt{\pi}}}\exp\left[-\tfrac{1}{2}\kappa^2(x-x_0)^2\right]=\sqrt{\frac{\kappa}{\sqrt{\pi}}}\exp\left[-\tfrac{1}{2}(\xi-\xi_0)^2\right].$$

Diese Wellenfunktion entwickeln wir nach den Eigenfunktionen des harmonischen Oszillators mit „unverschobenem" Potential, vorerst für den Zeitpunkt $t = 0$. Die normierten Eigenfunktionen des harmonischen Oszillators

$$\Psi_n(x,t)=\sqrt{\frac{\kappa}{2^n n!\sqrt{\pi}}}\exp\left(-\tfrac{1}{2}\xi^2\right)H_n(\xi)\exp\left(-\tfrac{1}{2}i\omega t\right)\exp\left(-in\omega t\right)$$

gehen für $t = 0$ in die bekannten Eigenfunktionen

$$\Psi_n(x,t=0)=u_n(x)=\sqrt{\frac{\kappa}{2^n n!\sqrt{\pi}}}\exp\left(-\tfrac{1}{2}\xi^2\right)H_n(\xi)$$

über. Wir stellen uns also die Aufgabe, die Funktionen u_n mit solchen Koeffizienten c_n zu multiplizieren, daß Summation die Eigenfunktion im Grundzustand des harmonischen Oszillators mit dem „verschobenen" Potential ergibt:

$$\sum_n c_n u_n=\sum_n c_n\sqrt{\frac{\kappa}{2^n n!\sqrt{\pi}}}\exp\left(-\tfrac{1}{2}\xi^2\right)H_n(\xi)=\sqrt{\frac{\kappa}{\sqrt{\pi}}}\exp\left[-\tfrac{1}{2}(\xi-\xi_0)^2\right].$$

Über die Erzeugungsfunktion der Hermite-Polynome (5.2):

$$\sum_n s^n\frac{H_n(\xi)}{n!}=\exp\left(-s^2+2s\xi\right)$$

mit $s = \frac{1}{2}\xi_0$ erkennen wir die Form der Koeffizienten:

$$c_n=\sqrt{\frac{1}{n!}}\left(\frac{\xi_0}{\sqrt{2}}\right)^n\exp\left[-\frac{1}{2}\left(\frac{\xi_0}{\sqrt{2}}\right)^2\right].$$

Man kann sich davon zusätzlich überzeugen, wenn man die Reihe aufsummiert:

$$\begin{aligned}\textstyle\sum_n c_n u_n &=\textstyle\sum_n\sqrt{\frac{1}{n!}}\left(\frac{\xi_0}{\sqrt{2}}\right)^n\exp\left[-\frac{1}{2}\left(\frac{\xi_0}{\sqrt{2}}\right)^2\right]\cdot\sqrt{\frac{\kappa}{2^n n!\sqrt{\pi}}}\exp\left(-\tfrac{1}{2}\xi^2\right)H_n(\xi)\\ &=\sqrt{\tfrac{\kappa}{\sqrt{\pi}}}\exp\left(\tfrac{1}{2}\xi^2-\tfrac{1}{4}\xi_0^2\right)\textstyle\sum_n\left(\frac{\xi_0}{\sqrt{2}}\right)^n\frac{H_n(\xi)}{n!}\\ &=\sqrt{\tfrac{\kappa}{\sqrt{\pi}}}\exp\left(-\tfrac{1}{2}\xi^2-\tfrac{1}{4}\xi_0^2-\tfrac{1}{4}\xi_0^2+\xi_0\xi\right)=\sqrt{\tfrac{\kappa}{\sqrt{\pi}}}\exp\left[-\tfrac{1}{2}(\xi-\xi_0)^2\right].\end{aligned}$$

Schwieriger wird es, wenn man in der Reihe mit den gleichen Koeffizienten die Zeitabhängigkeit beibehält:

$$\Psi_\alpha(x,t) = \sum_n c_n \Psi_n(x,t) = \sum_n \sqrt{\frac{1}{n!}}\left(\frac{\xi_0}{\sqrt{2}}\right)^n \exp\left[-\tfrac{1}{2}\left(\tfrac{\xi_0}{\sqrt{2}}\right)^2\right]$$

$$\cdot\sqrt{\frac{\kappa}{2^n n!\sqrt{\pi}}}\exp\left(-\tfrac{1}{2}\xi^2\right)H_n(\xi)\exp\left(-\tfrac{1}{2}i\omega t\right)\exp\left(-in\omega t\right)$$

$$= \sqrt{\frac{\kappa}{\sqrt{\pi}}}\exp\left(-\tfrac{1}{2}\xi^2 - \tfrac{1}{4}\xi_0^2 - \tfrac{1}{2}i\omega t\right)\sum_n \left(\tfrac{1}{2}\xi_0 \exp\left(-i\omega t\right)\right)^n \frac{H_n(\xi)}{n!} .$$

Außer einem zusätzlichen Faktor $\exp\left(-\tfrac{1}{2}i\omega t\right)$ hat man jetzt in der Summe noch einen zusätzlichen Exponentialfaktor in $s = \tfrac{1}{2}\xi_0 \exp\left(-i\omega t\right)$. Das führt zu dem Ausdruck:

$$\Psi_\alpha(x,t) = \sqrt{\frac{\kappa}{\sqrt{\pi}}}\exp\left[-\tfrac{1}{2}\xi^2 - \tfrac{1}{4}\xi_0^2 - \tfrac{1}{2}i\omega t - \tfrac{1}{4}\xi_0^2\exp\left(-2i\omega t\right) + \xi_0\xi\exp\left(-i\omega t\right)\right] .$$

Wir spalten seinen Exponenten in den reellen Teil, der sich vereinfachen läßt

$$-\tfrac{1}{2}\xi^2 - \tfrac{1}{4}\xi_0^2 - \tfrac{1}{4}\xi_0^2\cos 2\omega t + \xi_0\xi\cos\omega t = -\tfrac{1}{2}\xi^2 - \tfrac{1}{4}\xi_0^2 - \tfrac{1}{4}\xi_0^2(2\cos^2\omega t - 1) + \xi_0\xi\cos\omega t$$

$$= -\tfrac{1}{2}\xi^2 + \xi_0\xi\cos\omega t - \tfrac{1}{2}\xi^2\cos^2\omega t = -\tfrac{1}{2}(\xi - \xi_0\cos\omega t)^2 ,$$

und in den imaginären Teil:

$$i\left(-\tfrac{1}{2}\omega t + \tfrac{1}{4}\xi_0^2\sin 2\omega t - \xi_0\xi\sin\omega t\right) .$$

Da unser methodisches Konzept auf Analogiebetrachtungen basiert, ist hinsichtlich der Verschiebung des Potentials eine Bemerkung angebracht, die zur Vorsicht mahnt. Einer Verschiebung des Potentials um x_0 entspricht in der klassischen Mechanik die Verschiebung des einen Endes der Feder, so daß sich auch Gleichgewichtslage des Massenpunktes verschiebt. Die Kraft, die die Feder auf den Massenpunkt ausübt, geht von $-m\omega^2 x$ in $-m\Omega^2(x-x_0)$ über. Der Massenpunkt schwingt mit gleicher Kreisfrequenz – und bei gleicher Energie – mit gleicher Amplitude um die neue Gleichgewichtslage. Der Entwicklung der Eigenfunktionen des harmonischen Oszillators mit der neuen Gleichgewichtslage nach den Eigenfunktionen für die alte kann jedoch in der klassischen Mechanik keine anschauliche Vorstellung gegenübergestellt werden. Dieser Schritt wird dadurch gerechtfertigt, daß er auf eine mathematisch erfolgreiche Weise zu Zuständen führt, die nicht zerfließen.

Nun kann man mit der Wellenfunktion

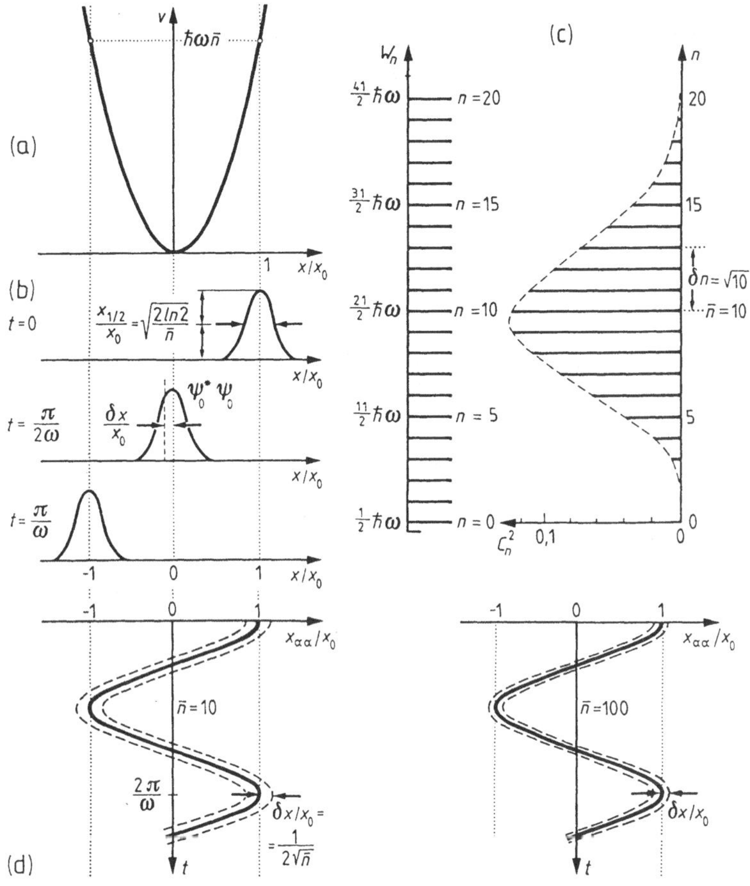

Bild 2.4 Der kohärente Zustand des harmonischen Oszillators. Die Abhängigkeit der potentiellen Energie von der Auslenkung aus der mittleren Lage (a). Der Erwartungswert der Koordinate ist gleich Null, wenn der Erwartungswert des Impulses am größten ist. Er ist maximal, wenn der Erwartungswert des Impulses gleich Null ist (b). Es sind Zustände mit verschiedener Zahl von Quanten vertreten, wie es die Poisson-Verteilung bestimmt (c, $\overline{n} = 10$). Die Bewegung des Wellenpakets kann mit der Zeitabhängigkeit des Erwartungswertes der Koordinate samt ihrer Unschärfe veranschaulicht werden (d).

$$\Psi_\alpha(x,t) =$$

$$\sqrt{\frac{\kappa}{\sqrt{\pi}}} \exp\left[-\tfrac{1}{2}(\xi - \xi_0 \cos\omega t)^2\right] \exp i\left(-\tfrac{1}{2}\omega t + \tfrac{1}{4}\xi_0^2 \sin 2\omega t - \xi_0 \xi \sin\omega t\right)$$

die Wahrscheinlichkeitsdichte bilden:

$$\Psi_\alpha^* \Psi_\alpha = \frac{\kappa}{\sqrt{\pi}} \exp\left[-(\xi - \xi_0 \cos\omega t)^2\right] .$$

Diese läßt eine einfache Deutung zu: ein Gauß-Wellenpaket schwingt harmonisch um den Koordinatenursprung.

Im folgenden Abschnitt zeigen wir, daß die Wellenfunktion des kohärenten Zustands Ψ_α normiert ist und die Erwartungswerte der Koordinate und des Impulses

$$x_{\alpha\alpha} = x_0 \cos \omega t \ , \qquad p_{\alpha\alpha} = -\hbar\kappa^2 x_0 \sin \omega t$$

und die Erwartungswerte des Quadrats der Koordinate und des Quadrats des Impulses

$$(x^2)_{\alpha\alpha} = \frac{1}{2\kappa^2} + x_0^2 \cos^2 \omega t \ , \qquad (p^2)_{\alpha\alpha} = \hbar^2\kappa^2(\kappa^2 x_0^2 \sin^2 \omega t + \tfrac{1}{2})$$

aufweist. Damit ergeben sich die Unschärfen der Koordinate und des Impulses:

$$\delta x = \sqrt{(x^2)_{\alpha\alpha} - x_{\alpha\alpha}^2} = \frac{1}{\sqrt{2}\kappa} \quad \text{und} \quad \delta p = \sqrt{(p^2)_{\alpha\alpha} - p_{\alpha\alpha}^2} = \frac{1}{\sqrt{2}}\hbar\kappa \ .$$

Ihr Produkt hat in der Tat den Miimalwert:

$$\delta x \delta p = \tfrac{1}{2}\hbar \ .$$

Die Unschärfen und ihr Produkt hängen nicht von der Zeit ab, obwohl die Erwartungswerte zeitabhängig sind.

Die Wellenfunktion des kohärenten Zustandes Ψ_α ist normiert

$$\int \Psi_\alpha^* \Psi_\alpha dx = \frac{\kappa}{\sqrt{\pi}} \int \exp\left[-\kappa^2(x - x_0 \cos \omega t)^2\right] dx$$

$$= \frac{1}{\sqrt{\pi}} \int \exp\{-[\kappa(x - x_0 \cos \omega t)]^2\} d[\kappa(x - x_0 \cos \omega t)] = 1$$

mit $\int \exp(-z^2) dz = \sqrt{\pi}$. Wir erinnern daran, daß die Integrale zwischen $-\infty$ und ∞ ermittelt werden.

Der Erwartungswert der Koordinate ist

$$\begin{aligned} x_{\alpha\alpha} &= \int x \Psi_\alpha^* \Psi_\alpha dx = \frac{1}{\kappa\sqrt{\pi}} \int [\kappa(x - x_0 \cos \omega t + x_0 \cos \omega t)] \\ &\quad \cdot \exp\{-[\kappa(x - x_0 \cos \omega t)]^2\} d[\kappa(x - x_0 \cos \omega t)] \\ &= \frac{1}{\kappa\sqrt{\pi}} \int (z + \kappa x_0 \cos \omega t) \exp(-z^2) dz \\ &= \frac{1}{\kappa\sqrt{\pi}} [\int z \exp(-z^2) dz + \kappa x_0 \cos \omega t \int \exp(-z^2) dz] \\ &= x_0 \cos \omega t \end{aligned}$$

mit $\int z \exp(-z^2) dz = 0$ und dem früher angegebenen Integral.

Für den Erwartungswert des Quadrats der Koordinate ergibt sich:

$$
\begin{aligned}
(x^2)_{\alpha\alpha} &= \int x^2 \Psi_\alpha^* \Psi_\alpha dx \\
&= \frac{1}{\kappa^2\sqrt{\pi}} \int [\kappa(x - x_0\cos\omega t + x_0\cos\omega t)]^2 \\
&\quad \cdot \exp\{-[\kappa(x - x_0\cos\omega t)]^2\} d\,[\,\kappa(x - x_0\cos\omega t)] \\
&= \frac{1}{\kappa^2\sqrt{\pi}} \int (z + \kappa x_0 \cos\omega t)^2 \exp(-z^2) dz \\
&= \frac{1}{\kappa^2\sqrt{\pi}} \cdot [\int z^2 \exp(-z^2) dz + 2x_0\kappa\cos\omega t \\
&\quad \int z\exp(-z^2)dz + \kappa^2 x_0^2 \cos^2\omega t \int \exp(-z^2) dz\,] \\
&= \frac{1}{2\kappa^2} + x_0^2\cos^2\omega t
\end{aligned}
$$

mit $\int z^2 \exp(-z^2) dz = \frac{1}{2}\sqrt{\pi}$ und den früher angegebenen Integralen.

Der Erwartungswert des Impulses

$$
p_{\alpha\alpha} = \int \Psi_\alpha^* \frac{\hbar}{i} \frac{\partial \Psi_\alpha}{\partial x} dx
$$

enthält die Ableitung:

$$
\frac{\partial \Psi_\alpha}{\partial x} = \kappa \frac{\partial \Psi_\alpha}{\partial \xi} = \Psi_\alpha(-\kappa^2 x + \kappa^2 x_0 \cos\omega t - ik^2 x_0 \sin\omega t)\;.
$$

Das gibt:

$$
\begin{aligned}
p_{\alpha\alpha} &= \frac{\hbar}{i} \int \Psi_\alpha^* \Psi_\alpha [-\kappa^2(x - x_0\cos\omega t) - ik^2 x_0 \sin\omega t] dx \\
&= \frac{\hbar}{i\sqrt{\pi}} \int \exp\{-[\kappa(x - x_0\cos\omega t)]^2\} \\
&\quad \cdot\{-\kappa[\kappa(x - x_0\cos\omega t)] - i\kappa^2 x_0 \sin\omega t\} d[\kappa(x - x_0\cos\omega t)] \\
&= \frac{\hbar}{i\sqrt{\pi}} [\kappa \int z\exp(-z^2)dz - i\kappa^2 x_0 \sin\omega t \int \exp(-z^2) dz] \\
&= \frac{\hbar}{i}(-i\kappa^2 x_0 \sin\omega t) \\
&= -\hbar\kappa^2 x_0 \sin\omega t\;.
\end{aligned}
$$

Der Erwartungswert des Quadrats des Impulses

$$
(p^2)_{\alpha\alpha} = -\hbar^2 \int \Psi_\alpha^* \frac{\partial^2 \Psi_\alpha}{\partial x^2} dx
$$

enthält die zweite Ableitung:

$$\frac{\partial^2\Psi_\alpha}{\partial x^2} = \frac{\partial\Psi_\alpha}{\partial x}(-\kappa^2 x + \kappa^2 x_0 \cos\omega t - i\kappa^2 x_0 \sin\omega t) - \kappa^2\Psi_\alpha$$
$$= \Psi_\alpha[(-\kappa^2 x + \kappa^2 x_0 \cos\omega t - i\kappa^2 x_0 \sin\omega t)^2 - \kappa^2] \, .$$

Mit ihr erhält man:

$$(p^2)_{\alpha\alpha} = -\hbar^2 \int \Psi_\alpha^* \Psi_\alpha \{[\kappa^2(x - x_0 \cos\omega t) + i\kappa^2 x_0 \sin\omega t]^2 - \kappa^2\} dx$$
$$= -\frac{\hbar^2}{\sqrt{\pi}} \int \exp\{-[\kappa(x - x_0 \cos\omega t)]^2\}$$
$$\cdot \{[\kappa^2(x - x_0\cos\omega t) + i\kappa^2 x_0 \sin\omega t]^2 - \kappa^2\} d[\kappa(x - x_0 \cos\omega t)]$$
$$= -\frac{\hbar^2}{\sqrt{\pi}} \int \exp(-z^2)[(\kappa z + i\kappa^2 x_0 \sin\omega t)^2 - \kappa^2] dz$$
$$= -\frac{\hbar^2}{\sqrt{\pi}}[\kappa^2 \int z^2 \exp(-z^2) dz + 2i\kappa^3 x_0 \sin\omega t \int z \exp(-z^2) dz$$
$$-(\kappa^4 x_0^2 \sin^2\omega t + \kappa^2) \int \exp(-z^2) dz]$$
$$= -\hbar^2(\tfrac{1}{2}\kappa^2 - \kappa^4 x_0^2 \sin^2\omega t - \kappa^2)$$
$$= \hbar^2\kappa^2(\kappa^2 x_0^2 \sin^2\omega t + \tfrac{1}{2}) \, .$$

Unsere Rechnung hat uns überzeugt, daß die Wellenfunktion Ψ_α eine Schwingung mit der Kreisfrequenz ω mit der Amplitude x_0 um den Koordinatenursprung beschreibt und daß sich dabei die Unschärfen δx und δp nicht ändern. Sie stellt das quantenmechanische Analogon des schwingenden Massenpunktes der klassischen Mechanik dar. Da es keinen anderen ähnlichen Fall in der Quantenmechanik gibt, verdient der zusammengesetzte Zustand mit der Wellenfunktion Ψ_α den Namen *kohärenter Zustand*. Wir sagen, daß im kohärenten Zustand das *Wellenpaket* nicht zerfließt. Das betonen wir mit gutem Grund; denn alle freien eindimensionalen Wellenpakete in der Quantenmechanik zerfließen mit der Zeit. Als Beispiel geben wir das Ergebnis für ein freies Gauß-Wellenpaket an, das zur Zeit $t = 0$ den Minimalwert des Unschärfeproduktes besitzt. Nach der Zeit t – oder zu einer früheren Zeit $-t$ – hat das Unschärfeprodukt den Wert:

$$\delta x(t)\delta(t) = \tfrac{1}{2}\hbar\sqrt{1 + \tfrac{\kappa^4\hbar^2 t^2}{m^2}} \geq \tfrac{1}{2}\hbar \, .$$

m ist die Elektronenmasse. Für freie eindimensionale Wellenpakete anderer Form liegen die Verhältnisse noch ungünstiger, indem die untere Schranke nicht erreicht wird.

Nachdem wir den kohärenten Zustand in Raum und Zeit studiert haben, wenden wir uns seiner Energie zu. Die Zahl der Quanten ist im kohärenten Zustand nicht scharf bestimmt. Das geht daraus hervor, daß dieser Zustand aus Zuständen mit verschiedener Zahl von Quanten zusammengesetzt ist. Der relative Anteil des Zustandes mit n Quanten, d.h. die Wahrscheinlichkeit, mit der man den Zustand u_n im kohärenten Zustand antrifft, ist durch das Betragsquadrat des Koeffizienten c_n gegeben:

$$c_n^* c_n = \frac{\xi_0}{\sqrt{2}n!} \exp\left[-\left(\frac{\xi_0}{\sqrt{2}}\right)^2\right] .$$

Da die Amplitude $\xi_0 = \kappa x_0$ reell ist, sind auch die Koeffizienten c_n reell.

Es ist üblich eine neue Bezeichnung einzuführen, die durch den Index α der Wellenfunktion Ψ_α im kohärenten Zustand schon vorweggenommen wurde:

$$\alpha = \frac{\xi_0}{\sqrt{2}} = \frac{\kappa x_0}{\sqrt{2}} .$$

Der Parameter α wird im allgemeinen als komplex angenommen, so daß

$$c_n = \frac{\alpha^n}{\sqrt{n!}} \exp\left(-\tfrac{1}{2}\alpha^*\alpha\right) , \qquad c_n^* = \frac{\alpha^{*n}}{\sqrt{n!}} \exp\left(-\tfrac{1}{2}\alpha^*\alpha\right) \qquad \text{und}$$

$$c_n^* c_n = \frac{(\alpha^*\alpha)^n}{n!} \exp\left(-\alpha^*\alpha\right)$$

gilt. Da wir von einer reellen Amplitude $\xi_0 = \kappa x_0$ ausgegangen sind, werden wird nur ausnahmsweise den Parameter α nicht als reell annehmen, allgemeine Rechnungen aber für einen komplexen Parameter ausführen.

Die Gleichung für $c_n^* c_n$ zeigt, daß der Anteil des Zustandes u_n mit gegebener Zahl der Quanten n im kohärenten Zustand Ψ_α durch die *Poisson-Verteilung* gegeben ist. Wir werden einige Eigenschaften dieser diskreten Verteilung bei späteren Rechnungen benötigen.

Wir überzeugen uns, daß diese Verteilung normiert ist und berechnen für sie den Erwartungswert der Zahl der Quanten und den Erwartungswert ihres Quadrats.

Die Poisson-Verteilung ist normiert

$$\sum_{n=0}^{\infty} c_n^* c_n = \exp\left(-\alpha^*\alpha\right) \sum_{n=0}^{\infty} \frac{(\alpha^*\alpha)^n}{n!} = 1 ,$$

da $\sum(\alpha^*\alpha)^n/n! = \exp\left(\alpha^*\alpha\right)$ gilt. Weiter ist der Erwartungswert der Zahl der Quanten:

$$\begin{aligned}\overline{n} &= \sum_{n=0}^{\infty} n c_n^* c_n = \exp(-\alpha^*\alpha) \sum_{n=0}^{\infty} n \frac{(\alpha^*\alpha)^n}{n!} \\ &= \exp(-\alpha^*\alpha) \sum_{n=1}^{\infty} \alpha^*\alpha \frac{(\alpha^*\alpha)^{n-1}}{(n-1)!} \\ &= \alpha^*\alpha \exp(-\alpha^*\alpha) \sum_{n=0}^{\infty} \frac{(\alpha^*\alpha)^n}{n!} = \alpha^*\alpha\ .\end{aligned}$$

Zuletzt durften wir den Index $n-1$, über den summiert wird, durch n ersetzen und berücksichtigten die gleiche Formel wie im ersten Schritt. Den Erwartungswert des Quadrats der Zahl der Quanten erhalten wir auf ähnliche Weise:

$$\begin{aligned}\overline{n^2} &= \sum_{n=0}^{\infty} n^2 c_n^* c_n = \exp(-\alpha^*\alpha) \sum_{n=0}^{\infty} n^2 \frac{(\alpha^*\alpha)^n}{n!} \\ &= \exp(-\alpha^*\alpha) \sum_{n=1}^{\infty} n\alpha^*\alpha \frac{(\alpha^*\alpha)^{n-1}}{(n-1)!} = \alpha^*\alpha \exp(-\alpha^*\alpha) \sum_{n=0}^{\infty} (n+1) \frac{(\alpha^*\alpha)^n}{n!} \\ &= \alpha^*\alpha \exp(-\alpha^*\alpha) \sum_{n=0}^{\infty} \frac{(\alpha^*\alpha)^n}{n!} + \alpha^*\alpha \exp(-\alpha^*\alpha) \sum_{n=1}^{\infty} \alpha^*\alpha \frac{(\alpha^*\alpha)^{n-1}}{(n-1)!} \\ &= \alpha^*\alpha + (\alpha^*\alpha)^2 = \overline{n} + \overline{n}^2\ .\end{aligned}$$

Die Unschärfe der Zahl der Quanten ist nach der üblichen Definition:

$$\delta n = \sqrt{\overline{n^2} - \overline{n}^2} = \sqrt{\overline{n}} = \sqrt{\alpha^*\alpha}\ .$$

Nun bedenken wir, daß die Energie im Zustand mit n Quanten, vom Grundzustand aus gemessen, $\mathcal{W} = n\hbar\omega$ beträgt. Der Erwartungswert der Energie im kohärenten Zustand ist dann

$$\overline{\mathcal{W}} = \overline{n}\hbar\omega$$

und der Erwartungswert ihres Quadrats:

$$\overline{\mathcal{W}^2} = \overline{n^2}\hbar^2\omega^2 = \overline{n}\hbar^2\omega^2 + \overline{n}^2\hbar^2\omega^2 = \hbar\omega\overline{\mathcal{W}} + \overline{\mathcal{W}}^2\ .$$

Das führt im kohärenten Zustand zu der Energieunschärfe:

$$\delta\mathcal{W} = \delta W = \hbar\omega\delta n = \hbar\omega\sqrt{\overline{n}}\ .$$

Die zeitliche Entwicklung des kohärenten Zustandes kann man sich veranschaulichen, indem man $x_{\alpha\alpha}$ als Funktion der Zeit aufträgt und dabei die Unschärfe δx berücksichtigt (Bild 2.4). Diese Unschärfe ist mit der Zahl der Quanten verbunden. Wenn man die Gleichungen

$$\delta x = \frac{1}{\sqrt{2}\kappa}\ , \qquad \xi_0 = \kappa x_0 \qquad \text{und}$$

$$\alpha = \frac{1}{\sqrt{2}}\xi_0\ , \qquad \delta n = \alpha$$

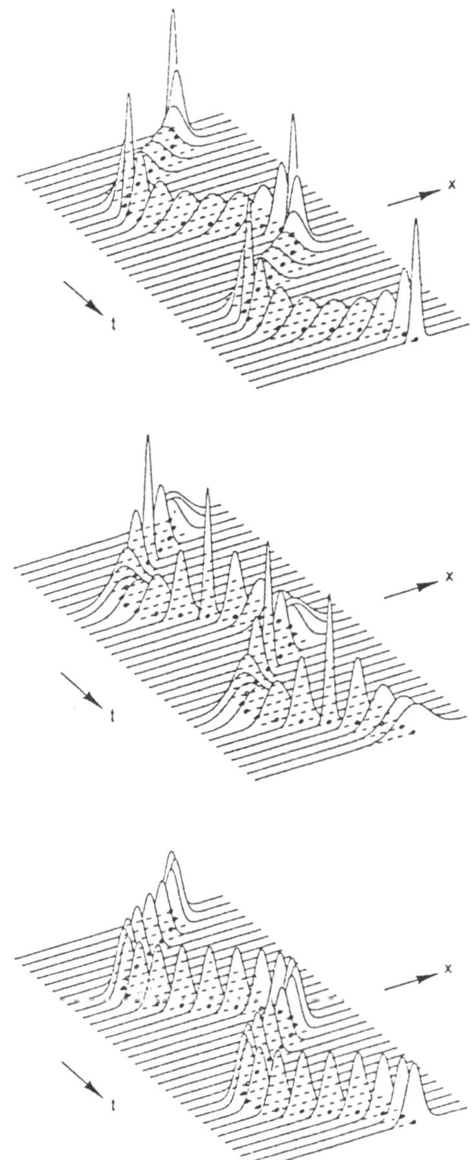

Bild 2.5 Die Zeitabhängigkeit der Wahrscheinlichkeitsdichte für Wellenpakete des harmonischen Oszillators. Der Anfangswert der Koordinatenunschärfe ist kleiner als die Koordinatenunschärfe im Grundzustand (oben), größer (mitte) und ihr gleich (unten, kohärenter Zustand). Der Punkt zeigt den Erwartungswert der Koordinate an. Nach S.Brandt, H.D.Dahmen, *The Picture Book of Quantum Mechanics*, J.Wiley & Sons, New York 1985

bei reellem α berücksichtigt, gelangt man zu:

$$\delta n \delta x = \tfrac{1}{2} x_0 \qquad \text{oder} \qquad \tfrac{\delta x}{x_0} = \tfrac{1}{2\sqrt{n}} \,.$$

Dies ist eine für den kohärenten Zustand charakteristische Form der Unschärfebeziehung.

Den kohärenten Zustand hat E.Schrödinger schon mit der Wellenmechanik eingeführt, ohne ihn so zu nennen.[1] Er interessierte sich besonders für Wellenpakete, die nicht zerfließen, weil er das Wellenbild bevorzugte. Im kohärenten Zustand sah er das Gebilde, das dem Teilchen entspricht. E.H.Kennard behandelte Wellenpakete im Potential des harmonischen Oszillators eingehender.[2] Er drückte die zeitabhängige Wellenfunktion mit der Wellenfunktion am Anfang und der Green-Funktion aus:

$$\psi(x,t) = \int G(x,x',t)\psi(x',0)dx' \,.$$

Die Green-Funktion

$$G(x,x',t) = \sqrt{\frac{m\omega}{2\pi\hbar|\sin\omega t|}} \exp im\omega[(x^2+x'^2)\cos\omega t - 2xx']/2\hbar\sin\omega t$$

geht von der Dirac-Deltafunktion für $t=0$ in ebene Wellen für $t=\frac{1}{2}\pi/\omega$ über und dann für $t=\pi/\omega$ in die Deltafunktion und so weiter. Der Vorgang ist periodisch, doch ändert sich mit der Zeit auch die Breite des Wellenpaketes, nur beim kohärenten Zustand bleibt sie ausnahmsweise zeitunabhängig (Bild 2.5). Heutzutage werden kohärente Zustände viel benutzt. Inzwischen hat man sie stark verallgemeinert.[3]

2.14 Heisenberg-Bild

Während im Schrödinger-Bild Operatoren nicht von der Zeit abhängen und die Zeitabhängigkeit in den Wellenfunktionen steckt, ist es im Heisenberg-Bild umgekehrt.

[1] E.Schrödinger, *Der stetige Übergang von der Mikro- zur Makromechanik*, Naturwiss. **14** (1926) 664.

[2] E.H.Kennard, *Zur Quantenmechanik einfacher Bewegungstypen*, Z.Phys.**44** (1927) 326.

[3] T.S.Santhaman, *Generalized coherent states*, in B.Gruber, R.S.Millman (Hrsg.), *Symmetries in Science*, Plenum Press, New York 1980.

Bisher blieben wir im Rahmen des Schrödinger-Bildes. Nun ist es an der Zeit, das *Heisenberg-Bild* kennenzulernen, das einige Vorteile bietet. Zuerst verwenden wir dieses Bild, um die Beziehung der Quantenmechanik zur klassischen Mechanik zu überblicken. Im Schrödinger-Bild hängen die Operatoren, wie der Operator der Koordinate $\hat{x}$ oder der Operator des Impulses $\hat{p}$, nicht explizit von der Zeit ab. Die Zeitabhängigkeit steckt in den Wellenfunktionen $\Psi(x,t)$. Wir versuchen herauszufinden, ob es möglich ist, umgekehrt die Wellenfunktionen zeitunabhängig zu lassen und die Zeitabhängigkeit in die Operatoren zu stecken.

Wir beginnen damit, die Zeitabhängigkeit des Erwartungswertes eines Operators im Schrödinger-Bild zu untersuchen. Die Ableitung nach der Zeit des Erwartungswertes A_{nn} ist:

$$\frac{dA_{nn}}{dt} = \int \frac{\partial \Psi_n^*}{\partial t} \hat{A} \Psi dx + \int \Psi^* \hat{A} \frac{\partial \Psi_n}{\partial t} dx \, .$$

Dabei wollen wir annehmen, daß im Schrödinger-Bild der Operator $\hat{A}$ nicht explizit von der Zeit abhängt. Mit der Schrödinger-Gleichung (2.5) drücken wir die Ableitung der Wellenfunktion nach der Zeit mit Hilfe des Hamilton-Operators aus:

$$\frac{\partial \Psi_n}{\partial t} = -\frac{i}{\hbar} \hat{H} \Psi_n, \qquad \frac{\partial \Psi_n^*}{\partial t} = \frac{i}{\hbar} (\hat{H} \Psi_n)^* \, .$$

Damit erhalten wir:

$$\frac{dA_{nn}}{dt} = \frac{i}{\hbar} \left[\int (\hat{H}\Psi_n)^* \hat{A} \Psi_n dx - \int \Psi^* \hat{A} \hat{H} \Psi_n dx \right] = \frac{i}{\hbar} \int \Psi_n^* (\hat{H}\hat{A} - \hat{A}\hat{H}) \Psi_n dx \, . \tag{1}$$

Dabei berücksichtigten wir, daß für den selbstadjungierten Operator $\hat{A}$ die Gleichung:

$$\int (\hat{H}\Psi_n)^* \hat{A} \Psi_n dx = \int \Psi^* \hat{H} \hat{A} \Psi_n dx$$

gilt. Man kann die Zeitabhängigkeit von den Wellenfunktionen in die Operatoren aufnehmen, indem man die Gleichung (1) in die *Heisenberg-Gleichung*

$$\frac{d\hat{A}}{dt} = \frac{i}{\hbar} (\hat{H}\hat{A} - \hat{A}\hat{H}) \tag{2}$$

überführt. Die Gleichung (2) übernimmt die Rolle der Bewegungsgleichung im Heisenberg-Bild. Sie zeigt, daß ein Operator die Zeit nicht explizit enthält, wenn er mit dem *Hamilton-Operator vertauschbar* ist.

Als Beispiele sind die Bewegungsgleichungen für den Operator der Koordinate $\hat{x}$ und den Operator für den Impuls $\hat{p}$ geeignet. Einerseits ist $\hat{x} = x$ mit $\hat{V} = V(x)$ vertauschbar, so daß:

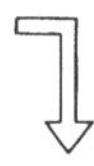

$$\hat{H}\hat{x} - \hat{x}\hat{H} = \hat{T}\hat{x} - \hat{x}\hat{T} = -\frac{\hbar^2}{2m}\left(\frac{\partial^2}{\partial x^2}x - x\frac{\partial^2}{\partial x^2}\right)$$
$$= -\frac{\hbar^2}{m}\frac{\partial}{\partial x} = -i\frac{\hbar}{m}\frac{\hbar}{i}\frac{\partial}{\partial x} = -i\frac{\hbar}{m}\hat{p}\,.$$

Andererseits ist $\hat{p} = (\hbar/i)(\partial\,/\partial x)$ mit $\hat{T} = -(\hbar^2/2m)(\partial^2\,/\partial x^2)$ vertauschbar, so daß:

$$\hat{H}\hat{p} - \hat{p}\hat{H} = \hat{V}\hat{p} - \hat{p}\hat{V} = \frac{\hbar}{i}\left(V\frac{\partial}{\partial x} - \frac{\partial}{\partial x}V\right) = -\frac{\hbar}{i}\frac{\partial V}{\partial x}\,.$$

Die gesuchten Bewegungsgleichungen lauten dann nach (1):

$$\frac{d\hat{x}}{dt} = \frac{i}{\hbar}(\hat{H}\hat{x} - \hat{x}\hat{H}) = \frac{\hat{p}}{m} \quad \text{und} \tag{3}$$

$$\frac{d\hat{p}}{dt} = \frac{i}{\hbar}(\hat{H}\hat{p} - \hat{p}\hat{H}) = -\frac{\partial V}{\partial x}\,. \tag{4}$$

Sie haben in der Tat die Form der Hamilton-Gleichungen (**1**.1.7), in denen die dynamischen Veränderlichen x und p durch ihre Operatoren ersetzt wurden.

Im nächsten Schritt untersuchen wir den Vernichtungs- und Erzeugungsoperator im Heisenberg-Bild. Das Ergebnis werden wir später benötigen. Bisher haben wir den Vernichtungsoperator $\hat{a}$ und den Erzeugungsoperator $\hat{a}^\dagger$ im Schrödinger-Bild als zeitunabhängig betrachtet. Jetzt wollen wir beide im Heisenberg-Bild zeitabhängig machen. Das ist leicht zu bewerkstelligen, wenn man sie statt auf zeitunabhängige Eigenfunktionen des harmonischen Oszillators u_n auf die zeitabhängigen Eigenfunktionen $\Psi_n = u_n \exp[-i(n+\frac{1}{2})\omega t]$ wirken läßt

$$\hat{a}\Psi_n = \hat{a}u_n \exp[-i(n+\tfrac{1}{2})\omega t] = \sqrt{n}\,u_{n-1}\exp\{-[(n-1)+\tfrac{1}{2}]\omega t\}\exp(-i\omega t)$$
$$= \sqrt{n}\,\exp(-i\omega t)\Psi_{n-1}$$

und:

$$\hat{a}^\dagger\Psi_n = \hat{a}^\dagger u_n \exp[-i(n+\tfrac{1}{2})\omega t] = \sqrt{n+1}\,u_{n+1}\exp\{-[(n+1)+\tfrac{1}{2}]\omega t\}\exp i\omega t$$
$$= \sqrt{n+1}\,\exp i\omega t\,\Psi_{n+1}\,.$$

Den Gleichungen

$$\hat{a}\Psi_n = \sqrt{n}\,\exp(-i\omega t)\Psi_{n-1}\,, \qquad \hat{a}^\dagger\Psi_n = \sqrt{n+1}\,\exp i\omega t\Psi_{n+1}$$

kann man die bekannten Gleichungen:

$$\hat{a}(0)u_n = \sqrt{n}\,u_{n-1}\,, \qquad \hat{a}^\dagger(0)u_n = \sqrt{n+1}\,u_{n+1}\,,$$

in denen zeitunabängige Operatoren auftreten, gegenüberstellen. Der Vergleich zeigt, daß man den *zeitabhängigen Vernichtungsoperator*

$$\hat{a}(t) = \hat{a}(0) \exp(-i\omega t) \tag{5}$$

und den *zeitabhängigen Erzeugungsoperator*

$$\hat{a}^\dagger(t) = \hat{a}^\dagger(0) \exp i\omega t \tag{6}$$

einführen kann.

Zum gleichen Ergebnis gelangt man mit der zeitabhängigen Wellenfunktion.

Wir berechnen die Matrixelemente des Vernichtungsoperators und des Erzeugungsoperators im Zustand, der mit der allgemeinen Wellenfunktion des harmonischen Oszillators

$$\Psi_b = \sum_n c_n u_n \exp[-i(n + \tfrac{1}{2})\omega t]$$

beschrieben wird. Das Matrixelement des Vernichtungsoperators ist:

$$\begin{aligned}
a_{b'b} &= \int \Psi_{b'}^* \hat{a} \Psi_b dx \\
&= \sum_n \sum_{n'} c_{n'}^* c_n \exp[i(n' + \tfrac{1}{2})\omega t] \exp[-i(n + \tfrac{1}{2})\omega t] \int u_{n'}^* \hat{a} u_n dx \\
&= \sum_n \sum_{n'} c_{n'}^* c_n \exp[-i(n - n')\omega t] \sqrt{n}\, \delta_{n'\ n-1} \\
&= \sum_n c_{n-1}^* c_n \sqrt{n} \exp(-i\omega t)\ .
\end{aligned}$$

Das Matrixelement des Erzeugungsoperators ist:

$$\begin{aligned}
a_{b'b}^\dagger &= \int \Psi_{b'}^* \hat{a}^\dagger \Psi_b dx \\
&= \sum_n \sum_{n'} c_{n'}^* c_n \exp[i(n' + \tfrac{1}{2})\omega t] \exp[-i(n + \tfrac{1}{2})\omega t] \int u_{n'}^* \hat{a}^\dagger u_n dx \\
&= \sum_n \sum_{n'} c_{n'}^* c_n \exp[-i(n - n')\omega t] \sqrt{n+1}\, \delta_{n'\ n+1} \\
&= \sum_n c_{n+1}^* c_n \sqrt{n+1} \exp i\omega t\ .
\end{aligned}$$

Deren Ableitungen nach der Zeit

$$\frac{da_{b'b}}{dt} = -i\omega a_{b'b}\ , \qquad \frac{da_{b'b}^\dagger}{dt} = i\omega a_{b'b}$$

lassen in der Tat darauf schließen, daß die zeitabhängigen Operatoren mit den Gleichungen (5) und (6) gegeben sind.

2.15 Teilchenzahldarstellung und Dirac-Schreibweise

Das Heisenberg-Bild zeigt seine Vorteile in der Teilchenzahldarstellung, bei der man die elegante Dirac-Schreibweise benutzen kann.

Die Vorteile des Heisenberg-Bildes nutzt man aus, wenn man von der Konfigurationsraumdarstellung zur *Teilchenzahldarstellung* übergeht und sich dabei der *Dirac-Schreibweise* bedient. Wir gebrauchen die Bezeichnung „Teilchenzahldarstellung", obwohl sich die Darstellung auf die Zahl der Quanten bezieht. Wir wollen dies als eine Art bequeme Sprechweise auffassen, ohne dabei den ganzen mathematischen Formalismus im Detail zu betrachten. In der Teilchenzahldarstellung geht man von den Eigenzuständen des Teilchenzahloperators $\hat{n}$ (2.7) aus und kennzeichnet sie mit der Zahl der Quanten n.

Die Dirac-Schreibweise macht sich die Tatsache zunutze, daß die Quantenmechanik im *Hilbertraum* dargestellt wird. Wir wollen nur auf die Ähnlichkeit der Ausdrücke in diesem vieldimensionalen Raum mit den entsprechenden Ausdrücken im gewöhnlichen dreidimensionalen Raum hinweisen. Diese Ähnlichkeit ist uns schon begegnet, z.B. die Orthogonalität von Eigenfunktionen und Einheitsvektoren.

An das neue Bild, die Darstellung und die Schreibweise, werden wir uns im Laufe späterer Rechnungen gewöhnen. Der Dirac-Schreibweise liegt der Gedanke zugrunde, daß die Wellenfunktionen, die nicht unmittelbar der Beobachtung zugänglich sind, gewissermaßen mathematisch unvollendeten Ausdrücken entsprechen. Mathematisch vollendeten Ausdrücken, die bei direkt beobachtbaren Größen auftreten, entsprechen dann Matrixelemente. Wellenfunktionen werden *bra* und *ket* (deutsch etwa *kla* und *mer*) genannt und das Matrixelement ist dann ein *bracket* (eine *Klammer*). Schon aus der vergleichenden Tabelle ist ersichtlich, wieviel man bei der Dirac-Schreibweise an Raum spart. Das ist aber nicht ihr einziger Vorteil. Wenn man sich an sie gewöhnt, findet man, daß die Gleichungen übersichtlich und prägnant sind. Diese Schreibweise ist ebenso nützlich, wie die Vektorschreibweise gegenüber der Komponentenschreibweise im dreidimensionalen Raum. Wir geben für den harmonischen Oszillator in der Teilchenzahldarstellung und in der neuen Schreibweise einige bekannte Gleichungen wieder, so daß man sie mit der alten Schreibweise vergleichen kann.

Um sich mit der neuen Schreibweise vertraut zu machen, bilden wir vom Vakuumzustand ausgehend den Zustand mit n Quanten und berechnen mit Hilfe von zeitabhängigen Operatoren für Koordinate und Impuls die Matrixelemente im kohärenten Zustand. Damit wiederholen wir eine Berechnung, die wir schon früher angestellt haben, aber jetzt läuft sie viel schneller.

Wir führen den Grundzustand $|0\rangle$ mit 0 Quanten als den *Vakuumzustand* ein, der die niedrigste mögliche Energie besitzt. Mit dem Erzeugungsoperator erzeugen wir aus ihm nacheinander Zustände mit mehreren Quanten

Tabelle 2.2 Vergleich verschiedener Ausdrücke im gewöhnlichen dreidimensionalen Raum $\mathcal{R}^3$ und dem Hilbertraum $\mathcal{H}$ mit der Dirac-Schreibweise.

	$\mathcal{R}^3$	$\mathcal{H}$ gewöhnliche	$\mathcal{H}$ Dirac-Schreibweise
Element	Vektor $\mathbf{b}$	Wellenfunktion Ψ_b	ket $\|b\rangle$
		Wellenfunktion Ψ_b^*	bra $\langle b\|$
Skalar	reelle Zahl k	komplexe Zahl c	komplexe Zahl c
Produkt	$k\mathbf{b}$	$c\Psi_b$	$c\|b\rangle$
Kombination	$\sum_n k_n \mathbf{b}_n$	$\sum_b c_b \Psi_b$	$\sum_b c_b \|b\rangle$
Skalarprodukt	$\mathbf{b} \cdot \mathbf{b}'$	$(\Psi_{b'}, \Psi_b) = \int \Psi_{b'}^* \Psi_b dx$	$\langle b'\|b\rangle$
Reihenfolge	$\mathbf{b} \cdot \mathbf{b}' = \mathbf{b}' \cdot \mathbf{b}$	$(\Psi_{b'}, \Psi_b)^* = (\Psi_b, \Psi_{b'})$	$\langle b'\|b\rangle^* = \langle b\|b'\rangle$
Norm	$\mathbf{b} \cdot \mathbf{b} \geq 0$	$(\Psi_b, \Psi_b) \geq 0$	$\langle b\|b\rangle \geq 0$
Ungleichung	$(\mathbf{b} \cdot \mathbf{b}')^2 \leq$ $\leq (\mathbf{b} \cdot \mathbf{b})(\mathbf{b}' \cdot \mathbf{b}')$	$(\Psi_{b'}, \Psi_b)^2 \leq$ $\leq (\Psi_b, \Psi_b)(\Psi_{b'}, \Psi_{b'})$	$\langle b'\|b\rangle^2 \leq$ $\leq \langle b'\|b'\rangle\langle b\|b\rangle$
Normierung	$\mathbf{e}_j \cdot \mathbf{e}_j = 1$	$(\Psi_n, \Psi_n) = 1$	$\langle n\|n\rangle = 1$
Orthogonalität	$\mathbf{e}_j \cdot \mathbf{e}_{j'} = 0$	$(\Psi_{n'}, \Psi_n) = 0$	$\langle n'\|n\rangle = 0$
Orthonormierung	$\mathbf{e}_j \cdot \mathbf{e}_{j'} = \delta_{j'\,j}$	$(\Psi_{n'}, \Psi_n) = \delta_{n'\,n}$	$\langle n'\|n\rangle = \delta_{n'\,n}$
Entwicklung	$\mathbf{b} = \sum_j k_j \mathbf{e}_j$	$\Psi_b = \sum_n c_n \Psi_n$	$\|b\rangle = \sum_n c_n \|n\rangle$
Projektion	$k_j = \mathbf{b} \cdot \mathbf{e}_j$	$c_n = (\Psi_n, \Psi_b)$	$c_n = \langle n\|b\rangle$
Superposition	$\mathbf{b} = \sum_j \mathbf{e}_j(\mathbf{b} \cdot \mathbf{e}_j)$	$\Psi_b = \sum_n \Psi_n(\Psi_n, \Psi_b)$	$\|b\rangle = \sum_n \|n\rangle\langle n\|b\rangle$

$$
\begin{aligned}
\hat{a}^\dagger|0\rangle &= |1\rangle, \\
\hat{a}^\dagger|1\rangle &= \sqrt{2}\,|2\rangle = (\hat{a}^\dagger)^2|0\rangle, \\
\hat{a}^\dagger|2\rangle &= \sqrt{3}\,|3\rangle = \tfrac{1}{\sqrt{2}}(\hat{a}^\dagger)^3|0\rangle, \\
\hat{a}^\dagger|3\rangle &= \sqrt{4}|4\rangle = \tfrac{1}{\sqrt{2\cdot 3}}(\hat{a}^\dagger)^4|0\rangle \ldots .
\end{aligned}
$$

Allgemein gilt:

$$|n\rangle = \frac{1}{\sqrt{n!}}(\hat{a}^\dagger)^n|0\rangle.$$

Vom Vakuumzustand ausgehend ist demnach

$$\frac{1}{\sqrt{n!}}(\hat{a}^\dagger)^n$$

der Erzeugungsoperator für den Zustand $|n\rangle$ mit n Quanten.

Tabelle 2.3 Vergleich verschiedener Ausdrücke für den harmonischen Oszillator in der gewöhnlichen und der Dirac-Schreibweise.

	gewöhnliche	Dirac-Schreibweise
Eigenzustand	u_n	$\|n\rangle$
Vernichtungsoperator	$\hat{a}u_n = \sqrt{n}\, u_{n-1}$	$\hat{a}\|n\rangle = \sqrt{n}\,\|n-1\rangle$
Erzeugungsoperator	$\hat{a}^\dagger u_n = \sqrt{n+1}\, u_{n+1}$	$\hat{a}^\dagger\|n\rangle = \sqrt{n+1}\|n+1\rangle$
Orthonormierung	$\int u_{n'}^* u_n dx = \delta_{n'\,n}$	$\langle n'\|n\rangle = \delta_{n'\,n}$
Matrixelement	$\int u_{n-1}^* \hat{a} u_n dx = \sqrt{n}$	$\langle n-1\|\hat{a}\|n\rangle = \sqrt{n}$
kohärenter Zustand	$\Psi_\alpha(x, t=0) = \sum_n c_n u_n$	$\|\alpha\rangle = \sum_n c_n\|n\rangle$

Wir bilden die zeitabhängigen Operatoren der Koordinate und des Impulses, so daß wir den zeitabhängigen Vernichtungs- und Erzeugungsoperator in die entsprechenden Gleichungen (6.3) und (6.4) einsetzen:

$$\hat{x} = \frac{\hbar}{2m\omega}[\hat{a}\exp(-i\omega t) + \hat{a}^\dagger \exp i\omega t] \quad \text{und} \tag{7}$$

$$\hat{p} = \frac{\hbar}{i}\sqrt{\tfrac{1}{2}m\hbar\omega}[\hat{a}\exp(-i\omega t) - \hat{a}^\dagger \exp i\omega t]\,. \tag{8}$$

Im kohärenten Zustand kann man die Matrixelemente von (x) un (p) durch $\langle\alpha|\hat{a}|\alpha\rangle$ und $\langle\alpha|\hat{a}^\dagger|\alpha\rangle$ ausdrücken. Bevor wir diese Matrixelemente berechnen, untersuchen wir, ob der kohärente Zustand ein Eigenzustand des Vernichtungsoperators oder des Erzeugungsoperators ist. Zuerst versuchen wir es mit dem Vernichtungsoperator:

$$\hat{a}|\alpha\rangle = \exp\left(-\tfrac{1}{2}\alpha^*\alpha\right)\sum_{n=0}^{\infty}\frac{\alpha^n}{\sqrt{n!}}\hat{a}|n\rangle = \exp\left(-\tfrac{1}{2}\alpha^*\alpha\right)\sum_{n=0}^{\infty}\frac{\alpha^n}{\sqrt{n!}}\sqrt{n}\,|n-1\rangle$$

$$= \alpha\exp\left(-\tfrac{1}{2}\alpha^*\alpha\right)\sum_{n=1}^{\infty}\frac{\alpha^{n-1}}{\sqrt{(n-1)!}}|n-1\rangle = \alpha\exp\left(-\tfrac{1}{2}\alpha^*\alpha\right)\sum_{n=0}^{\infty}\frac{\alpha^n}{\sqrt{n!}}|n\rangle = \alpha|\alpha\rangle\ .$$

Die Gleichung

$$\hat{a}|\alpha\rangle = \alpha|\alpha\rangle$$

zeigt, daß der kohärente Zustand wirklich ein Eigenzustand des Vernichtungsoperators mit dem Eigenwert α ist. Mit dieser Erkenntnis kann man Matrixelemente der Form $\langle\alpha|\hat{a}^n|\alpha\rangle$ einfach berechnen:

$$\langle\alpha|\hat{a}^n|\alpha\rangle = \alpha^n\ .$$

Der kohärente Zustand ist normiert und es gilt: $\langle\alpha|\alpha\rangle = 1$.

Der kohärente Zustand ist aber kein Eigenzustand des Erzeugungsoperators. Der Ausdruck

$$\hat{a}^\dagger|\alpha\rangle = \exp\left(-\tfrac{1}{2}\alpha^*\alpha\right)\sum_{n=0}^{\infty}\frac{\alpha^n}{\sqrt{n!}}\sqrt{n+1}\,|n+1\rangle$$

kann nicht reduziert werden.

Die Konjugation führt die Gleichung $\hat{a}|\alpha\rangle = \alpha|\alpha\rangle$ in die Gleichung $\langle\alpha|\hat{a}^\dagger = \langle\alpha|\alpha^*$ über. Mit ihr erhalten wir sofort $\langle\alpha|\hat{a}^\dagger|\alpha\rangle = \alpha^*$ und weiter $\langle\alpha|\hat{a}^{\dagger n}|\alpha\rangle = \alpha^{*n}$.

Nun können wir die Erwartungswerte des Operators $\hat{x}$ im kohärenten Zustand schneller berechnen:

$$\begin{aligned} x_{\alpha\alpha} = &\ \langle\alpha|\hat{x}|\alpha\rangle = \langle\alpha|\sqrt{\tfrac{\hbar}{2m\omega}}\left(\hat{a}\exp(-i\omega t) + \hat{a}^\dagger\exp i\omega t\right)|\alpha\rangle \\ = &\ \sqrt{\tfrac{\hbar}{2m\omega}}\left(\alpha\exp(-i\omega t) + \alpha^*\exp i\omega t\right) = \alpha\sqrt{\tfrac{2\hbar}{m\omega}}\cos\omega t \end{aligned}$$

Der letzte Schritt gilt nur für einen reellen Parameter α. Ähnlich verläuft die Rechnung mit dem Impulsoperator $\hat{p}$:

$$\begin{aligned} p_{\alpha\alpha} = &\ \langle\alpha|\hat{p}|\alpha\rangle = \langle\alpha|\tfrac{\hbar}{i}\sqrt{\tfrac{1}{2}m\hbar\omega}\left(\hat{a}\exp(-i\omega t) - \hat{a}^\dagger\exp i\omega t\right)|\alpha\rangle \\ = &\ \tfrac{\hbar}{i}\sqrt{\tfrac{1}{2}m\hbar\omega}\left(\alpha\exp(-i\omega t) - \alpha^*\exp i\omega t\right) = \alpha\sqrt{2m\hbar\omega}\sin\omega t\ . \end{aligned}$$

Wiederum gilt der letzte Schritt nur für einen reellen Parameter α.

Jetzt betrachten wir die Erwartungswerte der Quadrate beider Operatoren:

$$
\begin{aligned}
(x^2)_{\alpha\alpha} &= \langle\alpha|\hat{x}^2|\alpha\rangle \\
&= \langle\alpha|\tfrac{\hbar}{2m\omega}[\hat{a}\hat{a}\exp(-2i\omega t) + \hat{a}^\dagger\hat{a}^\dagger\exp 2i\omega t + \hat{a}^\dagger\hat{a} + \hat{a}\hat{a}^\dagger]|\alpha\rangle \\
&= \tfrac{\hbar}{2m\omega}[\alpha^2\exp(-2i\omega t) + \alpha^{*2}\exp 2i\omega t + 2\alpha^*\alpha + 1] \\
&= \tfrac{\hbar}{2m\omega}(1 + 4\alpha^2\cos^2\omega t)\,,
\end{aligned}
$$

$$
\begin{aligned}
(p^2)_{\alpha\alpha} &= \langle\alpha|\hat{p}^2|\alpha\rangle \\
&= \langle\alpha|(-\tfrac{1}{2}m\hbar\omega)\left[\hat{a}\hat{a}\exp(-2i\omega t) + \hat{a}^\dagger\hat{a}^\dagger\exp 2i\omega t - \hat{a}^\dagger\hat{a} - \hat{a}\hat{a}^\dagger\right]|\alpha\rangle \\
&= -\tfrac{1}{2}m\hbar\omega\,[\alpha^2\exp(-2i\omega t) + \alpha^{*2}\exp 2i\omega t - 2\alpha^*\alpha - 1] \\
&= \tfrac{1}{2}m\hbar\omega(1 - 4\alpha^2\sin^2\omega t)\,.
\end{aligned}
$$

Dabei benutzten wir die Vertauschungsregel $\hat{a}\hat{a}^\dagger = 1+\hat{a}^\dagger\hat{a}$. Wie früher gilt der letzte Schritt nur für einen reellen Parameter α. Diese Rechnungen wurden angestellt, um zu zeigen, wieviel Schreibarbeit man mit der Teilchenzahldarstellung und der Dirac-Schreibweise spart.

Man kann leicht erkennen, daß die kohärenten Zustände untereinander nicht orthogonal sind:

$$
\begin{aligned}
\langle\alpha'|\alpha\rangle &= \textstyle\sum_{n'=0}^{\infty}\sum_{n=0}^{\infty} c'^*_{n'}c_n\langle n'|n\rangle = \sum_{n'=0}^{\infty}\sum_{n=0}^{\infty} c'^*_{n'}c_n\delta_{n'\,n} \\
&= \textstyle\sum_{n=0}^{\infty} c'^*_n c_n = \sum_{n=0}^{\infty}\exp(-\tfrac{1}{2}\alpha'^2)\tfrac{\alpha'^n}{\sqrt{n!}}\exp(-\tfrac{1}{2}\alpha^2)\tfrac{\alpha^n}{\sqrt{n!}} \\
&= \textstyle\exp[-\tfrac{1}{2}(\alpha'^2 + \alpha^2)]\sum_{n=0}^{\infty}\tfrac{(\alpha'\alpha)^n}{n!} \\
&= \exp(-\tfrac{1}{2}\alpha'^2 - \alpha^2 + \alpha'\alpha) = \exp[-\tfrac{1}{2}(\alpha' - \alpha)^2] \neq 0\,.
\end{aligned}
$$

Wenn aber die Differenz der Parameter α und α' groß genug ist, unterscheidet sich der Ausdruck wenig von Null. Das bedeutet, daß unter dieser Voraussetzung die beiden kohärenten Zustände in guter Näherung als orthogonal angenommen werden können.

Abschließend zeigen wir noch, wie man mit Hilfe der Gleichung $|n\rangle = \hat{a}^{\dagger n}/\sqrt{n!}|0\rangle$ den kohärenten Zustand noch einfacher schreiben kann:

$$
\begin{aligned}
|\alpha\rangle &= \textstyle\exp(-\tfrac{1}{2}\alpha^*\alpha)\sum_{n=0}^{\infty}\tfrac{\alpha^n}{\sqrt{n!}}\tfrac{1}{\sqrt{n!}}(\hat{a}^\dagger)^n|0\rangle \\
&= \textstyle\exp(-\tfrac{1}{2}\alpha^*\alpha)\sum_{n=0}^{\infty}\tfrac{(\alpha\hat{a}^\dagger)^n}{n!}|0\rangle = \exp(-\tfrac{1}{2}\alpha^*\alpha + \alpha\hat{a}^\dagger)|0\rangle\,.
\end{aligned}
$$

Zuletzt haben wir von der Gleichung $\sum_n x^n/n! = \exp x$ Gebrauch gemacht. Der *Erzeugungsoperator für den kohärenten Zustand* vom Vakuumzustand ausgehend, ist demnach:

$$\exp\left(-\tfrac{1}{2}\alpha^*\alpha + \alpha\hat{a}^\dagger\right).$$

2.16 Gequetschte Zustände

Gequetschte Zustände sind eine Verallgemeinerung der kohärenten Zustände: das Unschärfeprodukt ist minimal, aber die Unschärfen ändern sich mit der Zeit.

Der kohärente Zustand ist ein Ausnamefall. Nur bei ihm hängt die Unschärfe der Koordinate δx nicht von der Zeit ab (Bild 2.5). Bei Zuständen mit einer Gauß-Wellenfunktion, die eine größere oder kleinere Unschärfe aufweisen, ändert sich diese mit der Zeit. Solche Zustände finden in letzter Zeit Verwendung als *gequetschte Zustände* (*squeezed states*). Wir wollen hier kurz auf sie eingehen.

Die Wellenfunktion eines kohärenten Zustandes kann in der Form

$$\Psi_\alpha \propto \exp\left\{-\left[\left(\frac{m\omega}{2\hbar}\right)^{1/2} x - \alpha\right]^2\right\} \tag{1}$$

angegeben werden. Wir erinnern uns, daß dies eine Eigenfunktion des Vernichtungsoperators $\hat{a} = (2m\hbar\omega)^{-1/2}(m\omega x + \hbar\partial/\partial x)$ ist. Man kann leicht nachrechnen, daß $\hat{a}\Psi_\alpha = \alpha\Psi_\alpha$ gilt.

Führen wir in Anlehnung daran eine Wellenfunktion Ψ_β als die Eigenfunktion eines neuen Vernichtungsoperators ein:

$$\hat{b} = \mu\hat{a} + \nu\hat{a}^\dagger, \qquad \hat{b}^\dagger = \nu^*\hat{a} + \mu^*\hat{a}^\dagger. \tag{2}$$

Wir haben sofort den entsprechenden Erzeugungsoperator hinzugefügt. Dabei sind μ und ν Koeffizienten, die im allgemeinen komplex sind. Wenn für die neuen Operatoren die bekannte Vertauschungsbeziehung $\hat{b}\hat{b}^\dagger - \hat{b}^\dagger\hat{b} = 1$ gelten soll, müssen wir $\mu^*\mu - \nu^*\nu = 1$ fordern. Die alten Operatoren kann man mit den neuen ausdrücken:

$$\hat{a} = \mu^*\hat{b} - \nu\hat{b}^\dagger, \qquad \hat{a}^\dagger = -\nu^*\hat{b} + \mu\hat{b}^\dagger. \tag{3}$$

Die Eigenfunktion des neuen Vernichtungsoperators suchen wir in der Form $\Psi_\beta \propto \exp\{-C[(m\omega/2\hbar)^{1/2}x - C'\beta)]^2\}$. Dabei ist β im allgemeinen ein komplexer Koeffizient wie α und es werden die zusätzlichen Koeffizienten C und C' aus der Gleichung $\hat{b}\Psi_\beta = \beta\Psi_\beta$ gewonnen. Wir bekommen $C = (\mu+\nu)/(\mu-\nu)$ und $C' = 1/(\mu+\nu)$, so daß die neue Wellenfunktion

$$\Psi_\beta \propto \exp\left\{-\frac{\mu+\nu}{\mu-\nu}\left[\left(\frac{m\omega}{2\hbar}\right)^{1/2} x - \frac{\beta}{\mu+\nu}\right]^2\right\} \tag{4}$$

lautet.

Am meisten interessiert uns die Zeitabhängigkeit des Erwartungswertes der Koordinate im neuen Zustand und ihre Unschärfe. Zu der ersten gelangen wir mit dem zeitabhängigen Operator im Heisenberg-Bild:

$$\hat{x}_1 = \hat{x}(t) = \left(\frac{\hbar}{2m\omega}\right)^{1/2} \left[\hat{a}\exp(-i\omega t) + \hat{a}^\dagger \exp i\omega t\right] .$$

Statt des Operators für Impuls benutzen wir den Operator für die Koordinate zur Zeit $t + \frac{1}{2}\pi/\omega$:

$$\hat{x}_2 = -\hat{x}(t + \tfrac{1}{2}\pi/\omega) = -\tfrac{1}{i}\left(\tfrac{\hbar}{2m\omega}\right)^{1/2} \left[\hat{a}\exp(-i\omega t) - \hat{a}^\dagger \exp i\omega t\right] = -\tfrac{1}{m\omega}\hat{p}(t) .$$

Die Zeit $\frac{1}{2}\pi/\omega$ entspricht einem Viertel der Periode $2\pi/\omega$. Die Phase der Operatoren $\hat{x}_1$ und $\hat{x}_2$ ist demnach um $\frac{1}{2}\pi$ verschoben.

Bei der Berechnung des Erwartungswertes $\langle\beta|\hat{x}_1|\beta\rangle$ drücken wir im Operator $\hat{x}_1$ die Operatoren $\hat{a}$ und $\hat{a}^\dagger$ mit den Operatoren $\hat{b}$ und $\hat{b}^\dagger$ aus (3):

$$\begin{aligned}
&\hat{a}\exp(-i\omega t) + \hat{a}^\dagger \exp i\omega t \\
&= [\mu^*\exp(-i\omega t) - \nu^*\exp i\omega t]\hat{b} + [\mu\exp i\omega t - \nu\exp(-i\omega t)]\hat{b}^\dagger .
\end{aligned}$$

Die Gleichungen $\hat{b}|\beta\rangle = \beta|\beta\rangle$ und $\langle\beta|\hat{b}^\dagger = \langle\beta|\beta^*$ führen zum Erwartungswert:

$$\begin{aligned}
&\langle\beta|\hat{x}_1|\beta\rangle \\
&= \left(\frac{\hbar}{2m\omega}\right)^{1/2} \{[\mu^*\exp(-i\omega t) - \nu^*\exp i\omega t]\beta + [\mu\exp i\omega t - \nu\exp(-i\omega t)]\beta^*\} \\
&= \left(\frac{2\hbar}{m\omega}\right)^{1/2} |\beta|[|\mu|\cos(\omega t + \phi_\mu - \phi_\beta) - |\nu|\cos(\omega t - \phi_\nu + \phi_\beta)].
\end{aligned}$$

Dabei haben wir $\mu = |\mu|\exp i\phi_\mu$, $\nu = |\nu|\exp i\phi_\nu$ und $\beta = |\beta|\exp i\phi_\beta$ eingeführt. Wir könnten den Erwartungswert von $\hat{x}_2$ ähnlich berechnen. Es ist aber einfacher t durch $t + \frac{1}{2}\pi/\omega$ zu ersetzen und das Vorzeichen zu ändern:

$$\begin{aligned}
&\langle\beta|\hat{x}_2|\beta\rangle \\
&= \left(\frac{2\hbar}{m\omega}\right)^{1/2} |\beta|[|\mu|\sin(\omega t + \phi_\mu - \phi_\beta) - |\nu|\sin(\omega t - \phi_\nu + \phi_\beta)] .
\end{aligned}$$

Beide Erwartungswerte sind periodisch mit der Periode $2\pi/\omega$.

In Vorbereitung auf die Berechnung der Unschärfe $\delta x_1 = [\langle\beta|\hat{x}_1^2|\beta\rangle - (\langle\beta|\hat{x}_1|\beta\rangle)^2]^{1/2}$ betrachten wir den Operator:

$$
\begin{aligned}
&[\hat{a}\exp(-i\omega t) + \hat{a}^\dagger \exp i\omega t]^2 \\
&+[\mu^*\exp(-i\omega t) - \nu^*\exp i\omega t]^2\hat{b}\hat{b} + [\mu\exp i\omega t - \nu\exp(-i\omega t)]^2\hat{b}^\dagger\hat{b}^\dagger \\
&+[\mu^*\exp(-i\omega t) - \nu^*\exp i\omega t]\cdot[\mu\exp i\omega t - \nu\exp(-i\omega t)](2\hat{b}^\dagger\hat{b} + 1)\ .
\end{aligned}
$$

Zuletzt haben wir von der Gleichung $\hat{b}\hat{b}^\dagger = \hat{b}^\dagger\hat{b} + 1$ Gebrauch gemacht. Der Erwartungswert dieses Operators ist:

$$
\begin{aligned}
&\langle\beta|\hat{x}_1^2|\beta\rangle \\
&= \frac{\hbar}{2m\omega}\cdot\{[\mu^*\exp(-i\omega t) - \nu^*\exp i\omega t]^2\beta^{*2} + [\mu\exp i\omega t - \nu\exp(-i\omega t)]^2\beta^2 \\
&+ [\mu^*\exp(-i\omega t) - \nu^*\exp i\omega t]\cdot[\mu\exp i\omega t - \nu\exp(-i\omega t)](2\beta^*\beta + 1)\ .
\end{aligned}
$$

Der letzte Ausdruck kann umgeschrieben werden:

$$
\begin{aligned}
&\{[\mu^*\exp(-i\omega t) - \nu^*\exp i\omega t]\beta + [\mu\exp i\omega t - \nu\exp(-i\omega t)]\beta^*\}^2 \\
&+[\mu^*\exp(-i\omega t) - \nu^*\exp i\omega t][\mu\exp i\omega t - \nu\exp(-i\omega t)]\ .
\end{aligned}
$$

Das erste Glied entspricht dem Quadrat des Ausdrucks, der im Erwartungswert der Koordinate auftritt und in die Unschärfe eingeht:

$$
\begin{aligned}
(\delta x_1)^2 &= \langle\beta|\hat{x}_1^2|\beta\rangle - (\langle\beta|\hat{x}_1|\beta\rangle)^2 \\
&= \frac{\hbar}{2m\omega}\cdot[\mu^*\mu + \nu^*\nu - \mu^*\nu\exp(-2i\omega t) - \mu\nu^*\exp 2i\omega t] \\
&= \frac{\hbar}{2m\omega}\cdot[|\mu|^2 + |\nu|^2 - 2|\mu||\nu|\cos(2\omega t + \phi)]
\end{aligned}
$$

mit $\phi = \phi_\mu - \phi_\nu$. Das entsprechende Quadrat der Unschärfe von $\hat{x}_2$ ist dann

$$
(\delta x_2)^2 = \frac{\hbar}{2m\omega}\cdot[|\mu|^2 + |\nu|^2 + 2|\mu||\nu|\cos(2\omega t + \phi)]\ .
$$

Beide Unschärfen sind periodisch mit der Periode ω/π.

Wir berechnen noch die mittlere Anzahl der Quanten im gequetschten Zustand:

$$
\begin{aligned}
\langle\beta|\hat{n}|\beta\rangle &= \langle\beta|\hat{a}^\dagger\hat{a}|\beta\rangle = \langle\beta|(-\nu^*\hat{b} + \mu\hat{b}^\dagger)(\mu\hat{b} - \nu\hat{b}^\dagger)|\beta\rangle \\
&= -\mu^*\nu^*\beta^2 - \mu\nu\beta^{*2} + (\mu^*\mu + \nu^*\nu)\beta^*\beta + \nu^*\nu\ .
\end{aligned}
$$

Im *gequetschten Vakuum* mit $\beta = 0$ ist die mittlere Anzahl der Quanten gleich $\nu^*\nu$.

Wenn die Koeffizienten μ, ν und β reell sind, sind alle Phasendifferenzen ϕ_μ, ϕ_ν, ϕ und ϕ_β gleich Null. Dann ist der Erwartungswert $\langle\beta|\hat{x}_1|\beta\rangle = (2\hbar/m\omega)^{1/2}\beta(\mu - \nu)\cos\omega t$ und der Erwartungswert $\langle\beta|\hat{x}_2|\beta\rangle = (2\hbar/m\omega)^{1/2}\beta(\mu - \nu)\sin\omega t$. Die Unschärfe $\delta x_1 = [\hbar(\mu-\nu)/2m\omega]^{1/2}$ ist minimal und die Unschärfe $\delta x_2 = [\hbar(\mu+\nu)/2m\omega]^{1/2}$ maximal. Ihr Produkt ist wegen der Bedingung $\mu^2 - \nu^2 = 1$ gleich dem Quadrat der Unschärfe des kohärenten Zustandes $\hbar/2m\omega$.

Wir wollen diese Ergebnisse einfach darstellen.[1] Wir tragen auf die Ordinatenachse den Erwartungswert $\langle\beta|\hat{x}_2|\beta\rangle$ und auf die Abszissenachse den Erwartungswert $\langle\beta|\hat{x}_1|\beta\rangle$. Im Anfangspunkt $(\langle\beta|\hat{x}_1|\beta\rangle, 0)$ zeichnen wir eine Ellipse mit den Halbachsen $[\hbar(\mu-\nu)/2m\omega]^{1/2}$ und $[\hbar(\mu+\nu)/2m\omega]^{1/2}$. Dann stellen wir in gewohnter Weise $\langle\beta|\hat{x}_1|\beta\rangle \pm \delta x_1$ in Abhängigkeit von der Zeit dar. Für den kohärenten Zustand ($\mu = 1$, $\nu = 0$ und $\beta = \alpha$) fallen die kleinste und die größte Unschärfe zusammen und die Ellipse geht in einen Kreis über. Im entsprechenden Vakuum hängt die Unschärfe nicht von der Zeit ab (Bild 2.4). Für den gequetschten Zustand sind beide Unschärfen verschieden, so daß im gequetschten Vakuum die Unschärfe von der Zeit abhängt (Bild 2.6). Dies ist charakteristisch für den gequetschten Zustand. Die Unschärfe δx_1 kann klein werden, aber dann wird die Unschärfe δx_2 groß, da ihr Produkt konstant ist. Man kann also die Unschärfe entweder in x_1 oder in x_2 „quetschen".

Die gequetschten Zustände wurden von D.Stoler erörtert,[2]. Eigentlich wurden sie schon früher behandelt. K.Husimi untersuchte erzwungene Schwingungen des harmonischen Oszillators.[3] Später wurde der Name *parametrische Anregung* geprägt. Ein Parameter, der die Kreisfrequenz des Oszillators beeinflußt, wird periodisch geändert. In die Schrödinger-Gleichung $\hat{H}\Psi = i\hbar\partial\Psi/\partial t$ setzt man in diesem Falle einen zeitabhängigen Hamilton-Operator $\hat{H} = \frac{1}{2}\hat{p}^2/m + \frac{1}{2}m\Omega^2(t)x^2$ ein. Die gequatschten Zustände sind spezielle Lösungen dieser Gleichung. Zustände des harmonischen Oszillators mit minimaler Unschärfe werden ausführlich in Übersichtsartikeln behandelt.[3]

[1] C.M.Caves, *Quantum-mechanical noise in an interferometer*, Phys.Rev. D 23 (1981) 1693; M.C.Teich, E.A.Saleh, *Squeezed and antibunched light*, Phys.Today **43** (1990) 28 (6)

[2] D.Stoler, *Equivalence classes of minimum uncertainty packets*, Phys.Rev.D **1** (1970) 3217; *Equivalence classes of minimum-uncertainty packets. II*, Phys.Rev.D **4** (1971) 1925

[3] K.Husimi, *Miscelanea in elementary quantum mechanics II*, Progr.Theor.Phys. **9** (1953) 381

[3] R.W.Henry, S.C.Glotzer, *A squeezed-state primer*, Am.J.Phys. **56** (1988) 318;
H.A.Gersch, *Time evolution of minimum uncertainty states of a harmonic oscillator*, Am.J.Phys. **60** (1992) 1024

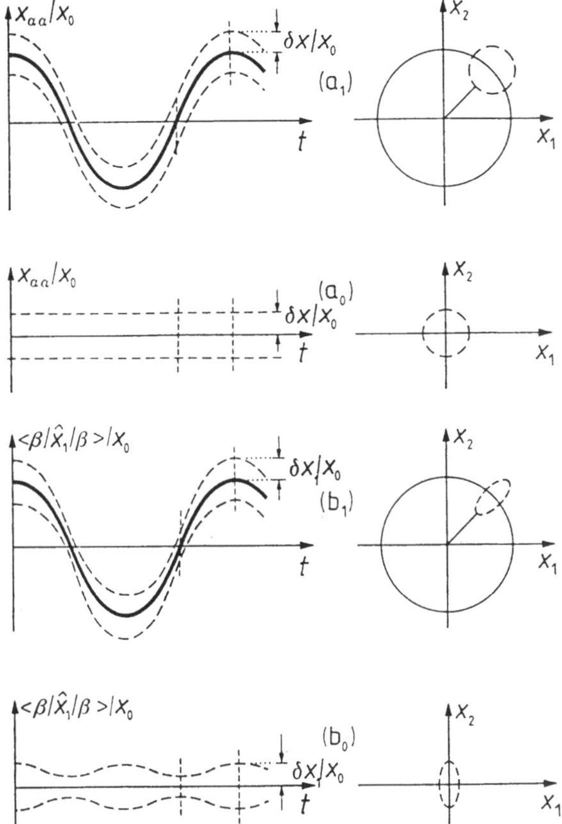

Bild 2.6 Der zeitliche Verlauf des Erwartungswertes von x_1 und seiner Unschärfe im kohärenten Zustand (a_1), Vakuum (a_0), gequetschten Zustand (b_1) und gequetschten Vakuum (b_0) (links) und die entsprechenden Phasendiagramme (rechts).

2.17 Phase

Die Phase, die in der klassischen Physik keine Schwierigkeiten bereitet, ist in der Quantenmechanik nicht so einfach zu handhaben. Die Erörterung der entsprechenden Operatoren ist ziemlich umständlich und kann übergangen werden.

Oft wird das Produkt der Unschärfen der Anzahl der Quanten und der Phase angeführt. Um den Hintergrund dieses Unschärfeprodukts zu verstehen, stellen wir uns die Frage, ob es einen geeigneten *Phasenoperator* gibt.

Die Auslenkung des klassischen harmonischen Oszillators beschreiben wir im allgemeinen mit $x = x_0 \cos(\omega t - \phi)$. Die Phase ϕ gibt an, daß die Auslenkung zur Zeit $t = \phi/\omega$ den Wert der Amplitude erreicht. Der Ausdruck läßt sich umformen:

$$x = \tfrac{1}{2}\{(x_0 \exp[-i(\omega t - \phi)] + x_0 \exp[i(\omega t - \phi)]\} = \tfrac{1}{2}[a \exp(-i\omega t) + a^* \exp i\omega t].$$

Dabei haben wir die *komplexe Amplitude*

$$a = x_0 \exp i\phi$$

eingeführt. Ähnlich gilt für den Impuls

$$p = m dx/dt = -m\omega x_0 \sin(\omega t - \phi)$$

und:

$$p = \frac{1}{2i} m\omega [a \exp(-i\omega t) - a^* \exp i\omega t] \, .$$

Die Ausdrücke für x und p sind den entsprechenden Operatoren im Heisenberg-Bild analog:

$$\hat{x} = \sqrt{\frac{\hbar}{2m\omega}} [\hat{a} \exp(-i\omega t) + \hat{a}^\dagger \exp i\omega t],$$
$$\hat{p} = \frac{1}{i} \sqrt{\tfrac{1}{2} m\hbar\omega} [\hat{a} \exp(-i\omega t) - \hat{a}^\dagger \exp i\omega t] \, .$$

Diese Analogie ist von Bedeutung im Hinblick auf die Rolle der Phase in der Quantenmechanik. Wir suchen einen selbstadjungierten Operator für die Phase. Nach klassischem Vorbild versucht man den Vernichtungs- und Erzeugungsoperator in einen Amplitudenteil und einen Phasenteil zu spalten:

$$\hat{a} = \sqrt{\hat{n}} \, \widehat{\exp i\phi} \qquad \text{und} \qquad \hat{a}^\dagger = \widehat{\exp(-i\phi)} \sqrt{\hat{n}} \, .$$

Mit dem breiten Dach deuteten wir an, daß der ganze Ausdruck als Operator aufgefaßt werden soll. Versuchen wir den Amplitudenteil mit der Quadratwurzel aus dem Teilchenzahloperator $\hat{n} = \hat{a}^\dagger \hat{a}$ auszudrücken. Damit bekämen wir für den Phasenteil:

$$\widehat{\exp i\phi} = \frac{1}{\sqrt{\hat{n}}} \hat{a} \qquad \text{und} \qquad \widehat{\exp(-i\phi)} = \hat{a}^\dagger \frac{1}{\sqrt{\hat{n}}} \, .$$

Die vorgeschlagenen Operatoren hätten aber im Grundzustand $n = 0$ keinen bestimmten Erwartungswert. Im ersten würde der Operator $\hat{n}^{-1/2}$ auf $\hat{a}|0\rangle$ wirken und im zweiten würde $\hat{n}^{-1/2}|0\rangle$ auftreten.

Nach dieser Erkenntnis führen wir die Operatoren

$$\widehat{\exp i\phi} = \frac{1}{\sqrt{\hat{n}+1}} \hat{a} \qquad \text{und} \qquad \widehat{\exp(-i\phi)} = \hat{a}^\dagger \frac{1}{\sqrt{\hat{n}+1}} \tag{1}$$

ein, in denen wir den Teilchenzahloperator $\hat{n} = \hat{a}^\dagger \hat{a}$ mit $\hat{n} + 1 = \hat{a}\hat{a}^\dagger$ ersetzen, um die Singularität der Erwartungswerte im Grundzustand zu vermeiden. Der Erwartungswert des ersten Operators im Grundzustand enthält $\hat{a}|0\rangle$ und ist gleich Null. Es ist leicht einzusehen, daß:

$$\widehat{\exp i\phi}\,\widehat{\exp(-i\phi)} = \frac{1}{\sqrt{\hat{n}+1}}\hat{a}\hat{a}^\dagger\frac{1}{\sqrt{\hat{n}+1}}$$
$$= \frac{1}{\sqrt{\hat{n}+1}}(\hat{a}^\dagger\hat{a}+1)\frac{1}{\sqrt{\hat{n}+1}} = \frac{1}{\sqrt{\hat{n}+1}}(\hat{n}+1)\frac{1}{\sqrt{\hat{n}+1}} = 1\,.$$

Dagegen ist:

$$\widehat{\exp(-i\phi)}\,\widehat{\exp i\phi} = \hat{a}^\dagger\frac{1}{\hat{n}+1}\hat{a} \neq 1\,.$$

Die Operatoren $\widehat{\exp i\phi}$ und $\widehat{\exp(-i\phi)}$ sind demnach nicht vertauschbar.

Die Matrixelemente der Operatoren $\widehat{\exp i\phi}$ und $\widehat{\exp(-i\phi)}$ in der Teilchenzahldarstellung sind

$$\widehat{\exp i\phi}_{n'\,n} = \langle n'|\frac{1}{\sqrt{\hat{n}+1}}\hat{a}|n\rangle = \langle n'|\frac{1}{\sqrt{\hat{n}+1}}\sqrt{n}|n-1\rangle = \langle n'|n-1\rangle = \delta_{n'\,n-1}$$

und:

$$\widehat{\exp(-i\phi)}_{n'\,n} = \langle n'|\hat{a}^\dagger\frac{1}{\sqrt{\hat{n}+1}}|n\rangle = \langle n'|\hat{a}^\dagger\frac{1}{\sqrt{n+1}}|n\rangle = \langle n'|n+1\rangle = \delta_{n'\,n+1}\,.$$

Nur die Matrixelemente

$$\widehat{\exp i\phi}_{n-1\,n} = 1 \qquad \text{und} \qquad \widehat{\exp(-i\phi)}_{n+1\,n} = 1$$

sind von Null verschieden

$$(\widehat{\exp i\phi}) = \begin{pmatrix} 0 & 1 & 0 & 0 & 0 & 0 & \dots \\ 0 & 0 & 1 & 0 & 0 & 0 & \dots \\ 0 & 0 & 0 & 1 & 0 & 0 & \dots \\ 0 & 0 & 0 & 0 & 1 & 0 & \dots \\ 0 & 0 & 0 & 0 & 0 & 1 & \dots \\ 0 & 0 & 0 & 0 & 0 & 0 & \dots \end{pmatrix}$$

und:

$$(\widehat{\exp(-i\phi)}) = \begin{pmatrix} 0 & 0 & 0 & 0 & 0 & 0 & \dots \\ 1 & 0 & 0 & 0 & 0 & 0 & \dots \\ 0 & 1 & 0 & 0 & 0 & 0 & \dots \\ 0 & 0 & 1 & 0 & 0 & 0 & \dots \\ 0 & 0 & 0 & 1 & 0 & 0 & \dots \\ 0 & 0 & 0 & 0 & 1 & 0 & \dots \end{pmatrix}\,.$$

Die Operatoren $\widehat{\exp i\phi}$ und $\widehat{\exp(-i\phi)}$ kann man auch in der Form

$$\widehat{\exp i\phi} = \sum_{n=0}^{\infty}|n\rangle\langle n+1| \qquad \text{und} \qquad \widehat{\exp(-i\phi)} = \sum_{n=0}^{\infty}|n+1\rangle\langle n| \qquad (2)$$

darstellen, da dies zu den gleichen Matrixelementen führt.

Die Produkte der Matrizen lassen sich schnell berechnen

$$(\widehat{\exp i\phi}\,\widehat{\exp(-i\phi)}) = (\mathbf{1})$$

und:

$$(\widehat{\exp(-i\phi)}\,\widehat{\exp i\phi}) = \begin{pmatrix} 0 & 0 & 0 & 0 & 0 & 0 & \dots \\ 0 & 1 & 0 & 0 & 0 & 0 & \dots \\ 0 & 0 & 1 & 0 & 0 & 0 & \dots \\ 0 & 0 & 0 & 1 & 0 & 0 & \dots \\ 0 & 0 & 0 & 0 & 1 & 0 & \dots \\ 0 & 0 & 0 & 0 & 0 & 1 & \dots \end{pmatrix} .$$

In der Matrix des Kommutators

$$\left(\widehat{\exp i\phi}\,\widehat{\exp(-i\phi)} - \widehat{\exp(-i\phi)}\,\widehat{\exp i\phi}\right)$$

steht nur in der oberen linken Ecke eine Eins, so daß der Kommutator als $|0\rangle\langle 0|$ dargestellt werden kann.

Die Operatoren $\widehat{\exp i\phi}$ und $\widehat{\exp(-i\phi)}$ sind nicht selbstadjungiert. Aus ihnen kann man aber zwei selbstadjungierte Operatoren zusammensetzen:

$$\widehat{\cos\phi} = \tfrac{1}{2}\left(\widehat{\exp i\phi} + \widehat{\exp(-i\phi)}\right) \quad \text{und} \quad \widehat{\sin\phi} = \tfrac{1}{2i}\left(\widehat{\exp\phi} - \widehat{\exp(-i\phi)}\right) . \tag{3}$$

Ihre von Null verschiedene Matrixelemente sind mit denen von $\widehat{\exp i\phi}$ und $\widehat{\exp(-i\phi)}$ ausdrückbar:

$$\widehat{\cos\phi}_{n-1\,n} = \widehat{\cos\phi}_{n+1\,n} = \tfrac{1}{2} \qquad \text{und} \qquad \widehat{\sin\phi}_{n-1\,n} = -\widehat{\sin\phi}_{n+1\,n} = \tfrac{1}{2i}.$$

Die Operatoren $\widehat{\cos\phi}$ und $\widehat{\sin\phi}$ sind nicht vertauschbar:

$$\widehat{\sin\phi}\widehat{\cos\phi} - \widehat{\cos\phi}\widehat{\sin\phi} = \frac{1}{2i}\left(\widehat{\exp i\phi}\widehat{\exp(-i\phi)} - \widehat{\exp(-i\phi)}\widehat{\exp i\phi}\right) = \frac{1}{2i}|0\rangle\langle 0| .$$

Die entsprechenden Größen kann man demnach nicht gleichzeitig scharf bestimmen.

Im nächsten Schritt wollen wir die Vertauschungsregeln von $\widehat{\cos\phi}$ und $\widehat{\sin\phi}$ mit dem Teilchenzahloperator $\hat{n}$ untersuchen

$$\hat{n}\,\widehat{\sin\phi} - \widehat{\sin\phi}\,\hat{n} = \frac{1}{2i}\{(\hat{n}\,\widehat{\exp i\phi} - \widehat{\exp i\phi}\,\hat{n}) - [\hat{n}\,\widehat{\exp(-i\phi)} - \widehat{\exp(-i\phi)}\,\hat{n})]\}$$

und:

$$\hat{n}\,\widehat{\cos\phi} - \widehat{\cos\phi}\,\hat{n} = \frac{1}{2}\{(\hat{n}\,\widehat{\exp i\phi} - \widehat{\exp i\phi}\,\hat{n}) + [\hat{n}\,\widehat{\exp(-i\phi)} - \widehat{\exp(-i\phi)}\,\hat{n})]\} .$$

Wir wollen nun die Vertauschungsregeln von den Operatoren $\widehat{\exp i\phi}$ und $\widehat{\exp(-i\phi)}$ mit dem Teilchenzahloperator $\hat{n}$ erarbeiten. Wenn man berücksichtigt, daß

$$\widehat{\exp i\phi}\,\hat{n} = \frac{1}{\sqrt{\hat{n}+1}}(\hat{a}\hat{a}^\dagger)\hat{a} = \frac{1}{\sqrt{\hat{n}+1}}(\hat{a}^\dagger\hat{a}+1)\hat{a} = \frac{\hat{n}+1}{\sqrt{\hat{n}+1}}\hat{a} = \sqrt{\hat{n}+1}\,\hat{a}$$

gilt, folgt:

$$\hat{n}\,\widehat{\exp i\phi} - \widehat{\exp i\phi}\,\hat{n} = \frac{\hat{n}}{\sqrt{\hat{n}+1}}\,\hat{a} - \sqrt{\hat{n}+1}\hat{a} = \frac{\hat{n}-\hat{n}-1}{\sqrt{\hat{n}+1}}\hat{a} = -\widehat{\exp i\phi}\,.$$

Auf ähnliche Weise findet man:

$$\hat{n}\,\widehat{\exp(-i\phi)} - \widehat{\exp(-i\phi)}\,\hat{n} = \widehat{\exp(-i\phi)}\,.$$

Damit bekommt man

$$\hat{n}\,\widehat{\sin\phi} - \widehat{\sin\phi}\,\hat{n} = -\frac{1}{2i}\left(\widehat{\exp i\phi} - \widehat{\exp(-i\phi)}\right) = -\widehat{\sin\phi} \qquad (4a)$$

und:

$$\hat{n}\,\widehat{\cos\phi} - \widehat{\cos\phi}\,\hat{n} = \tfrac{1}{2}\left(\widehat{\exp i\phi} + \widehat{\exp(-i\phi)}\right) = \widehat{\cos\phi}\,. \qquad (4b)$$

Das Produkt der Unschärfen zweier selbstadjungierter Operatoren ist mit dem halben absoluten Erwartungswert ihres Kommutators gegeben (12.1):

$$\delta x \delta p \geq \tfrac{1}{2}|i \textstyle\int u_n^*[\hat{p},\hat{x}]u_n dx|\,.$$

Für $\hat{x}$ können wir den Teilchenzahloperator $\hat{n}$ einsetzen und für $\hat{p}$ den Operator $\widehat{\sin\phi}$ oder $\widehat{\cos\phi}$. Die entsprechenden Kommutatoren haben wir soeben bestimmt. Im Integral auf der rechten Seite der Heisenberg-Ungleichung tritt ein vollständiger Satz orthonormierter Wellenfunktionen u_n auf. Für Wellenfunktionen mit bestimmter Teilchenzahl ist $\delta n = 0$, so daß wir von der Ungleichung kein sinnvolles Ergebnis erwarten können. Wohl ist das aber der Fall mit Wellenfunktionen des kohärenten Zustandes. Für sie erhalten wir mit den Kommutatoren (4a) und (4b)

$$\delta n\,\delta\sin\phi \geq \tfrac{1}{2}|\sin\phi_{\alpha\alpha}|$$

und:

$$\delta n\,\delta\cos\phi \geq \tfrac{1}{2}|\cos\phi_{\alpha\alpha}|\,.$$

Wir quadrieren und summieren die beiden Ungleichheiten und bekommen:

$$(\delta n)^2\frac{(\delta\sin\phi)^2+(\delta\cos\phi)^2}{|\sin\phi_{\alpha\alpha}|^2+|\cos\phi_{\alpha\alpha}|^2} \geq \tfrac{1}{4}\,.$$

Dieser Beziehung geben wir die Form

$$\delta n \delta \phi' \geq \tfrac{1}{2} \,, \tag{5}$$

wobei wir die Phasenunschärfe $\delta\phi'$ mit

$$(\delta\phi')^2 = \frac{(\delta \sin \phi)^2 + (\delta \cos \phi)^2}{|\sin \phi_{\alpha\alpha}|^2 + |\cos \phi_{\alpha\alpha}|^2}$$

einführen.

Berechnungen, die wir nicht näher verfolgen, ergeben die genaue Abhängigkeit des Unschärfeprodukts vom Erwartungswert der Zahl der Quanten $\overline{n}$ im kohärenten Zustand (Bild 2.7).

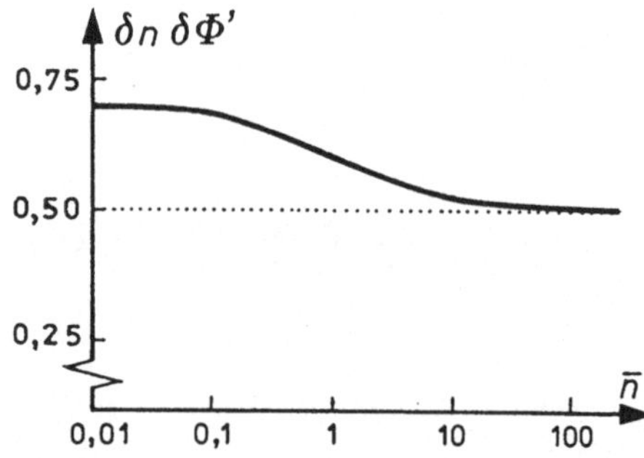

Bild 2.7 Unschärfeprodukt $\delta n \delta \phi'$ für den kohärenten Zustand in Abhängigkeit vom Erwatungswert der Zahl der Quanten $\overline{n}$. Nach P.Carruthers und M.M.Nieto.[3]

Die Operatoren (3) sind nicht vertauschbar und haben noch eine weitere unerwünschte Eigenschaft. Zwar gilt für $n \geq 1$ wie erwartet

$$\langle n|\widehat{\sin\phi}^2|n\rangle = \langle n|\widehat{\cos\phi}^2|n\rangle = \tfrac{1}{2} \text{ und } \langle n|\widehat{\sin\phi}^2|n\rangle + \langle n|\widehat{\cos\phi}^2|n\rangle = 1 \,,$$

im Grundzustand ist aber

$$\langle n=0|\widehat{\sin\phi}^2|n=0\rangle = \langle n=0|\widehat{\cos\phi}^2|n=0\rangle = \tfrac{1}{4}$$

und

$$\langle n=0|\widehat{\sin\phi}^2|n=0\rangle + \langle n=0|\widehat{\cos\phi}^2|n=0\rangle = \tfrac{1}{2} \,.$$

Deswegen kann man sich auch mit ihnen bei Zuständen in der Nähe des Grundzustandes, die in der Quantenmechanik oft vorkommen, nicht völlig zufriedengeben. Bei stark angeregten Zuständen treten ihre Nachteile in den Hintergrund.

Es gibt Operatoren, die die erwähnten Nachteile nicht aufweisen. Wir deuten den langen Weg zu ihnen mit der Frage an, ob es Zustände mit einer scharf bestimmten Phase gibt. Solche Zustände sind auch an sich interessant.

In der zeitabhängigen Wellenfunktion des harmonischen Oszillators tritt die Zeit nur im Exponentialfaktor $\exp(-iW_n t/\hbar) = \exp(-\frac{1}{2}i\omega t)\exp(-in\omega t)$ auf. Die Phase kommt demnach nur im zusätzlichen Faktor $\exp in\theta$ vor, wenn wir ωt mit $\omega t - \theta$ ersetzen. Eine Wellenfunktion für $t = 0$ nach den Eigenzuständen des harmonischen Oszillators entwickelt, enthält demnach im allgemeinen Glieder $\exp in\theta\,|n\rangle$ für $0 \leq n < \infty$. Die unendliche Reihe wird durch eine endliche ersetzt, die man leichter handhabt, und mit einer Normierungskonstanten versehen. Somit haben wir den Ansatz für einen *Zustand mit scharfer Phase*

$$|\theta\rangle = \frac{1}{\sqrt{s+1}}\sum_{n=0}^{s}\exp in\theta\,|n\rangle$$

begründet. Erst im Endergebnis wird sorgfältig der Grenzübergang $s \to \infty$ durchgeführt.

Dieser Zustand ist aus $s+1$ Teilchenzahlzuständen $|n\rangle$, $n = 0, 1, \ldots, s-1, s$ zusammengesetzt. Der Parameter θ kann einen beliebigen Wert annehmen, aber Zustände, die außerhalb des Intervalls von 2π liegen, sollen nicht zu unterschiedlichen Ergebnissen führen. Wir führen eine Ausgangsphase θ_0 ein und entscheiden uns damit, daß für uns die Phase Werte von θ_0 bis $\theta_0 + 2\pi$ hat. Die zugehörigen Phasenzustände:

$$|\theta_r\rangle = \frac{1}{\sqrt{s+1}}\sum_{n=0}^{s}\exp in\theta_0\,|n\rangle. \qquad r = 0, 1, 2, \ldots s\,. \tag{6}$$

sollen zu dem Zustand $|\theta_0\rangle$ und untereinander orthogonal sein. Der Ausdruck

$$\langle\theta_r|\theta_0\rangle = \frac{1}{s+1}\sum_{n=0}^{s}\sum_{n'=0}^{s}\exp in(\theta_0 - \theta_r)\langle n'|n\rangle = \frac{1}{s+1}\sum_{n=0}^{s}\exp in(\theta_0 - \theta_r)$$

enthält eine geometrische Reihe mit $s+1$ Gliedern, dem ersten Glied 0 und dem Koeffizienten $\exp i(\theta_0 - \theta_r)$. Ihre Summe, die sich zu

$$\sum_{n=0}^{s}\exp in(\theta_0 - \theta_r) = \frac{\exp[i(s+1)(\theta_0 - \theta_r)] - 1}{\exp i(\theta_0 - \theta_r) - 1} \tag{7}$$

beläuft, soll Null sein. Der Forderung $\exp[i(s+1)(\theta_0 - \theta_r)] = 1$ entnehmen wir:

$$\theta_r = \theta_0 + \frac{2\pi m}{s+1}, \qquad r = 0, 1, \ldots s\,. \tag{8}$$

Wegen $\theta_r - \theta_{r'} = 2\pi(r - r')/(s+1)$ gilt auch $\langle\theta_r|\theta_{r'}\rangle = 0$ für $r \neq r'$ und wegen $(s+1)^{-1}\sum_{n=0}^{s} 1 = 1$ noch $\langle\theta_r|\theta_r\rangle = 1$. Somit bilden $|\theta_r\rangle$ einen vollständigen Satz orthonormierter Funktionen. Die Ausgangsphase θ_0 kann einen beliebigen Wert annehmen.

Auf alle Teilchenzustände $|n\rangle$, $n = 0,\ 1,\ ..,s$ trifft man im Zustand mit scharf bestimmter Phase mit gleicher Wahrscheinlichkeit

$$\langle n|\theta_r\rangle = \frac{1}{\sqrt{s+1}}\sum_{n'=0}^{s}\exp(-in'\theta_r)\langle n|n'\rangle = \frac{1}{\sqrt{s+1}}\exp(-i\theta_r)$$

und:

$$|\langle n|\theta_r\rangle|^2 = |\langle\theta_r|n\rangle|^2 = \frac{1}{s+1}\,.$$

Es gilt auch umgekehrt, daß man im Zustand mit bestimmter Teilchenzahl auf alle Phasen mit gleicher Wahrscheinlichkeit trifft:

$$|n\rangle = \sum_{r=0}^{s}\langle\theta_r|n\rangle|\theta_r\rangle = \frac{1}{\sqrt{s+1}}\sum_{r=0}^{s}\exp(-in\theta_r)|\theta_r\rangle\,.$$

Kann man sich Zustände mit scharf bestimmter Phase vorstellen? Versuchen wir das anhand des Erwartungswerts $\langle\theta_r|\hat{x}|\theta_r\rangle$:

$$\langle\theta_r|\hat{x}|\theta_r\rangle \;=\; \langle\theta_r|\sqrt{\frac{\hbar}{2m\omega}}[\hat{a}\exp(-i\omega t) + \hat{a}^\dagger\exp i\omega t]|\theta_r\rangle$$

$$= \frac{1}{s+1}\sqrt{\frac{\hbar}{2m\omega}}\{\sum_{n=0}^{s}\sqrt{n}\exp[-i(\omega t-\theta_r)] + \sum_{n=0}^{s}\sqrt{n+1}\exp i(\omega t-\theta_r)\}\,.$$

Die Summen verhalten sich bei $s\to\infty$ wie $\int_0^s\sqrt{n}dn = \frac{2}{3}s^{3/2}$, so daß im Erwartungswert

$$\langle\theta_r|\hat{x}|\theta_r\rangle = \frac{2}{3}s^{1/2}\sqrt{\frac{2\hbar}{m\omega}}\cos(\omega t-\theta_r)$$

zwar die Amplitude divergiert, jedoch die Knoten, in denen die Phase gleich Null ist, bestimmten Zeitpunkten entsprechen (Bild 2.8).

Nachdem wir Zustände mit scharf bestimmter Phase kennengelernt haben, fragen wir nach dem Operator $\hat{\phi}_\theta$, dessen Eigenfunktionen sie sind:

$$\hat{\phi}_\theta|\theta_r\rangle = \theta_r|\theta_r\rangle\,.$$

Seine Eigenwerte sind θ_r. Im allgemeinen kann man den Operator mit Eigenwerten und Eigenfunktionen in der *Spektraldarstellung*

$$\hat{\phi}_\theta = \sum_{r=0}^{s}\theta_r|\theta_r\rangle\langle\theta_r| \tag{9}$$

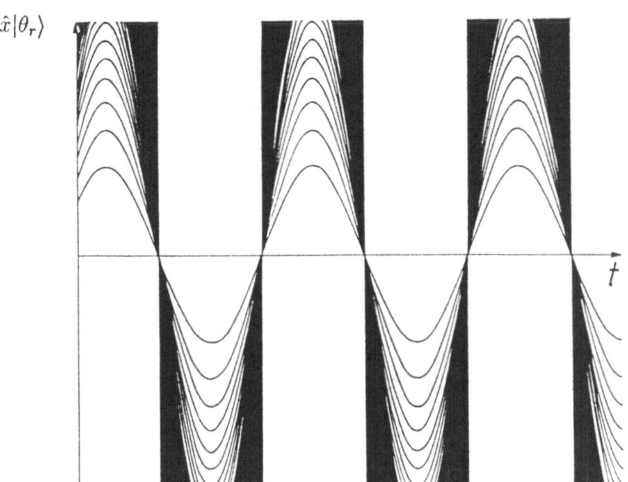

Bild 2.8 Der zeitliche Verlauf des Erwartungswertes von x im Zustand des harmonischen Oszillators mit scharf bestimmter Phase ϕ_r in Abhängigkeit von der Zeit. Mit s wächst zwar die Amplitude über alle Grenzen, doch die Knoten, zwischen denen die Auslenkung ein bestimmtes Vorzeichen besitzt, bleiben beim gegebenen Zeitpunkt. Nach R.Loudon.[4]

ausdrücken. Nach der Multiplikation mit $|\theta_r\rangle$ bekommt man nämlich wegen der Orthonormierung der Eigenfunktionen die Gleichung des Eigenwertproblems zurück.

Die Eigenfunktionen des Operators $\hat{\phi}_\theta$ sind auch Eigenfunktionen des Operators $\exp i\hat{\phi}_\theta$, der als eine Funktion des ursprünglichen Operators dargestellt werden kann:

$$\exp i\hat{\phi}_\theta|\theta_r\rangle = \exp i\theta_r|\theta_r\rangle, \qquad \exp(-i\hat{\phi}_\theta)|\theta_r\rangle = \exp(-i\theta_r)|\theta_r\rangle \ .$$

Zuletzt haben wir die konjugierte Gleichung genommen. Nun ist

$$\exp i\hat{\phi}_\theta \exp(-i\hat{\phi}_\theta) = \exp(-i\hat{\phi}_\theta)\exp i\hat{\phi}_\theta = 1 :$$

die Operatoren sind vertauschbar. Auch in diesem Fall gilt:

$$\exp i\hat{\phi}_\theta = \sum_{r=0}^{s} \exp i\theta_r|\theta_r\rangle\langle\theta_r| \ .$$

Wir drücken die Funktionen $|\theta_r\rangle$ mit den Funktionen $|n\rangle$ aus:

$$\begin{aligned}
\exp i\ddot{\phi}_\theta &= \sum_{r=0}^{s}\sum_{n'=0}^{s}\sum_{n=0}^{s} \exp i\theta_r \langle n|\theta_r\rangle\langle\theta_r|n'\rangle|n\rangle\langle n'| \\
&= \frac{1}{s+1}\sum_{r=0}^{s}\sum_{n'=0}^{s}\sum_{n=0}^{s} \exp[i(n+1-n')\theta_r]|n\rangle\langle n'| \\
&= \frac{1}{s+1}\sum_{n=0}^{s}\sum_{n'=0}^{s} \frac{1-\exp[2\pi i(n+1-n')]}{1-\exp[2\pi i(n+1-n')/(s+1)]}|n\rangle\langle n'| \ .
\end{aligned}$$

Der Exponentialausdruck, der als die Summe der geometrischen Reihe für $\theta_0 = 0$ und $\theta_r = 2\pi r/(s+1)$ gewonnen wurde, ist nur für $n' = n+1$ von Null verschieden. Dann ist die Summe gleich Eins und es gibt $s+1$ solche Beiträge. Somit folgt:

$$\exp i\hat{\phi}_\theta = \sum_{n=0}^{s-1} |n\rangle\langle n+1| + |s\rangle\langle 0| \,.$$

Der Operator ist dem früheren Operator $\widehat{\exp i\phi}$ (2) ähnlich, nur bricht er bei $n = s$ ab. Der Zustand mit $n = s+1$ kommt nicht vor und das letzte Glied ist $|s\rangle\langle 0|$. Da schließlich der Grenzübergang $s \to \infty$ gemacht werden muß, ist das der einzige, aber wesentliche Unterschied. Die entscheidende Rolle kommt dem „zyklischen" Verhalten des neuen Operators zu.

Man kann nach früherem Muster die Operatoren

$$\cos\hat{\phi}_\theta = \tfrac{1}{2}[\exp i\hat{\phi}_\theta + \exp(-i\hat{\phi}_\theta)]$$

und

$$\sin\hat{\phi}_\theta = \frac{1}{2i}[\exp i\hat{\phi}_\theta - \exp(-i\hat{\phi}_\theta)]$$

einführen. Sie weisen keinen der Nachteile früherer Operatoren auf. Die Operatoren $\cos\hat{\phi}_\theta$ und $\sin\hat{\phi}_\theta$ sind vertauschbar und es gilt $\cos^2\hat{\phi}_\theta + \sin^2\hat{\phi}_\theta = 1$.

Den Operator (9) kann man umformen. Im ersten Faktor setzen wir $\theta_r = \theta_0 + 2\pi r/(s+1)$ ein und erhalten:

$$\hat{\phi}_\theta = \theta_0 \sum_r |\theta_r\rangle\langle\theta_r| + \frac{2\pi}{s+1}\sum_r r|\theta_r\rangle\langle\theta_r|$$

$$= \theta_0 + \frac{2\pi}{(s+1)^2}\sum_r r \sum_n \sum_n{}' \exp i(n'-n)\theta_r |n'\rangle\langle n| \,.$$

Dabei berücksichtigten wir $\sum_r |\theta_r\rangle\langle\theta_r| = 1$ und die Entwicklung nach Teilchenzuständen $|\theta_r\rangle = (s+1)^{-1/2}\sum_n \exp in\theta_r|n\rangle$. Zuletzt werden Glieder mit $n = n'$ und die übrigen Glieder gesondert berechnet. Die ersteren ergeben $2\pi\sum_r r/(s+1)^2 = 2\pi s(s+1)/2(s+1)^2 = 2\pi s/(s+1)$, wenn man die arithmetische Reihe aufsummiert. Die letzteren ergeben

$$\frac{2\pi}{(s+1)^2}\sum_n \sum_{n'}{}' \exp i(n'-n)\theta_0 |n'\rangle\langle n| \sum_r r k^r \,,$$

wobei wir wiederum $\theta_r = \theta_0 + 2\pi r/(s+1)$ verwendeten, gestrichene Glieder mit $n' = n$ ausschlossen und $\exp[2\pi i(n'-n)/(s+1)]$ mit k abkürzten. Den bekannten Ausdruck für die geometrische Reihe $\sum_r k^r = (k^{s+1}-1)/(k-1)$ leiten wir auf beiden Seiten nach k ab und erhalten $rk^r = (s+1)/(k-1)$, nachdem wir $k^{s+1} = 1$ einsetzen. So haben wir schließlich:

$$\hat{\phi}_\theta = \theta_0 + \frac{\pi s}{s+1} + \frac{2\pi}{s+1}\sum_n \sum_{n'}{}' \frac{\exp[i(n'-n)\theta_0]|n'\rangle\langle n|}{\exp[2\pi i(n'-n)/(s+1)]-1} .$$

Der Operator weist in Zuständen mit bestimmter Teilchenzahl nach dem Grenzübergang $s \to \infty$ die Erwartungswerte $\langle n|\hat{\phi}_\theta|n\rangle = \theta_0 + \pi$ auf, wie es zu erwarten ist, wenn keine Phase bevorzugt wird. In den Summen gibt es nämlich keine Glieder mit $n' = n$.

Nun können wir den Kommutator $\hat{\phi}_\theta\,\hat{n} - \hat{n}\,\hat{\phi}_\theta$ berechnen und bekommen für ihn:

$$\frac{2\pi}{s+1}\sum_n \sum_{n'}{}' \frac{(n-n')\exp[i(n'-n)\theta_0]|n'\rangle\langle n|}{\exp[2\pi i(n'-n)/(s+1)]-1} .$$

Seine diagonalen Matrixelemente in der Teilchenzahldarstellung sind Null: $\langle n|[\hat{\phi}_\theta, \hat{n}]|n\rangle = 0$. Für die außerdiagonalen Elemente bekommt man:

$$\langle n'|[\hat{\phi}_\theta, \hat{n}]|n\rangle = \frac{2\pi}{s+1} \cdot \frac{(n-n')\exp[i(n'-n)\theta_0]}{\exp[2\pi i(n'-n)/(s+1)]-1} .$$

In physikalisch erreichbaren Zuständen ist in der Teilchenzahldarstellung die Zahl der besetzten Zustände begrenzt und folgt

$$\langle n'|[\hat{\phi}_\theta, \hat{n}]|n\rangle \approx i(1-\delta_{nn'})\exp[i(n'-n)\theta_0] ,$$

wenn man s groß genug gegenüber n und n' in den höchsten besetzten Zuständen wählt. 

Für kohärente Zustände gelangt man auf diesem Wege in sehr guter Näherung zu der Heisenberg-Ungleichung:

$$\delta n\, \delta\phi_\theta \gtrsim \tfrac{1}{2} . \qquad (10)$$

Naiv kann man schnell zu einer Beziehung gelangen, die größenordnungsmäßig (5) und (10) entspricht, wenn man von der Ungleichung $\delta W \delta t \gtrsim \hbar$ ausgeht. Die Energieunschärfe δW wird in Beziehung zu der Unschärfe der Zahl der Quanten δn durch $\delta W = \delta(n\hbar\omega) = \hbar\omega\delta n$ gebracht und die Beobachtungsdauer δt mit der Phasenunschärfe $\delta t = \delta\phi/\omega$. Damit gelangt man zu:

$$\delta t \delta W \approx \hbar\omega\delta n\delta\phi/\omega = \hbar\delta n\delta\phi \gtrsim \hbar .$$

Um diese größenordnungsmäßig zutreffende Ungleichungs zu bekomen, genügt eine verbale Argumentation.

Als erster führte P.A.M.Dirac den Kommutator $[\hat{\phi}, \hat{n}] = -i$ ein.[1] Später sah man ein, daß dies nicht zutreffen kann. Die Matrixelemente des Kommutators würden in der Teilchenzahldarstellung $(n-n')\langle n'|\hat{\phi}|n\rangle = -i\delta_{nn'}$ lauten. Für ein diagonales Element würde rechts $-i$ und links $n' - n = 0$ stehen.

[1] P.A.M.Dirac, *The quantum theory of emission and absorption of radiation*, Proc.Roy.Soc.A. **114** (1927) 243.

Die Operatoren (2) und (3) wurden verhältnismäßig spät von L.Suskind und J.Glogower eingeführt und diskutiert,[2] nachdem Roy Glauber im Jahre 1963 den kohärenten Zustand des elektromagnetischen Feldes beschrieb. Das Unschärfeprodukt für den kohärenten Zustand (5) berechneten P.Carruthers und M.M.Nieto.[3]

Die Zustände mit scharf bestimmter Phase wurden von Rodney Loudon behandelt.[4] Der Operator (9) wurde von S.M.Barnett und D.T.Pegg eingeführt und entwickelt.[5] Die Diskussion um den Phasenoperator ist noch nicht völlig abgeschlossen.

2.18 Quantenmechanik und klassische Mechanik

Die kohärenten Zustände ermöglichen es, die quantenmechanischen Gleichungen in Form der Ehrenfest-Gleichungen für den harmonischen Oszillator den klassischen Gleichungen in einem Analogie-Konzept gegenüberzustellen.

In diesem Abschnitt stellen wir die Gleichungen der Quantenmechanik für die kohärenten Zustände des harmonischen Oszillators, die wir inzwischen kennengelernt haben, den entsprechenden Gleichungen der klassischen Mechanik für das Federpendel gegenüber. Dabei kommt die Analogie zwischen Teilchen der klassischen Mechanik und den kohärenten Zuständen der Quantenmechanik zum Vorschein.

In den vorhergehenden Überlegungen entwickelten wir die quantenmechanischen Bewegungsgleichungen für die Operatoren $\hat{x}$ (14.3) und $\hat{p}$ (14.4). Ihre Form entsprach den klassischen Hamilton-Gleichungen. Untersuchen wir nun eingehender diesen Zusammenhang.

Auf der linken und rechten Seite der Gleichungen

$$\frac{d\hat{x}}{dt} = \frac{\hat{p}}{m} \qquad \text{und} \qquad \frac{d\hat{p}}{dt} = -\frac{\partial V}{\partial x}$$

bilden wir die Erwartungswerte für die Wellenfunktionen des kohärenten Zustandes:

[2] L.Suskind, J.Glogower, *Quantum mechanics phase and time operator*, Physics **1** (1964) 49.

[3] P.Carruthers, M.M.Nieto, *Coherent states and the number-phase uncertainty relation*, Phys.Rev.Lett. **14** (1965) 387.

[4] R.Loudon, *The Quantum Theory of Light*, Clarendon Press, Oxford 1973.

[5] S.M.Barnett, D.T.Peg, *Phase in quantum optics*, J.Phys.A:Math.Gen. **19** (1986) 2849;

D.T.Pegg, S.M.Barnett, *Unitary phase operator in quantum mechanics*, Europhys.Lett. **6** (1988) 483;

D.T.Pegg, S.M.Barnett, *Phase properties of the quantized single-mode electromagnetic field*, Phys.Rev.A **39** (1989) 1665.

Siehe auch: A.Schenzle, *Gibt es doch einen Phasenoperator in der Quantenmechanik?*, Phys.Bl. **45** (1989) 84.

$$\frac{dx_{\alpha\alpha}}{dt} = \frac{p_{\alpha\alpha}}{m} \qquad \text{und} \qquad \frac{dp_{\alpha\alpha}}{dt} = -\left(\frac{\partial V}{\partial x}\right)_{\alpha\alpha} .$$

Dabei darf man die Reihenfolge der Mittelung, d.h. Integration, und der Ableitung vertauschen. Dies sind die *Ehrenfest-Gleichungen* für den kohärenten Zustand. Wenn man die erste in die zweite einsetzt, ergibt sich die Gleichung

$$m\frac{d^2x_{\alpha\alpha}}{dt^2} = -\left(\frac{\partial V}{\partial x}\right)_{\alpha\alpha} ,$$

die dem Newton-Gesetz entspricht. Die Wellenfunktionen des kohärenten Zustandes bilden ein Wellenpaket, das nicht zerfließt. Sein Schwerpunkt bewegt sich nach dem Newton-Gesetz, in dem der Erwartungswert der Kraft berücksichtigt wird. Für Wellenfunktionen von Elektronen mit scharf bestimmtem Impuls gibt es keinen ähnlichen Gedankengang. Da man in den meisten einführenden Lehrbüchern nur solche Wellenfunktionen behandelt und Wellenpakete nicht explizit angibt, kann man dort die Ehrenfest-Gleichungen nicht anwenden.

Aus $x_{\alpha\alpha} = x_0 \cos\omega t$, $p_{\alpha\alpha} = -\hbar\kappa^2 x_0 \sin\omega t$ und

$$-\frac{\partial V}{\partial x} = -\frac{\partial(\frac{1}{2}m\omega^2x^2)}{\partial x} = -m\omega^2 x, \quad \text{also} \quad -\left(\frac{\partial V}{\partial x}\right)_{\alpha\alpha} = -m\omega^2 x_{\alpha\alpha}$$

folgt sofort, daß

$$\frac{dx_{\alpha\alpha}}{dt} = -\omega x_0 \sin\omega t \quad \text{gleich} \quad \frac{p_{\alpha\alpha}}{m} = -\frac{\hbar\kappa^2}{m} x_0 \sin\omega t \quad \text{und}$$

$$\frac{dp_{\alpha\alpha}}{dt} = -\hbar\kappa^2\omega x_0 \cos\omega t \quad \text{gleich} \quad -m\omega^2 x_{\alpha\alpha} = -m\omega^2 x_0 \cos\omega t$$

ist. Man muß nur die Beziehung $\kappa^2 = m\omega/\hbar$ berücksichtigen.

Wenn $\delta x/x_0 = 1/2\sqrt{\overline{n}}$ klein, also $\overline{n}$ groß ist, kann man die Bewegung des kohärenten Wellenpakets in guter Näherung mit einer *Bahn* beschreiben.

Dem kohärenten Zustand des harmonischen Oszillators entspricht nicht nur das einzige eindimensionale Wellenpaket, das nicht zerfließt, sondern ist dies auch der einzige Fall, für den die Ehrenfest-Gleichungen in der angegebenen Form genau gelten. Die Betrachtung der gequetschten Zustände hat gezeigt, wie sich andere Wellenpakete verhalten, die aus Eigenfunktionen des harmonischen Oszillators zusammengesetzt sind. Die Verhältnisse sind noch viel unübersichtlicher bei Wellenpaketen, die aus anderen Eigenfunktionen zusammengesetzt sind.

Der kohärente Zustand des harmonischen Oszillators mit seiner zeitunabhängigen Unschärfe ist demnach der quantenmechanische Fall, der in *Analogie* zum klassischen schwingenden Teilchen gesetzt werden kann. Das haben wir im Bild 2.4 zu veranschaulichen versucht, die das Bild 1.1 für den Federpendel entspricht. Die Bewegung des kohärenten Wellenpaketes, die durch die zeitabhängige Schrödinger-Gleichung geregelt wird, kann in Analogie zur klassischen Bahnkurve betrachtet werden, die aus dem Newton-Gesetz folgt. Die Brücke zwischen beiden Betrachtungsweisen bilden die Ehrenfest-Gleichungen.

3 Klassische Elektrodynamik

3.1 Grundlagen

Die elektrische und die magnetische Feldstärke sind Funktionen von Ort und Zeit. Sie gehorchen den Maxwell-Gleichungen, die den Bewegungsgleichungen der klassischen Mechanik entsprechen.

Der physikalische Gehalt der klassischen Elektrodynamik läßt sich in den *Maxwell-Gleichungen* zusammenfassen, die wir als *Bewegungsgleichungen* für das elektromagnetische Feld ansehen. Wir brauchen sie nicht in aller Allgemeinheit behandeln. Es genügt, wenn wir uns auf das Vakuum beschränken, in dem weder Ladungen noch Ströme vorkommen. Das elektrische Feld wird durch die *elektrische Feldstärke*:

$$\mathbf{E} = \mathbf{E}(x, y, z, t)$$

beschrieben und das magnetische durch die *magnetische Feldstärke*:

$$\mathbf{B} = \mathbf{B}(x, y, z, t) \ .$$

Die Maxwell Gleichungen lauten dann:

$$\mathrm{div}\mathbf{E} = 0 \ , \qquad \mathrm{div}\mathbf{B} = 0 \ , \tag{1a}$$

$$\mathrm{rot}\mathbf{E} = -\frac{\partial \mathbf{B}}{\partial t} \ , \qquad \mathrm{rot}\mathbf{B} = \frac{1}{c^2}\frac{\partial \mathbf{E}}{\partial t} \ . \tag{1b}$$

Die Gleichungen (1a) besagen, daß das elektrische und das magnetische Feld im Vakuum keine Quellen haben. Nach dem *Induktionsgesetz* und dem *Ampère-Gesetz* (1b) umschlingt das elektrische Feld in Form von Wirbeln das zeitlich veränderliche magnetische Feld und das magnetische Feld in Form von Wirbeln das zeitlich veränderliche elektrische.

Die Maxwell-Gleichungen (1) im Vakuum sind bezüglich beider Felder symmetrisch, wenn man von der Konstante c, die sich als die *Lichtgeschwindigkeit* entpuppt, und vom Minuszeichen absieht. Die Konstante berücksichtigt nur die vereinbarten Einheiten der eingeführten Größen. Dies wäre nicht nötig, wenn man z.B. die Größen $c\mathbf{B}$ und ct statt $\mathbf{B}$ und t benutzen würde. Das Minuszeichen ist mit einer tiefer liegenden Symmetrie verbunden.

Wenn die elektrische Feldstärke nur die Komponente E in Richtung der y-Achse und die magnetische Feldstärke nur die Komponente B in Richtung der z-Achse aufweist und beide Größen nur von der Koordinate x abhängen, reduzieren sich die Gleichungen (1b) zu:

$$\frac{\partial E}{\partial x} = -\frac{\partial B}{\partial t} \quad , \qquad \frac{\partial B}{\partial x} = -\frac{1}{c^2}\frac{\partial E}{\partial t} \; . \tag{2}$$

Wenn sich ein veränderliches elektrisches Feld mit einem veränderlichem magnetischem Feld umgibt und wiederum das veränderliche magnetische Feld mit einem elektrischen, können sich zeitlich veränderliche Felder gegenseitig erregen. Diesen Gedanken belegen die *Wellengleichungen für die elektrische und magnetische Feldstärke*, die aus (2) durch einsetzen folgen:

$$\frac{\partial^2 E}{\partial x^2} = \frac{1}{c^2}\frac{\partial^2 E}{\partial t^2} \qquad \text{und} \qquad \frac{\partial^2 B}{\partial x^2} = \frac{1}{c^2}\frac{\partial^2 B}{\partial t^2} \; . \tag{3}$$

Für die Energiedichte des elektromagnetischen Feldes gilt:

$$w = \tfrac{1}{2}\varepsilon_0 E^2 + \tfrac{1}{2\mu_0}B^2 \; . \tag{4}$$

Dabei ist $\mu_0 = 4\pi \cdot 10^{-7}$ Vs/Am die magnetische und $\varepsilon_0 = 1/\mu_0 c^2 = 8.9 \cdot 10^{-12}$ As/Vm die elektrische Feldkonstante. Beide sind mit der Konstante c, der nach (3) die Geschwindigkeit der elektromagnetischen Wellen zukommt, über die Relation:

$$c = \frac{1}{\sqrt{\varepsilon_0 \mu_0}}$$

verbunden. Der Wert der Lichtgeschwindigkeit $c = 2.99792458 \cdot 10^8$ m/s $\approx 3 \cdot 10^8$ m/s ist durch die Definition des Meters festgelegt. Die magnetische Feldkonstante ist mit der Einheit für Strom, Ampere, festgesetzt. Aus ihr und der Lichtgeschwindigkeit folgt dann die elektrische Feldkonstante.

Die Gesamtenergie des elektrischen und magnetischen Feldes in einem Raum mit dem Volumen V ist:

$$W = \int_V w dV = \int_V (\tfrac{1}{2}\varepsilon_0 E^2 + \tfrac{1}{2\mu_0}B^2) dV \; . \tag{5}$$

Die *Energieflußdichte*, die *Intensität*, ist mit dem Betrag des *Poynting-Vektors*:

$$S = \frac{1}{\mu_0} EB \tag{6}$$

und die *Impulsflußdichte* mit:

$$\frac{S}{c^2} = \frac{1}{c^2 \mu_0} EB \tag{7}$$

gegeben, wenn die elektrische und magnetische Feldstärke aufeinander senkrecht sind.

Statt mit den Feldstärken **E** und **B** kann man das elektromagnetische Feld mit dem *Skalarpotential* U und dem *Vektorpotential* **A** beschreiben. Dabei gilt:

$$\mathbf{E} = -\frac{\partial \mathbf{A}}{\partial t} - \mathrm{grad} U \qquad \text{und} \qquad \mathbf{B} = \mathrm{rot} \mathbf{A} \; . \tag{8}$$

Die Potentiale U und **A** bestimmen die Felder **E** und **B** nicht eindeutig. Eine *Eichtransformation*:

$$U' \to U - \frac{\partial f}{\partial t} \qquad \text{und} \qquad \mathbf{A}' \to \mathbf{A} + \mathrm{grad} f$$

läßt die Maxwell-Gleichungen unverändert. Diese Freiheit kann man ausnutzen um z.B. $U = 0$ festzulegen. Dann ist:

$$\mathbf{E} = -\frac{\partial \mathbf{A}}{\partial t} \qquad \text{und} \qquad \mathbf{B} = \mathrm{rot} \mathbf{A} \; . \tag{9}$$

Wir müssen uns noch mit der Frage beschäftigen, wie man die Bewegung eines Teilchens mit der Masse m und Ladung e im elektrischen und magnetischen Feld beschreibt. Auf das Teilchen wirken die Felder **E** und **B** mit der *Lorentz-Kraft*:

$$\mathbf{F} = e(\mathbf{E} + \mathbf{v} \times \mathbf{B}) \; . \tag{10}$$

Die Bewegung wird mit dem Newton-Gesetz behandelt, in das man die Kraft (10) einsetzt.

Wie steht es aber mit anderen Formen der Bewegungsgleichung? Im elektrischen Feld kommt man mit dem Potential U und der entsprechenden potentiellen Energie $W_p = eU$ aus. Im magnetischen Feld geht es auf diese Weise nicht. Deshalb drücken wir die Felder in (10) mit den Potentialen (4) aus:

$$\mathbf{F} = e\left(-\frac{\partial \mathbf{A}}{\partial t} - \mathrm{grad} U + \mathbf{v} \times \mathrm{rot} \mathbf{A}\right) \; .$$

Dabei kann man $\mathbf{v} \times \mathrm{rot}\mathbf{A}$ in $\mathrm{grad}(\mathbf{v} \cdot \mathbf{A}) - (\mathbf{v} \cdot \nabla)\mathbf{A}$ umformen und sieht, daß rechts der Gradient von $U - \mathbf{v} \cdot \mathbf{A}$ vorkommt. Dies bringt uns auf den Gedanken, daß der Ausdruck $e(U - \mathbf{v} \cdot \mathbf{A})$ die potentielle Energie represäntiert. Mit ihr bilden wir die Lagrange-Funktion:

$$L = \tfrac{1}{2} m v^2 - e(U - \mathbf{v} \cdot \mathbf{A})$$

und weiter den *kanonischen Impuls*:

$$\mathbf{p} = \mathrm{grad}_v L = \frac{\partial L}{\partial \mathbf{v}} = m\mathbf{v} + e\mathbf{A} \; ,$$

der sich vom *kinetischen Impuls* $m\mathbf{v}$ unterscheidet. In der bekannten Hamilton-Funktion ersetzen wir somit $m\mathbf{v}$ durch $\mathbf{p} - -e\mathbf{A}$ und bekommen die entsprechende Funktion im elektromagnetischen Feld:

$$H = \tfrac{1}{2m}(\mathbf{p} - e\mathbf{A})^2 + eU \; . \tag{11}$$

In der klassischen Elektrodynamik wird meist das Vektorpotential **A** als die grundlegende Größe behandelt, weil wir $U = 0$ wählen können. Wir wollen jedoch aus didaktischen Gründen von den Feldern **E** und **B** ausgehen.

Oft stoßen wir auf ein Gebilde aus den Punktladungen e und $-e$, die im Abstand d auseinandergehalten werden – den *elektrischen Dipol*. Die Resultierende der Kräfte eines homogenen elektrisches Feldes auf ein Dipol ist Null, nicht aber die Resultierende des Drehmomentes:

$$M = \mu E \sin\varphi \; .$$

Dabei ist $\mu = ed$ der *elektrische Dipolmoment* und φ der Winkel zwischen der Verbindungslinie der Ladungen und der Richtung von **E**. Die Gleichung kann man auch in der Vektorform $\mathbf{M} = \boldsymbol{\mu} \times \mathbf{E}$ schreiben, wenn wir den Vektor des *elektrischen Dipolmomentes* $\boldsymbol{\mu}$ mit dem Betrag $\mu = ed$ und der Richtung von der negativen zur positiven Ladung einführen. Wenn man den Dipol mit einem äußeren Drehmoment langsam dreht, dann verrichtet man die Arbeit:

$$\int M d\varphi = \int_{\varphi'}^{\varphi} \mu E \sin\varphi d\varphi = -\mu E \cos\varphi - (-\mu E \cos\varphi') \; .$$

Man kann:

$$W = -\mu E \cos\varphi \tag{12}$$

als die *Energie des Dipols im elektrischen Feld* einführen. Wenn das elektrische Feld in Richtung der y-Achse zeigt, muß man die Komponente des Dipolmoments in der y-Richtung berücksichtigen:

$$W = -\mu_y E \; . \tag{12a}$$

Ginge man vom Vektorpotential aus, so würde man die Energie des Dipols aus der Gleichung (11) gewinnen. In der Entwicklung $(\mathbf{p} - e\mathbf{A})^2/2m = \frac{1}{2}p^2/m - e\mathbf{p} \cdot \mathbf{A}/m + \ldots$ beschriebe dann das zur kinetischen Energie zusätzliche Glied $-e\mathbf{A} \cdot \mathbf{p}/m$ die Energie des Dipols im Feld. Dies ist näherungsweise mit (12a) äquivalent.

In der Maxwell-Elektrodynamik erhält man nämlich:

$$\frac{e_0}{m} pA = e_0 \frac{\partial y}{\partial t} A = -i\omega e_0 y A \qquad \text{und} \qquad e_0 y E = -e_0 y \frac{\partial A}{\partial t} = i\omega e_0 y A \; ,$$

wenn man die Gleichungen:

$$p = m\frac{\partial y}{\partial t} \qquad \text{und} \qquad E = -\frac{\partial A}{\partial t}$$

berücksichtigt. Die Ansätze:

$$y = y_0 \exp(-i\omega t) \qquad \text{und} \qquad A = A_0 \exp[-i(\omega t + \phi)]$$

führen zu:

$$\frac{\partial y}{\partial t} = -i\omega y \qquad \text{und} \qquad \frac{\partial A}{\partial t} = -i\omega A\ .$$

Beide Gleichungen geben somit in der Tat das gleiche Betragsquadrat.

3.2 Laufende und stehende Wellen

Laufende und stehende Wellen sind wichtige Lösungen der Maxwell-Gleichungen. Man kann stehende Wellen aus laufenden zusammensetzen und umgekehrt.

Für *laufende Wellen*, die eine Lösung der Wellengleichung darstellen, gilt allgemein:

$$\mathbf{E} = \mathbf{B} \times \mathbf{c}\ . \tag{1}$$

Diese Gleichung berücksichtigt die Richtungen beider Feldstärken und die Ausbreitungsrichtung der Wellen, die mit dem Vektor **c** festgelegt ist. Die Wellen sind *transversal*: die elektrische und die magnetische Feldstärke sind senkrecht zur Ausbreitungsrichtung und zueinander.

Wir wollen den einfachen Fall einer laufenden Welle in der Richtung der x-Achse betrachten und die elektrische Feldstärke in die Richtung der y-Achse und die magnetische Feldstärke in die Richtung der z-Achse legen. Damit beschränken wir uns auf eine linear polarisierte ebene Welle:

$$E_k = -E_0 \sin(kx - \omega t)\ , \qquad B_k = -B_0 \sin(kx - \omega t)\ . \tag{2a}$$

Die Amplitude der magnetischen Feldstärke ist nach (1) mit der Amplitude der elektrischen Feldstärke gegeben:

$$B_0 = \frac{E_0}{c}\ .$$

Die Kreisfrequenz ω ist mit der Frequenz ν und die x-Komponente des Wellenvektors k, seine einzige Komponente, mit der Wellenlänge λ verbunden:

$$\omega = 2\pi\nu \qquad \text{und} \qquad k = \frac{2\pi}{\lambda}\ .$$

Sie sind durch die Gleichung:

$$\omega = kc$$

verknüpft, die aus $c = \lambda\nu$ folgt. In der entgegengesetzten Richtung läuft die Welle (Bild 3.1):

$$E_{-k} = E_0 \sin(kx + \omega t)\,, \qquad B_{-k} = -B_0 \sin(kx + \omega t)\,. \tag{2b}$$

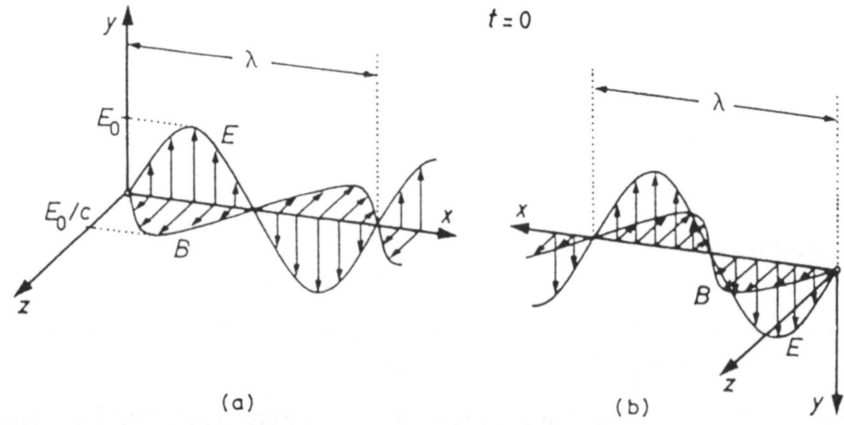

Bild 3.1 Momentbilder der elektrischen und der magnetischen Feldstärken in einer laufenden Welle von links nach rechts (a) und von rechts nach links (b).

Dabei änderten wir zuerst das Vorzeichen von k und berücksichtigten mit einer weiteren Vorzeichenänderung die Orientierung der Feldvektoren. Eine *stehende Welle* ensteht durch Überlagerung von zwei gegenläufigen Wellen mit gleicher Amplitude und gleicher Frequenz (Bild 3.2):

$$\begin{aligned} E_s &= \tfrac{1}{2}(E_k + E_{-k}) = -E_0 \sin kx\, \cos\omega t \\ B_s &= \tfrac{1}{2}(B_k + B_{-k}) = B_0 \cos kx\, \sin\omega t\,. \end{aligned} \tag{3}$$

Betrachten wir nun stehende Wellen in einem würfelförmigen leeren Kasten, dessen Kanten mit der Länge L auf den Koordinatenachsen liegen. Wenn die Wände aus einem idealen elektrischen Leiter bestehen, müssen die Knotenflächen der elektrischen Feldstärke in den zu der x-Achse senkrechten Wänden liegen. Die Knotenfläche bei $x = 0$ ist in der ersten Gleichung (3) schon berücksichtigt worden. Die Knotenfläche bei $x = L$ berücksichtigen wir mit der Forderung $\sin k_r L = 0$. Diese Forderung läßt dann nur bestimmte *Eigenschwingungen* oder *Moden* zu, die mit der Gleichung:

$$k_r L = r\pi \tag{4a}$$

vereinbar sind. Mit dieser *Randbedingung* ist die Kreisfrequenz bzw. die Wellenvektorkomponente festgelegt:

$$k_r = \frac{2\pi}{\lambda_r} = r\frac{\pi}{L}, \qquad \omega_r = ck_r = r\frac{\pi c}{L} \qquad \text{mit} \qquad r = 1, 2, 3, \ldots \,. \tag{4b}$$

An dieser Stelle muß man darauf hinweisen, daß die Eigenschwingungen als Lösungen einer Differentialgleichung untereinander linear unabhängig sind. Aus der Wellengleichung (1.3) folgt mit dem Ansatz $E_r = \mathcal{E}_r \cos\omega_r t$ die Amplitudengleichung mit Lösungen:

$$\frac{d^2\mathcal{E}_r}{dx^2} + k^2\mathcal{E}_r = 0, \qquad \mathcal{E}_r(x=0) = \mathcal{E}_r(x=L) = 0\,.$$

Für sie gelten die Ergebnisse, die wir für die stationäre Schrödinger-Gleichung beim harmonischen Oszillator bekamen. Die Lösungen sind orthonormiert (**2**.7.3). Durch:

$$\int_0^L \sin^2 k_r x\, dx = \tfrac{1}{2}L$$

ist die Normierungskonstante festgesetzt, so daß es gilt:

$$\int_0^L \sin k_{r'} x \, \sin k_r x\, dx = \tfrac{1}{2}L\delta_{r'\,r}\,.$$

Demnach sind $(2/L)^{1/2}\sin k_r x$ normierte Lösungen der Amplitudengleichung. Sie müssen noch mit einem Koeffizienten 1 V/m$^{1/2}$ multipliziert werden, der die Einheiten berücksichtigt.

Die Eigenschwingungen bilden einen vollständigen Satz von Eigenfunktionen. Eine stetige ungerade Funktion $f(x)$, die den gleichen Randbedingungen genügt, kann nach ihnen entwickelt werden:

$$f(x) = \sqrt{\frac{2}{L}}\sum_{r=1}^{\infty} c_r \sin k_r x = \sqrt{\frac{2}{L}}\sum_{r=1}^{\infty} c_r \sin\frac{r\pi x}{L}\,.$$

Dies ergibt die bekannte *Fourier-Reihe*, deren Koeffizienten durch:

$$c_r = \sqrt{\frac{2}{L}}\int_0^L f(x)\sin k_r x\, dx$$

gegeben sind.

Nun kann man die Energiedichte im Kasten für die r-te Eigenschwingung berechnen:

$$w_r = \tfrac{1}{2}\varepsilon_0 E_r^2 + \tfrac{1}{2\mu_0}B_r^2 = \tfrac{1}{2}\varepsilon_0 E_{0r}^2(\sin^2 k_r x\, \cos^2\omega_r t + cos^2 k_r x\, \sin^2\omega_r t)\,.$$

Dabei haben wir die Amplitude der r-ten Eigenschwingung E_{0r} eingeführt und $B_{0r} = E_{0r}/c$ berücksichtigt. Mit:

$$\int_0^L \cos^2 k_r x \, dx = L - \int_0^L \sin^2 k_r \, dx = \tfrac{1}{2}L$$

bekommt man für die Energie im Kasten:

$$\begin{aligned} W_r &= \int_V w_r dV = L^2 \int_0^L w_r dx \\ &= \tfrac{1}{2}\varepsilon_0 E_{0r}^2 L^2 (\cos^2 \omega_r t \int_0^L \sin^2 k_r x \, dx + \sin^2 \omega_r t \int_0^L \cos^2 k_r x \, dx) \\ &= \frac{1}{4}\varepsilon_0 V E_{0r}^2 \,, \end{aligned}$$

wenn man die Gleichung $\sin^2 \omega_r t + \cos^2 \omega_r t = 1$ berücksichtigt und $V = L^3$ setzt.

Wir haben stehende Wellen aus laufenden zusammengesetzt. Wie gewinnt man umgekehrt laufende Wellen aus stehenden? Das ist anhand der Beziehungen:

$$E_k = E_0(-\sin kx \, \cos \omega t + \cos kx \, \sin \omega t) = -E_0 \sin (kx - \omega t)$$

und: $$B_k = B_0(-\sin kx \, \cos \omega t + \cos kx \, \sin \omega t) = -B_0 \sin (kx - \omega t)$$

nicht schwer zu bewerkstelligen. Sie bringen uns auf den Gedanken, die elektrische Feldstärke $\mathbf{E}_k$ und die magnetische Feldstärke $\mathbf{B}_k$ in den laufenden Wellen aus der elektrischen Feldstärke $\mathbf{E}_s$ und der magnetischen Feldstärke $\mathbf{B}_s$ in den stehenden Wellen auf die folgende Weise zusammenzusetzen:

$$\mathbf{E}_k = \mathbf{E}_s + \mathbf{B}_s \times \mathbf{c} \,, \qquad \mathbf{B}_k = \frac{\mathbf{c} \times \mathbf{E}_k}{c^2} \,. \tag{5}$$

In unserem Falle läuft die Welle in Richtung der x-Achse. Die elektrische Feldstärke weist in Richtung der y-Achse und die magnetische Feldstärke in Richtung der z-Achse. In der laufenden Welle setzt sich die elektrische Feldstärke aus zwei Gliedern zusammen. Das erste Glied entspricht der elektrischen Feldstärke und das zweite der mit der Lichtgeschwindigkeit multiplizierten magnetischen Feldstärke in stehenden Wellen. Die magnetische Feldstärke in der laufenden Welle ist der mit der Lichtgeschwindigkeit dividierten elektrischen Feldstärke in dieser Welle gleich.

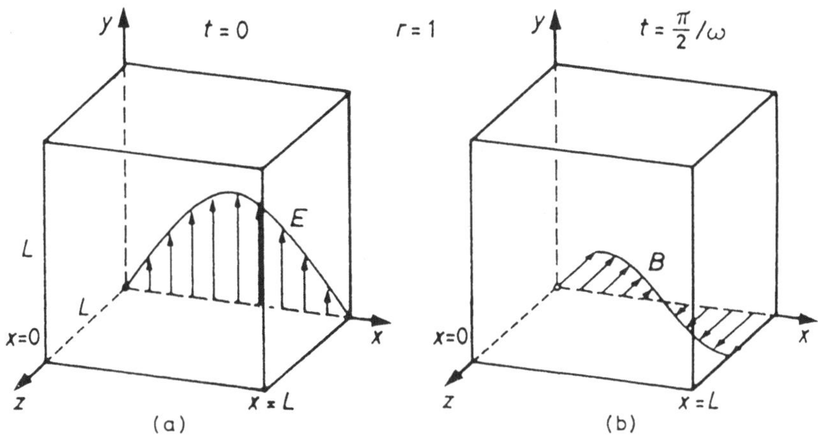

Bild 3.2 Momentbilder der elektrischen Feldstärke in der ersten Eigenschwingung, während die magnetische Feldstärke überall gleich Null ist (a) und der magnetischen Feldstärke, während die elektrische Feldstärke gleich Null ist. (b, $\frac{1}{4}$ Schwingungsdauer später).

3.3 Schwingungen und Wellen

Eigenschwingungen oder Moden sind orthogonale Eigenfunktionen für das elektromagnetische Feld im Kasten. Die Energie von Moden wird durch eine Gleichung beschrieben, deren mathematische Struktur der Gleichung des klassischen harmonischen Oszillators analog ist.

Zwischen der Beschreibung der Bewegung eines Massenpunktes in der klassischen Mechanik und des elektromagnetischen Feldes in der klassischen Elektrodynamik besteht ein grundlegender Unterschied. Im ersten Fall hat man es mit der Bahn $x = x(t)$ zu tun, im zweiten dagegen mit Feldern, also nicht nur mit Funktionen der Zeit, sondern auch mit Funktionen des Ortes: $E = E(x, t)$ und $B = B(x, t)$. Kann man beide Betrachtungsweisen in einen Zusammenhang bringen? Mit dieser Frage verfolgen wir die Absicht, die in der klassischen Mechanik bewährten methodischen Konzepte auch beim elektromagnetischen Feld anzuwenden. Dabei können wir an die für den harmonischen Oszillator entwickelten Gleichungen anschließen.

Die Eigenschwingungen des elektromagnetischen Feldes im Kasten ermöglichen eine Beziehung zwischen klassischer Mechanik und klassischer Elektrodynamik herzustellen. Dabei lassen wir uns von der formalen Analogie der Felder E_r und B_r der Eigenschwingungen im Kasten mit der Koordinate x und dem Impuls p des Massenpunktes eines klassischen harmonischen Oszillators leiten. Wenn man:

$$\cos \omega_r t = q_r \qquad \text{und} \qquad - \sin \omega_r t = \frac{\dot{q}_r}{\omega_r}$$

setzt, folgt für die r-te Eigenschwingung:

$$E_r = -C_r \sin k_r x \cdot q_r \qquad B_r = -\frac{C_r}{\omega_r c} \cos k_r x \cdot \dot{q}_r . \tag{6}$$

Da q_r jetzt eine Zahl ist, mußte schon aus Dimensionsgründen eine neue Konstante C_r eingeführt werden. Wir wiederholen die Berechnung der Energie im Kasten mit den durch (6) gegebenen Feldstärken:

$$\begin{aligned} W_r &= \int\limits_V \left(\frac{1}{2}\varepsilon_0 E_r^2 + \frac{1}{2\mu_0} B_r^2\right) dV \\ &= \frac{1}{2} L^2 \varepsilon_0 \int\limits_0^L (C_r^2 \sin^2 k_r x \cdot q_r^2 + \frac{C_r^2}{\omega_r^2} \cos^2 k_r x \cdot \dot{q}_r^2) dx \\ &= \frac{1}{2} \frac{\varepsilon_0 C_r^2 V}{\omega_r} (\frac{1}{2}\omega_r^2 q_r^2 + \tfrac{1}{2}\dot{q}_r^2) . \end{aligned} \tag{7}$$

Mit der Abkürzung:

$$m_r = \frac{\varepsilon_0 C_r^2 V}{2\omega_r} \qquad \text{oder} \qquad C_r = \sqrt{\frac{2 m_r \omega_r^2}{\varepsilon_0 V}}$$

und der Definition:

$$p_r = m_r \dot{q}_r$$

bekommt der Ausdruck für die Energie der r-ten Eigenschwingung die Form:

$$W_r = \frac{p_r^2}{2m_r} + \tfrac{1}{2} m_r \omega_r^2 q_r^2 . \tag{8}$$

C_r hängt mit der Amplitude E_{0r} zusammen. Die Feldstärken drücken wir mit den neueingeführten Größen aus:

$$E_r = -\sqrt{\frac{2 m_r \omega_r^2}{\varepsilon_0 V}} \sin k_r x \cdot q_r \qquad B_r = -\sqrt{\frac{2}{m_r c^2 \varepsilon_0 V}} \cos k_r x \cdot p_r . \tag{9}$$

Nach dieser rechnerischen „tour de force“ wollen wir den physikalischen Hintergrund diskutieren. Die Energie einer Eigenschwingung im Kasten haben wir in eine Form gebracht, die uns von der Energie des klassischen harmonischen Oszillators her vertraut ist. Es muß betont werden, daß beide Ausdrücke nur der Form nach gleich sind. Außer der Kreisfrequenz treten in (8) noch Größen auf, die den entsprechenden Größen des harmonischen Oszillators in der Gleichung (**1**.2.9) nur formal entsprechen. q_r ist eine andere dimensionslose „Koordinate“; das ist schon daraus ersichtlich, daß die Koordinate x in den Gleichungen (6) ebenfalls auftritt. p_r ist ein formaler „Impuls“ und m_r ist keine „Masse“, denn einem Feld kommt keine mechanische Masse zu.

Diese Ausdrücke wurden eingeführt, um zu erreichen, daß die Feldenergie in der gleichen Form angegeben werden kann wie die Energie des Massenpunktes. Man kann die Größe q_r, die in der Gleichung (6) auftritt, die *Feldveränderliche* nennen und $p_r = m_r \dot{q}_r$ den *zugehörigen Impuls*. Die Konstante m_r tritt in den Endergebnissen nicht auf. Die formale Analogie ist aber ein starkes methodisches Werkzeug. Wir gehen davon aus, daß die Gleichungen (**1**.2.9) und (8) gleiche Lösungen haben. Somit können wir alles, was wir über den harmonischen Oszillator wissen, auf die Eigenschwingungen des Feldes im Kasten übertragen.

Dabei ist jedoch ein grundlegender Unterschied zu beachten. Eine Federschwingung kommt zustande, wenn eine Feder eine mechanische Kraft auf einen Massenpunkt ausübt. Die Federkonstante D und die Masse m können noch frei gewählt werden. Beim elektromagnetischen Feld ist dagegen allein seine innere Struktur, d.h. „ die Beschaffenheit der Natur" maßgebend. Die Kreisfrequenz hängt von der Länge des Kastens und der Zahl r ab, die die Eigenschwingung bestimmt.

3.4 Modendichte

Die Modendichte, d.h. die Anzahl der Moden im Frequenzintervall, wird benötigt, wenn man die Seitenlänge des Kastens über alle Grenzen anwachsen läßt, um aus einem diskreten Spektrum ein kontinuierliches zu bekommen.

An dieser Stelle erarbeiten wir ein Ergebnis, das wir später brauchen werden. Wir fragen nach der Zahl der Eigenschwingungen im würfelförmigen Kasten. Wir haben für eine Schwingung mit der elektrischen Feldstärke in der y-Richtung die Randbedingung $k_r L = n_r \pi$ angegeben (4a). Solche Bedingungen gelten im allgemeinen auch für die Komponenten der elektrischen Feldstärke **E** in der Richtung der x- und der z-Achse:

$$k_{rx} L_x = n_{rx} \pi, \qquad k_{ry} L_y = n_{ry} \pi, \qquad k_{rz} L_z = n_{rz} \pi \, .$$

Dabei haben wir die Möglichkeit einbezogen, daß der Kasten die Form eines Quaders mit Kantenlängen L_x, L_y und L_z hat. Für einen würfelförmigen Kasten mit $L = L_x = L_y = L_z$ ist der Betrag des Wellenvektors:

$$k_{n_x n_y n_z} = \frac{\pi}{L} \sqrt{n_x^2 + n_y^2 + n_z^2} = \frac{n\pi}{L} \, , \tag{1}$$

wobei wir den Index r jetzt fallen lassen. Jedes Tripel nichtnegativer Zahlen (n_x, n_y, n_z) entspricht einer Eigenschwingung. Man kann ein Koordinatensystem mit den Achsen n_x, n_y und n_z einführen, in dem der Vektor **n** = (n_x, n_y, n_z) den Betrag $n = \sqrt{n_x^2 + n_y^2 + n_z^2}$ hat. Den Eigenschwingungen entsprechen dann Punkte eines einfachen kubischen Gitters im Abstand von 1. Im Durchschnitt entfällt somit auf eine Eigenschwingung im Koordinatensystem (n_x, n_y, n_z) ein Element mit dem Volumen 1.

Wenn der würfelförmige Kasten sehr groß wird, also beim Übergang $L \to \infty$, ist der Unterschied der Feldstärke-Komponenten benachbarter Eigenschwingungen $k_r = r\pi/L$ beliebig klein. Das diskrete Spektrum der Eigenschwingungen geht dann in ein kontinuierliches Spektrum über. Die Zahl der Eigenschwingungen ist in diesem Falle durch das „Volumenelement" d^3n gegeben. Wenn man den Vektorcharakter von **k** berücksichtigt, ist die Zahl der Eigenschwingungen:

$$\frac{1}{8}d^3n = \frac{1}{8}dn_x dn_y dn_z = \frac{1}{8}dk_x dk_y dk_z \frac{L^3}{\pi^3} = \frac{V}{(2\pi)^3}dk_x dk_y dk_z \, .$$

Der Faktor $\frac{1}{8}$ trägt der Tatsache Rechnung, daß nur ein Oktant des Koordinatensystems (n_x, n_y, n_z) dem nichtnegativen Zahlentripel n_x, n_y und n_z entspricht. Statt des Volumenelements $dk_x dk_y dk_z$ im rechtwinkligen Koordinatensystem, können wir $k^2 dk d\Omega$ im sphärischen Koordinatensystem benutzen, wobei $d\Omega = \sin\vartheta d\vartheta d\varphi$ dem Raumwinkelelement entspricht:

$$\frac{1}{8}d^3n = \frac{V}{(2\pi)^3}k^2 dk d\Omega \, . \tag{2}$$

Im isotropen Fall, in dem man die Richtungen untereinander nicht zu unterscheiden braucht, ist $\int d\Omega = 4\pi$ und:

$$\frac{1}{8}d^3n = \frac{4\pi}{8}n^2 dn = \frac{\pi L^3}{2\pi^3}k^2 dk = \frac{V}{2\pi^2 c^3}\omega^2 d\omega$$

mit $k = \omega/c$.

Bisher bezogen sich unsere Gleichungen auf eine einzige lineare Polarisation. Im allgemeinen muß man mit zwei unabhängigen linearen Polarisationen rechnen, was einen zusätzlichen Faktor 2 im Endergebnis bringt. Wir führen die Dichte der Zustände, die *Modendichte*, mit:

$$\rho(\omega) = \frac{V}{\pi^2 c^3}\omega^2 \tag{3}$$

ein.

Schließlich behandeln wir noch den eindimensionalen Fall. Wir haben es dann mit einem Kasten in Form eines quadratischen Prismas zu tun, bei dem die Längen $L_y = L_z$ endlich bleiben, L_x aber über alle Grenzen wächst. Dann ist die Zahl der Eigenschwingungen mit:

$$dn = \frac{L_x}{2\pi}dk \tag{4}$$

gegeben, wenn man keine Moden in der Richtung der beiden anderen Achsen zu berücksichtigen braucht.

Tabelle 3.1 Der Übergang vom diskreten zum kontinuierlichen Spektrum für den allgemeinen dreidimensionalen, dreidimensionalen isotropen und eindimensionalen Fall

Dreidimensional	$V \to \infty$	$\sum_{\mathbf{k}} \to \int\int\int \frac{V}{(2\pi)^3} \ldots dk_x dk_y dk_z$
		$= \int\int \frac{V}{(2\pi)^3} \ldots k^2 dk d\Omega$
isotrop	$V \to \infty$	$\sum_k \to \int \frac{V}{2\pi^2} \ldots k^2 dk = \int \rho(\omega) \ldots d\omega$
eindimensional	$L_x \to \infty$	$\sum_{L_x} \to \int \frac{L_x}{2\pi} \ldots dk$

3.5 Dipolstrahlung

Die Strahlung eines klassischen elektrischen Dipols ist ein Ausgangspunkt für die spätere quantentheoretische Behandlung der Strahlung.

Ein elektrischer Dipol, der aus zwei Punktladungen besteht, strahlt elektromagnetische Wellen mit der Frequenz seiner Schwingung ab. Die elektrische Feldstarke im Strahlungsfeld einer Punktladung ist der Beschleunigung proportional:

$$E(t) = \frac{ea(t - r/c)\sin\vartheta}{4\pi\varepsilon_0 c^2 r} .$$

Dies gilt näherungsweise im Punkt in großer Entfernung r von der Ladung. Die Feldstärke ist senkrecht zu der Verbindungslinie dieses Punktes und der Ladung und liegt in der Ebene, die durch den Punkt und der Beschleunigungsrichtung festgelegt ist. ϑ ist der Winkel zwischen der Verbindungslinie und der Richtung der Beschleunigung. Mit der *retardierten Zeit* $t - r/c$ wird die Ausbreitungsgeschwindigkeit c der Störung im Feld berücksichtigt. Nehmen wir an, daß die positive Ladung ruht und die negative Ladung $-e$ in Richtung der y-Achse schwingt: $y = y_0 \cos\omega t$. Die magnetische Feldstärke im Strahlungsfeld $B(t) = E(t)/c$ steht senkrecht auf der erwähnten Ebene. Der Betrag des Poynting-Vektors (1.6) ist $S = EB/\mu_0 = E^2/\mu_0 c = \varepsilon_0 c E^2$:

$$S = \frac{e^2\omega^4 y_0^2 \sin^2(\omega(t - r/c)\sin^2\vartheta}{12\pi^2\varepsilon_0 c^3 r^2} .$$

Der zeitliche Mittelwert von $\sin^2 \omega(t - r/c)$ liefert einen Faktor $\frac{1}{2}$. Dann integriert man die Energieflußdichte $\overline{S}$ über einen Gürtel der Kugel $2\pi r^2 \sin\vartheta d\vartheta$ von π bis π und bekommt schließlich den Energiefluß:

$$P = \frac{e^2 \omega^4 y_0^2}{12\pi\varepsilon_0 c^3} . \tag{1}$$

Gegenüber der Wellenlänge λ wird die Amplitude y_0 als klein und die Entfernung vom Dipol als groß angenommen.

Die Energie des schwingenden Dipols, die aus der kinetischen und potentiellen Energie zusammengesetzt ist, beträgt:

$$W = \tfrac{1}{2} m\omega^2 y_0^2 ,$$

wenn die Masse der schwingenden negativen Ladung m klein gegenüber der ruhenden Masse der positiven Ladung ist. Die Energie bleibt erhalten:

$$\frac{dW}{dt} = -P$$

und die des Dipols fällt wegen der Emission mit der Zeit exponentiell ab: $W = W_0 \exp(-t/\tau_k)$. Der Kehrwert der charakteristischen Zeit τ_k ist :

$$\frac{1}{\tau_k} = \frac{e^2 \omega^2}{6\pi\varepsilon_0 m c^3} . \tag{2}$$

Um die Strahlung eines beschleunigten geladenen Teilchens zu erklären, müssen wir wegen der Strahlungsdämpfung die Bewegungsgleichung ändern. Das Teilchen wird von einer äußeren Kraft beschleunigt, nehmen wir an von einer Lorentz-Kraft $\mathbf{F} = e(\mathbf{E} + \mathbf{v} \times \mathbf{B})$. Die Strahlung verursacht eine zusätzliche Kraft, was wir einsehen, wenn wir die alte Bewegungsgleichung mit der Geschwindigkeit multiplizieren und den abgestrahlten Energiefluß addieren:

$$Fv = m\dot{v}v - \frac{e^2 \dot{v}^2}{6\pi\varepsilon_0 c^2} .$$

Wir können keine Funktion angeben, die zu jeder Zeit die Gleichung lösen würde. Deswegen begnügen wir uns damit, daß wir die Gleichung im Durchschnitt über eine kurze Zeitspanne lösen. Wir integrieren partiell: $\int \dot{v}^2 dt = v\dot{v} - \int \ddot{v}v dt$, und bekommen:

$$\int_{t'}^{t} Fv dt = \frac{1}{2} m v^2(t) - \frac{1}{2} m v^3(t') - \int_{t'}^{t} \left(\frac{e^2}{6\pi\varepsilon_0 c^3} \right) v\ddot{v} dt$$
$$+ \left(\frac{e^2}{6\pi\varepsilon_0 c^3} \right) [v(t)\dot{v}(t) - v(t')\dot{v}(t')] .$$

Bei einem schwingenden Teilchen liefern die beiden letzten Glieder keinen Beitrag und es gilt allgemein:

$$\int_{t'}^{t} \left(F + \frac{e\ddot{v}}{6\pi\varepsilon_0 c^3} \right) dt = \tfrac{1}{2} m v^2(t) - \tfrac{1}{2} m v^2(t') \; .$$

Wenn wir – im Durchschnitt – den Energiesatz in der Form: „die zugeführte Arbeit aller äußeren Kräfte ist gleich dem Zuwachs der kinetischen Energie“ aufrechterhalten wollen, müssen wir außer der äußeren Kraft die *Reaktionskraft des Strahlungsfeldes*:

$$F_r = e^2 \ddot{v} / 6\pi\varepsilon_0 c^3$$

berücksichtigen. Die im Durchschnitt geltende Bewegungsgleichung lautet dann:[1]

$$F + F_r = m\dot{v} \; .$$

Mit der Reaktionskraft des Strahlungsfeldes berücksichtigen wir die Wirkung des Strahlungsfeldes auf die schwingende Ladung.

[1] Man muß die Lösungen der Bewegungsgleichung für $F = 0$ ausschließen. Diese enthalten den Faktor exp $(3t/2\tau_0)$ mit der Relaxationszeit $\tau_0 = e_0^2/4\pi\varepsilon_0 mc^3$. In dieser Zeit breitet sich das Licht aus über einen klassischen Elektronenradius: $\tau = r_0/c = 10^{-23}$ s. Der klassische Elektronenradius beträgt nämlich $r_0 = e_0^2/4\pi\varepsilon_0 mc^2 = 3 \cdot 10^{15}$ m. Die unerwünschten Lösungen werden durch die Annahme ausgeschlossen, daß die Beschleunigung im Augenblick t durch den Durchschnittswert der Kraft über einen Zeitintervall der Größenordnung τ_0 bestimmt wird. Siehe z.B. W.K.H.Panofsky, M.Phillips, *Classical Electricity and Magnetism*, Addison-Wesley, Reading, Mass. 1969, S.390.

4 Theorie der Photonen

4.1 Quantisierung des elektromagnetischen Feldes

Es werden Feldveränderliche eingeführt, denen im Zuge der „zweiten" Quantisierung Operatoren zugeordnet werden, analog der Koordinate und der entsprechenden Impulskomponente bei der „ersten" Quantisierung.

Nun geht es darum, das elektromagnetische Feld zu quantisieren. Dabei wird nicht eine detaillierte Darstellung angestrebt, sondern versucht, den physikalischen Kern der Theorie freizulegen. Es erhebt sich die Frage, ob es einen experimentellen Anlaß für die Feldquantisierung gibt, so wie es sie zur Einführung der Quantenphysik für Teilchen gibt. Dabei denkt man etwa an die diskreten Energiespektren von Atomen oder Interferenzexperimente mit Elektronen, die uns zur Ersetzung der dynamischen Veränderlichen der klassischen Mechanik durch Operatoren und damit zur Einführung der Quantenmechanik zwingen. Es gibt zwar auch experimentelle Anhaltspunkte für die Quantisierung des elektromagnetischen Feldes, aber sie sind nicht so offensichtlich und führen auch nicht zu leicht meßbaren und beträchtlichen Effekten.[1] Man könnte sich sogar auf den Standpunkt stellen, daß das elektromagnetische Feld nur die Wechselwirkung zwischen Teilchen mit Ladung oder magnetischem Moment vermittelt und sich elektromagnetische Vorgänge beschreiben lassen, indem man die Teilchen im Rahmen der Quantenmechanik und das Feld im Rahmen der klassischen Elektrodynamik behandelt. Viele experimentelle Befunde lassen sich mit einer solchen *halbklassischen Näherung* recht gut erfassen. Diese in der Praxis oft benutzte Methode vermittelt jedoch keine einheitliche theoretische Sicht.

Der Grundbegriff der Feldquantisierung läßt sich folgendermaßen charakterisieren: Die Energie des elektromagnetischen Feldes einer Eigenschwingung der Kreisfrequenz ω_r im Hohlraum ist nach der klassischen Elektrodynamik dem Quadrat der Amplitude der elektrischen Feldstärke proportional:

$$W_r = \tfrac{1}{4}\varepsilon_0 V E_{r0}^2 \,.$$

Sie kann sich stetig ändern. Andererseits weisen aber Experimente darauf hin, daß das Feld auf Elektronen, Atomen usw. Energie nur in ganzzahligen Vielfachen von

[1] M.M.Sternheim, *Resource Letter TQE-1, Tests of quantum electrodynamics*, Am.J.Phys. **40** (1972) 1363.

$\hbar\omega_r$ übertragen kann. Eine stetige Funktion W_r kann aber nicht ohne weiteres mit einer sprunghaft sich ändernden Größe $\mathcal{N}\hbar\omega_r$, $\mathcal{N} = 0, 1, 2, \ldots$ in Verbindung gebracht werden.

Zur Beseitigung dieses Widerspruchs orientieren wir uns an dem Schritt, der uns von der klassischen Mechanik ausgehend zur Quantenmechanik geführt hat. Dieser Schritt war durch die Einführung von nichtvertauschbaren Operatoren für dynamische Veränderliche gekennzeichnet. Analog wollen wir davon ausgehen, daß die elektrische Feldstärke E_r und die magnetische Feldstärke B_r nicht gleichzeitig scharf meßbar sind und zwischen ihnen eine Unschärfebeziehung gilt. Dementsprechend werden den dynamischen Veränderlichen E_r und B_r Operatoren $\hat{E}_r$ und $\hat{B}_r$ zugeordnet, die nicht vertauschbar sind.

Die neue Unschärfebeziehung wird in verschiedenen Formen angegeben. L.Landau und R.Peierls gaben sie in der Form

$$\delta E \delta B \gtrsim \frac{h}{4\pi\varepsilon_0 c^2 \tau^2 l^2}$$

an.[2] Dabei mißt man die Feldstärken, die senkrecht zueinander liegen, in zwei Punkten im Abstand l im Zeitabstand τ. W.Heisenberg[3] gibt

$$\delta E \delta B \gtrsim \frac{h}{4\pi\varepsilon_0 l^4}$$

an, was für $c\tau = l$ aus der Formel von L.Landau und R.Peierls folgt. F.Widom und T.D.Clark fanden die Form:[4]

$$\delta\Phi_e \delta\Phi_m \gtrsim \tfrac{1}{2}\hbar\mathcal{N} \, .$$

Dabei ist $\Phi_e = \varepsilon_0 \int \mathbf{E} \cdot d\mathbf{S}$ der elektrische und $\Phi_m = \int \mathbf{B} \cdot d\mathbf{S}$ der magnetische Fluß und $\mathcal{N}$ Null oder Eins, je nachdem, wie die Flächen, durch die man die Flüße mißt, zueinander liegen. Diese Unschärfebeziehungen geben wir an, ohne sie hier herzuleiten. Wir werden später das Versäumte nachholen.

Die Quantisierung des elektromagnetischen Feldes erfolgt formal nach dem Vorbild des Übergangs von der klassischen Mechanik zur Quantenmechanik, indem man den dynamischen Varänderlichen selbstadjungierte Operatoren zuordnet. In der Ortsdarstellung des Schrödinger-Bildes

$$x \to \hat{x} = x \, , \qquad p \to \hat{p} = \frac{\hbar}{i}\frac{\partial}{\partial x} \quad \text{und}$$

[2] L.Landau, R.Peierls, *Erweiterung des Unbestimmtheitsprinzips für die relativistische Quantentheorie*, Z.Phys. **69** (1931) 56.

[3] W.Heisenberg, *Physikalische Prinzipien der Quantentheorie*, Bibl.Inst., Mannheim 1958, S.41.

[4] F.Widom, T.D.Clark, *Quantum electrodynamics uncertainty relations*, Phys.Lett. **90**A (1982) 280.

$$W \to \hat{H} = \frac{\hat{p}^2}{2m} + \tfrac{1}{2} m\omega^2 \hat{x}^2 \,.$$

Der Hamilton-Operator $\hat{H}$ wurde für den harmonischen Oszillator angegeben. Nun vollziehen wir den entsprechenden Schritt für die Felder zur Quantisierung der Feldstärken E und B.

4.2 Feldquantisierung mit stehenden Wellen

Das elektromagnetische Feld wird quantisiert mit stehenden Wellen, wobei die Gleichungen für das Feld im Kasten unmittelbar verwendet werden können. Dabei benutzen wir in analoger Weise zunächst das Schrödinger- und dann das Heisenberg-Bild.

Wir quantisieren zuerst das elektromagnetische Feld mit stehenden Wellen. Die Einführung der Feldveränderlichen q_r für die r-te Eigenschwingung und die formale Gleichheit der Gleichungen für sie und für den harmonischen Oszillator legen es nahe, eine analoge Zuordnung von Operatoren vorzunehmen

$$q_r \to \hat{q}_r = q_r \,, \qquad p_r \to \hat{p}_r = \frac{\hbar}{i}\frac{\partial}{\partial q_r} \tag{1}$$

$$W_r \to \hat{H}_r = \frac{\hat{p}_r^2}{2m_r} + \tfrac{1}{2} m_r \omega_r^2 \hat{q}_r^2 \,.$$

Damit haben wir nach (**3**.3.9)

$$\hat{E}_r = -\sqrt{\frac{2m_r\omega_r^2}{\varepsilon_0 V}}\, q_r \sin k_r x \,, \tag{2a}$$

$$\hat{B}_r = -\sqrt{\frac{2}{m_r c^2 \varepsilon_0 V}} \cos k_r x \cdot \frac{\hbar}{i}\frac{\partial}{\partial q_r} \,. \tag{2b}$$

Wenn man davon ausgeht, daß für $\hat{q}_r$ und $\hat{p}_r$ die gleiche Vertauschungsregel gilt wie für $\hat{x}$ und $\hat{p}$

$$\hat{p}_r\hat{q}_r - \hat{q}_r\hat{p}_r = \frac{\hbar}{i} \,,$$

ergibt sich die analoge Vertauschungsregel für $\hat{E}_r$ und $\hat{B}_r$:

$$\hat{B}_r\hat{E}_r - \hat{E}_r\hat{B}_r = \frac{\omega_r}{c\varepsilon_0 V}\frac{\hbar}{i} \sin 2k_r x \,.$$

Wir wollen später auch beim Feld das Heisenberg-Bild, die Teilchenzahldarstellung und die Dirac-Schreibweise benutzen. Vorübergehend bleiben wir aber noch in der Feldveränderlichen-Raum-Darstellung des Schrödinger-Bildes. Mit den ungewohnten Namen „Feldveränderlichen-Raum-Darstellung" haben wir die „Konfigurationsraumdarstellung" ersetzt, wie wir mit der Feldveränderlichen q_r die Koordinate x ersetzt haben. Wegen der strukturellen Analogie zwischen den Gleichungen der r-ten Eigenschwingung im Feld und des harmonischen Oszillators kann man die Bewegungsgleichung für das Feld der r-ten Eigenschwingung beim harmonischen Oszillator direkt ablesen. Die Schrödinger-Gleichung für das elektromagnetische Feld in der r-ten Eigenschwingung lautet:

$$\hat{H}_r \Psi_{n_r} = i\hbar \frac{\partial \Psi_{n_r}}{\partial t} . \tag{3}$$

Mit dem Ansatz $\Psi_{n_r} = u_{n_r} \exp(-iW_{n_r} t/\hbar)$ geht die Gleichung (3) in die stationäre Schrödinger-Gleichung über:

$$\hat{H}_{n_r} u_{n_r} = W_{n_r} u_{n_r} . \tag{4}$$

Aus diesem Eigenwertproblem ergeben sich mit der Randbedingung

$$u_{n_r}(q_r \to \pm\infty) = 0$$

die bekannten Eigenfunktionen

$$u_{n_r} = \sqrt{\frac{\kappa_r}{2^n n! \sqrt{\pi}}} \exp(-\tfrac{1}{2}\kappa_r^2 q_r^2) H_n(\kappa_r q_r) \quad \text{mit} \quad \kappa_r = \sqrt{\frac{m_r \omega_r}{\hbar}} . \tag{5}$$

Die Eigenwerte der Energie sind:

$$W_{n_r} = \hbar\omega_r(n_r + \tfrac{1}{2}), \qquad n_r = 1, 2, 3, \ldots \tag{6}$$

Die Zahl der Quanten ist durch n_r bestimmt.

Alle Beziehungen sind der Form nach gleich wie die beim harmonischen Oszillator. Man muß jedoch berücksichtigen, daß ω die (einzige) klassische Kreisfrequenz des harmonischen Oszillators bedeutet, dagegen ist ω_r ($r = 1, 2, \ldots$) nur eine aus dem unbegrenzten Satz der Kreisfrequenzen der Eigenschwingungen. Beim harmonischen Oszillator gaben wir an, daß die Grundzustandsenergie $\frac{1}{2}\hbar\omega$ keine meßbaren Konsequenzen hat, da man nur Energiedifferenzen mißt. Das gilt auch für die Energie des Feldes. Nur ist im Feld die Energie im Grundzustand, die *Nullpunktsenergie*

$$\sum_{r=1}^{\infty} \tfrac{1}{2}\hbar\omega_r ,$$

wegen der unbegrenzten Zahl der Eigenschwingungen unendlich groß. Man mißt in der Tat nur Energiedifferenzen, nämlich zwischen zwei unendlichen Energiewerten. Somit ist beim elektromagnetischen Feld ebenso wie beim harmonischen Oszillator zulässig das Glied $\frac{1}{2}\hbar\omega_r$ im Ausdruck für die Energie der Eigenschwingung wegzulassen und nur die Energie gegenüber dem Grundzustand, oder Vakuumzustand

$$\mathcal{W}_{n_r} = \hbar\omega_r n_r \tag{7}$$

zu berücksichtigen.

Später werden wir jedoch auch ein Beispiel kennenlernen, bei dem die Änderung der Nullpunktsenergie oder der Energie im Vakuumzustand zu einem zwar sehr kleinen aber meßbaren Effekt führt. Dies ist der *Casimir-Effekt*, bei dem sich parallele neutrale Metallplatten in sehr kleinem Abstand mit einer sehr kleinen Kraft anziehen[1]

Wie in der Quantenmechanik kann man auch in der Quantentheorie des elektromagnetischen Feldes die Wellenfunktion Ψ_{n_r} nicht direkt beobachten. Ihr Betragsquadrat $\Psi^*_{n_r}\Psi_{n_r}$ gibt aber die Wahrscheinlichkeitsdichte an, die im Prinzip direkt beobachtbar ist. Dabei ist

$$\Psi^*_{n_r}\Psi_{n_r}dq_r$$

die Wahrscheinlichkeit, mit der man die Feldveränderliche q_r im Intervall zwischen $q_r - \frac{1}{2}dq_r$ und $q_r + \frac{1}{2}dq_r$ antrifft. Die elektrische Feldstärke E_r ist der Feldveränderlichen q_r proportional.

Bei weiteren Überlegungen werden einige Ausdrücke von Nutzen sein, die wir jetzt bilden. Zuerst führen wir den Vernichtungsoperator $\hat{a}_r$ ein, der ein Quant der r-ten Eigenschwingung vernichtet, und den Erzeugungsoperator $\hat{a}_r^\dagger$, der ein Quant dieser Eigenschwingung erzeugt. Um die Analogie mit dem harmonischen Oszillator verfolgen zu können, schreiben wir die Operatoren der Feldstärken in der Form (vergleiche (**2**.6.10) und (**2**.6.11))

$$\hat{E}_r = -\sqrt{\frac{\hbar\omega_r}{\varepsilon_0 V}}\sin k_r x \cdot (\hat{a}_r + \hat{a}_r^\dagger) \quad \text{und} \tag{8}$$

$$\hat{B}_r = -\frac{1}{ic}\sqrt{\frac{\hbar\omega_r}{\varepsilon_0 V}}\cos k_r x \cdot (\hat{a}_r - \hat{a}_r^\dagger)\ . \tag{9}$$

[1]M.Planck erhielt in seiner „zweiten Theorie“ ein Glied, das man als die Nullpunktsenergie interpretieren kann: M.Planck, *Über die Begründung des Gesetzes der schwarzen Strahlung*, Ann.Phys. **37** (1912) 642. In ihr beschrieb er die Strahlung mit klassischen Wellen und nahm an, daß die Oszillatoren Energiequanten $\hbar\omega$ ausstrahlen, aber Energie kontinuierlich absorbieren. Auf diesem Weg kam er zum Mittelwert der Energie $\frac{1}{2}\hbar\omega + \hbar\omega/[\exp(\hbar\omega/k_BT) - 1]$. Siehe auch: J.L.Jiménez, L.de la Peña, T.A.Brody, *Zero-point term in cavity radiation*, Am.J.Phys. **48** (1980) 840.

Der Hamilton-Operator bezogen auf die Energie des Vakuumzustands läßt sich durch den Teilchenzahloperator $\hat{n}_r = \hat{a}_r^\dagger \hat{a}_r$ ausdrücken:

$$\hat{\mathcal{H}}_r = \hbar\omega_r \hat{a}_r^\dagger \hat{a}_r = \hbar\omega_r \hat{n}_r \; . \tag{10}$$

Diese zeitunabhängigen Operatoren im Schrödinger-Bild werden beim Übergang zum Heisenberg-Bild durch zeitabhängige Operatoren ersetzt

$$\hat{E}_r = -\sqrt{\frac{\hbar\omega_r}{\varepsilon_0 V}} \sin k_r x \cdot [\hat{a}_r \exp(-i\omega_r t) + \hat{a}_r^\dagger \exp i\omega t] \quad \text{und} \tag{11}$$

$$\hat{B}_r = -\frac{1}{ic}\sqrt{\frac{\hbar\omega_r}{\varepsilon_0 V}} \cos k_r x \cdot [\hat{a}_r \exp(-i\omega_r t) - \hat{a}_r^\dagger \exp i\omega_r t] \; . \tag{12}$$

Der Hamilton-Operator behält dabei die Form (10):

$$\hat{\mathcal{H}}_r = \hbar\omega_r \hat{n}_r \; .$$

Wenn wir zu der Teilchenzahldarstellung und Dirac-Schreibweise übergehen, charakterisieren wir die Eigenfunktion der r-ten Eigenschwingung durch $|n_r\rangle$.

Jetzt haben wir die mathematischen Hilfsmittel bereit, um physikalisch wichtige Erwartungswerte zu berechnen. Man kann diese Erwartungswerte aus den entsprechenden Gleichungen der Quantenmechanik des harmonischen Oszillators ablesen, wenn man die Koeffizienten der Operatoren $\hat{a}_r$ und $\hat{a}_r^\dagger$ berücksichtigt

$$\langle n_r|\hat{E}_r|n_r\rangle - 0, \qquad \langle n_r|\hat{B}_r|n_r\rangle - 0 \tag{13}$$

und weiter

$$\langle n_r|\hat{E}_r^2|n_r\rangle = \frac{2\hbar\omega_r}{\varepsilon_0 V}(n_r + \tfrac{1}{2}) \sin^2 k_r x \qquad \text{und}$$

$$\langle n_r|\hat{B}_r^2|n_r\rangle = \frac{1}{c^2}\frac{2\hbar\omega_r}{\varepsilon_0 V}(n_r + \tfrac{1}{2}) \cos^2 k_r x \; .$$

Auch hier kann man die beiden ersten Erwartungswerte anhand von Symmetriebetrachtungen und die beiden letzten anhand der Gleichverteilung der Energie erraten. Die Unschärfen führen wir wie üblich mit

$$(\delta E_r)^2 = \langle n_r|\hat{E}_r^2|n_r\rangle - \langle n_r|\hat{E}_r|n_r\rangle^2 \qquad \text{und}$$

$$(\delta B_r)^2 = \langle n_r|\hat{B}_r^2|n_r\rangle - \langle n_r|\hat{E}_r|n_r\rangle^2$$

ein und erhalten

$$\delta E_r = \sqrt{\langle n_r|\hat{E}_r^2|n_r\rangle} = \sqrt{\frac{2\hbar\omega_r}{\varepsilon_0 V}}\sqrt{n_r + \tfrac{1}{2}} \sin k_r x \tag{14}$$

und:

$$\delta B_r = \sqrt{\langle n_r|\hat{B}_r^2|n_r\rangle} = \sqrt{\frac{2\hbar\omega_r}{c^2\varepsilon_0 V}}\sqrt{n_r + \tfrac{1}{2}}\cos k_r x \,. \tag{15}$$

Das Produkt beider Unschärfen beträgt demnach:

$$\delta E_r \delta B_r = \frac{\hbar\omega_r}{c\varepsilon_0 V}(n_r + \tfrac{1}{2})\sin 2k_r x \,.$$

Nach unserer früheren Erfahrung ist das seine untere Schranke. Anders als in früheren Unschärfebeziehungen hängt sie von der Koordinate x ab und kann in den Knoten der Schwingung ganz verschwinden.

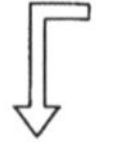

Zur Übung berechnen wir den Erwartungswert $\langle n_r|\hat{E}_r^2|n_r\rangle$ auf eine andere Weise:

$$\langle n_r|\frac{\hbar\omega}{\varepsilon_0 V}\sin^2 k_r x\,[\hat{a}_r \exp(-i\omega_r t) + \hat{a}_r^\dagger \exp i\omega_r t]^2|n_r\rangle$$

$$= \frac{\hbar\omega_r}{\varepsilon_0 V}\sin^2 k_r x\,\langle n_r|[\hat{a}_r^2 \exp(-2i\omega_r t) + \hat{a}_r^{\dagger 2}\exp 2i\omega_r t + \hat{a}_r\hat{a}_r^\dagger + \hat{a}_r^\dagger\hat{a}_r]|n_r\rangle \,.$$

Wenn man berücksichtigt, daß die Operatoren $\hat{a}_r^2$ und $\hat{a}_r^{\dagger 2}$ zu Erwartungswerten dieser Art keinen Beitrag liefern und daß

$$\hat{a}_r\hat{a}_r^\dagger + \hat{a}_r^\dagger\hat{a}_r = (\hat{a}_r^\dagger\hat{a}_r + 1) + \hat{a}_r^\dagger\hat{a}_r = 2\hat{a}_r^\dagger\hat{a}_r + 1 = 2\hat{n}_r + 1$$

gilt, erhalten wir sofort das Ergebnis:

$$\frac{\hbar\omega_r}{\varepsilon_0 V}\sin^2 k_r x\langle n_r|(2\hat{n}_r + 1)|n_r\rangle = \frac{2\hbar\omega_r}{\varepsilon_0 V}(n_r + \tfrac{1}{2})\sin^2 k_r x \,.$$

Die Zustände $|n_r\rangle$ sind durch eine scharf bestimmte Zahl der Quanten charakterisiert. Die Erwartungswerte der Operatoren $\hat{E}_r$ und $\hat{B}_r$ sind gleich Null, die Erwartungswerte ihrer Quadrate sind dagegen von Null verschieden. In Verfolgung der Analogie zu den Überlegungen beim harmonischen Oszillator versuchen wir, uns das Feld zu veranschaulichen. Im gegebenen Punkt x kann man zur gegebenen Zeit t für die elektrische oder magnetische Feldstärke keinen festen Wert angeben. Die Erwartungswerte lassen jedoch den Schluß zu, daß die Feldstärken symmetrisch um den Wert Null schwingen. Ihre effektiven Amplituden kann man sich durch die Unschärfen δE_r und δB_r bestimmt denken. Es ist erlaubt, sich vorzustellen, daß die Feldstärken mit diesen Amplituden und der Kreisfrequenz ω_r schwingen, dabei aber die Phase ϕ_r völlig unbestimmt ist (Bild 4.1). Es muß beachtet werden, daß die effektive Amplitude in der Form stehender Wellen von der Koordinate x abhängt.

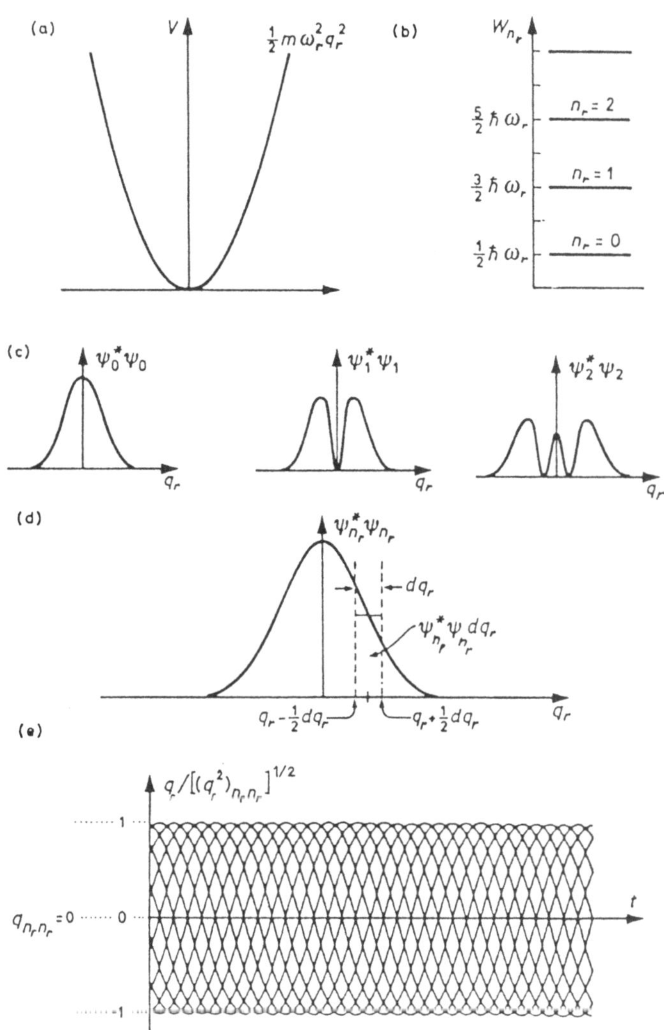

Bild 4.1 Der harmonische Oszillator in der Quantentheorie des elektromagnetischen Feldes. Die Abhängigkeit der „potentiellen Energie" von der Feldveränderlichen (a) und die Energie (b) und die Wahrscheinlichkeitsdichte (c) für den Grundzustand und die beiden nächsten angeregten Zustände. Die Wahrscheinlichkeit, daß man die Feldveränderliche q_r auf dem Intervall zwischen $q_r - \frac{1}{2}dq_r$ und $q_r + \frac{1}{2}dq_r$ antrifft, wird von $\Psi^*_{n_r} \Psi_{n_r} dq_r$ bestimmt (d). Die Zeitabhängigkeit der Feldveränderlichen kann man angeben. Da die Phase völlig unbekannt ist, kann man sich lediglich die Gesamtheit der Schwingungen mit der klassischen Kreisfrequenz ω_r vorstellen, ohne daß man eine Schwingung unter ihnen auszeichnen könnte (e). Die Feldstärken E_r und B_r werden durch die Feldveränderliche q_r bestimmt. Vergleiche mit Bild 2.1.

4.3 Feldquantisierung mit laufenden Wellen

Zur Quantisierung mit laufenden Wellen werden diese aus stehenden zusammengesetzt. Im nächsten Schritt wird die Quantisierung mit laufenden Wellen ausgeführt.

Anhand der Erfahrung bei der Quantisierung des elektromagnetischen Feldes mit stehenden Wellen, fällt es nicht schwer, das Feld mit laufenden Wellen zu quantisieren. Um die Gleichungen, die wir für stehende Wellen bekamen, benutzen zu können, wird der ganze Raum in würfelförmige Zellen mit Kantenlänge L und Volumen $V = L^3$ eingeteilt. Es wird angenommen, daß sich die Verhältnisse an allen entsprechenden Flächen der gedachten Würfel im ganzen Raum periodisch wiederholen. Das führt zu der *periodischen Randbedingung* :

$$k_r L = 2\pi r \qquad r = \pm 1, \pm 2, \pm 3 \dots . \tag{1}$$

Diese Randbedingung unterscheidet sich von der Randbedingung für stehende Wellen im Hohlraum nur um den Faktor 2, weil stehende Wellen Knoten auf Flächen des Hohlraumes erfordern. Die Zahl r bestimmt bei gegebener Länge L den Betrag des Wellenvektors und die Kreisfrequenz:

$$k_r = r\,\frac{2\pi}{L} \qquad \text{und} \qquad \omega_r = ck_r = r\frac{2\pi c}{L} . \tag{2}$$

Wenn L genügend groß ist, kann man eine solche Zahl r finden, daß sich k_r nur sehr wenig von einem vorgegebenen Wert unterscheidet. Oft wird dann das Volumen am Ende der Rechnung als unendlich angenommen. Mit Hilfe der Gleichung (**3**.2.5)

$$\mathbf{E}_k = \mathbf{E}_s + \mathbf{B}_s \times \mathbf{c} \qquad \mathbf{B}_k = \frac{\mathbf{c} \times \mathbf{E}_s}{c^2} ,$$

in der man die Feldstärken mit den entsprechenden Operatoren ausdrückt, gewinnt man für den Operator der elektrischen Feldstärke bei laufenden Wellen den Ausdruck:

$$\hat{E}_r = -\frac{1}{\sqrt{m_r \varepsilon_0 V}} \left(m_r \omega_r \sin k_r x \cdot q_r + \cos k_r x \cdot \frac{\hbar}{i} \frac{\partial}{\partial q_r} \right) .$$

Mit den Vernichtungs- und Erzeugungsoperatoren bekommt man im Schrödinger-Bild den zeitunabhängigen Operator

$$\hat{E}_r = i\sqrt{\frac{\hbar\omega_r}{2\varepsilon_0 V}} [\hat{a}_r \exp ik_r x - \hat{a}_r^\dagger \exp(-ik_r x)] \tag{3}$$

und im Heisenberg-Bild den zeitabhängigen Operator:

$$\hat{E}_r = i\sqrt{\frac{\hbar\omega_r}{2\varepsilon_0 V}}\{\hat{a}_r \exp i(k_r x - \omega_r t) - \hat{a}_r^\dagger \exp[-(ik_r x - \omega_r t)]\} . \quad (4)$$

Der entsprechende Operator für die magnetische Feldstärke ist gleich dem Operator für die elektrische Feldstärke, dividiert durch die Lichtgeschwindigkeit c und lautet im Schrödinger-Bild

$$\hat{B}_r = \frac{i}{c}\sqrt{\frac{\hbar\omega_r}{2\varepsilon_0 V}}[\hat{a}_r \exp ik_r x - \hat{a}_r^\dagger \exp(-ik_r x)] \quad (5)$$

und im Heisenberg-Bild:

$$\hat{B}_r = \frac{i}{c}\sqrt{\frac{\hbar\omega_r}{2\varepsilon_0 V}}\{(\hat{a}_r \exp i(k_r x - \omega_r t) - \hat{a}_r^\dagger \exp[-(ik_r x - \omega_r t)]\} . \quad (6)$$

Dabei hat das elektrische Feld bei laufenden Wellen wie in stehenden Wellen die Richtung der y-Achse und das magnetische Feld die Richtung der z-Achse. Der Hamilton-Operator bezogen auf den Vakuumzustand behält seine Form (2.10) bei:

$$\hat{\mathcal{H}}_r = \hbar\omega_r \hat{a}_r^\dagger \hat{a}_r = \hbar\omega_r \hat{n}_r . \quad (7)$$

Um die veränderte Randbedingung zu erfüllen, wurde ein zusätzlicher Faktor $1/\sqrt{2}$ in den Ausdrücken für die Operatoren $\hat{E}_r$ und $\hat{B}_r$ bei laufenden Wellen angebracht (vergleiche (3) bis (6) mit (2.8) bis (2.12)). Dieser Faktor hat keinen Einfluß auf den Ausdruck für den Hamilton-Operator.

Die Form des Operators $\hat{E}_r$ und des zu ihm proportionalen Operators $\hat{B}_r$ weist auf einen Vorteil des Heisenberg-Bildes in der Quantentheorie des elektromagnetischen Feldes. Diese sollte, wie die Maxwell-Elektrodynamik eine relativistische Theorie sein, in der die Koordinaten und die Zeit gleichwertig auftreten. In einer solchen Theorie sind Koordinaten und Zeit Parameter; namentlich sind Koordinaten keine dynamischen Veränderlichen, wie in der Quantenmechanik, in der man ihnen Operatoren zuordnet. In den Operatoren $\hat{E}_r$ und $\hat{B}_r$ (4) treten im Heisenberg-Bild x und t gleichwertig auf. In den entsprechenden Operatoren (3) im Schrödinger-Bild tritt die Zeit nicht auf und ist somit ausgezeichnet.

Wir betonten bereits, daß es nicht leicht ist, die verschiedenen Formen der Unschärfebeziehung einsichtig zu machen. Nun wollen wir versuchen, eine leicht verständliche Form der Unschärfebeziehung für laufende Wellen zu entwickeln. Wir beginnen mit der Vertauschungsregel für die Operatoren $\hat{E}_r$ und $\hat{B}_r$. Zwei zueinander proportionale Operatoren, wie $\hat{E}_r$ und $\hat{B}_r$, sind vertauschbar. Wir berücksichtigen aber die Möglichkeit, daß man beide Feldstärken nicht im gleichen Punkt und zu gleicher Zeit mißt. Deshalb bilden wir beide Operatoren bei verschiedenen Koordinaten und zu verschiedenen Zeiten

$$\hat{E}_r(x_1,t_1) = i\sqrt{\frac{\hbar\omega_r}{2\varepsilon_0 V}}\{(\hat{a}_r \exp i(k_r x_1 - \omega_r t_1) - \hat{a}_r^\dagger \exp[-(ik_r x_1 - \omega_r t_1)]\} \quad \text{und}$$

$$\hat{B}_r(x_2,t_2) = \frac{i}{c}\sqrt{\frac{\hbar\omega_r}{2\varepsilon_0 V}}\{(\hat{a}_r \exp i(k_r x_2 - \omega_r t_2) - \hat{a}_r^\dagger \exp[-(ik_r x_2 - \omega_r t_2)]\} \,.$$

Nach einer kurzen Rechnung, in der man auf die Reihenfolge der Operatoren $\hat{a}_r$ und $\hat{a}_r^\dagger$ achten muß , ergibt sich mit $\hat{a}_r\hat{a}_r^\dagger - \hat{a}_r^\dagger\hat{a}_r = 1$ die Gleichung:

$$\hat{B}_r(x_2,t_2)\hat{E}_r(x_1,t_1) - \hat{E}_r(x_1,t_1)\hat{B}_r(x_2,t_2) = \frac{\hbar\omega_r}{ic\varepsilon_0 V}\sin[k_r(x_1 - x_2) - \omega_r(t_1 - t_2)] \,.$$

Wenn man berücksichtigt, daß aus der Vertauschungsregel $\hat{p}\hat{x} - \hat{x}\hat{p} = 1$ die Unschärfebeziehung $\delta x \delta p \geq \frac{1}{2}\hbar$ folgt, so ergibt sich aus der angegebenen Vertauschungsregel die Unschärfebeziehung:

$$\delta E_r \delta B_r \geq \frac{\hbar\omega_r}{2c\varepsilon_0 V}|\sin[k_r(x_1 - x_2) - \omega_r(t_1 - t_2)]| \,.$$

Die Koordinaten x_1 und x_2 und Zeiten t_1 und t_2 auf der rechten Seite sind hier Parameter. Wenn bei einer gleichzeitigen Messung die Entfernung der Punkte $\delta x = x_1 - x_2$, in denen das elektrische und magnetische Feld gemessen wird, klein gegenüber der Wellenlänge $\lambda_r = 2\pi/k_r$ ist, so folgt:

$$\delta E_r \delta B_r \geq \hbar\omega_r \frac{2\pi}{c\varepsilon_0 V}\frac{\delta x}{\lambda_r} \,.$$

Ist bei einer Messung im festen Punkt der Zeitunterschied $\delta t = t_1 - t_2$ klein gegenüber der Schwingungsdauer $2\pi/\omega_r = t_{0r}$, so ist $\delta x/\lambda_r$ durch $\delta t/t_{0r}$ zu ersetzen.

Mit der Gleichung (3.1.9) $E = -\partial A/\partial t$, die bei der Eichung $U = 0$ gilt, läßt sich schließlich der Operator des Vektorpotentials angeben:

$$\hat{A}_r = \sqrt{\frac{\hbar}{2\omega_r\varepsilon_0 V}}\{(\hat{a}_r \exp i(k_r x - \omega_r t) + \hat{a}_r^\dagger \exp[-i(k_r x - \omega_r t)]\} \,. \qquad (8)$$

Durch Ableitung nach der Zeit folgt aus ihm der Operator der elektrischen Feldstärke (4). In unserem Fall hat das Vektorpotential nur eine Komponente in der Richtung der y-Achse, die nur von x abhängt. Dann hat die magnetische Feldstärke **B** = rot**A** nur die Komponente $\partial A/\partial x$ in der Richtung der z-Achse. Man kann sich leicht überzeugen, daß

$$\hat{B}_r = \frac{\partial \hat{A}_r}{\partial x} \qquad \text{und} \qquad \hat{B}_r = -\frac{1}{c}\frac{\partial \hat{A}_r}{\partial t} = \frac{1}{c}\hat{E}_r$$

mit $k_r = \omega_r/c$ gilt. Den Operator für das Vektorpotential haben wir angegeben, weil in den gängigen Lehrbüchern der Quantenelektrodynamik das Feld meist mit Hilfe dieses Operators quantisiert wird. Im Ausdruck

$$A = \sum_r \{A_r \exp i(k_r x - \omega_r t) + A_r^* \exp[-i(k_r x - \omega_r t)]\} \tag{9}$$

erkennt man die Fourier-Reihe für das Vektorpotential ebener Wellen. Um zu ihr zu gelangen, ist die periodische Randbedingung unentbehrlich. Bei der Quantisierung gehen die Fourier-Koeffizienten A_r und A_r^* in den Vernichtungsoperator $\hat{a}_r$ und den Erzeugungsoperator $\hat{a}_r^\dagger$ über. Von Anfang an haben wir die Vorzeichen der Feldstärken und ihrer Operatoren so gewählt, daß wir den Operator des Vektorpotentials in dieser Form bekamen.

In der Quantenelektrodynamik der Hochenergiephysik wird das elektromagnetische Feld über das Vektorpotential quantisiert. Die Quantisierung über die Feldstärken wurde verhältnismäßig spät eingeführt.[1]

In Lehrbüchern findet man gelegentlich den Operator des Vektorpotentials in abgeänderter Form, z.B.:[2]

$$\hat{\mathbf{A}} = \sum_{\mathbf{k}\,\sigma} \sqrt{\frac{2\pi}{\omega V}} \{\mathbf{e}^{(\sigma)} \hat{a}_{\mathbf{k}\,\sigma} \exp i(\mathbf{k}\cdot\mathbf{x} - \omega t) + \mathbf{e}^{(\sigma)^*} \hat{a}^\dagger_{\mathbf{k}\,\sigma} \exp[-i(\mathbf{k}\cdot\mathbf{x} - \omega t)]\}$$

oder:[3]

$$\hat{\mathbf{A}} = \sum_{\mathbf{k}\,\sigma} \sqrt{\frac{2\pi\hbar c^2}{\omega V}} \mathbf{e}^{(\mathbf{k}\,\sigma)} \{\hat{a}_{\mathbf{k}\,\sigma} \exp i(\mathbf{k}\cdot\mathbf{x} - \omega t) + \hat{a}^\dagger_{\mathbf{k}\,\sigma} \exp[-i(\mathbf{k}\cdot\mathbf{x} - \omega t)]\} \,.$$

Die Ausbreitungsrichtung und die Kreisfrequenz ω sind dabei mit dem Wellenvektor $\mathbf{k}$ bestimmt. $\mathbf{e}^{(\sigma)}$ oder $\mathbf{e}^{(\mathbf{k}\,\sigma)}$ sind zum Wellenvektor senkrechte Einheitsvektoren, die die Polarisation beschreiben. Für jeden Wellenvektor $\mathbf{k}$ gibt es zwei unabhängige Polarisationsrichtungen, die durch $\sigma = 1$ und $\sigma = 2$ gekennzeichnet werden. Es werden cgs-Einheiten benutzt, die man aus unseren SI-Einheiten bekommt, wenn man $4\pi\varepsilon_0$ gleich 1 setzt und einen zusätzlichen Faktor c^2 anbringt. Oft wird in der Quantenfeldtheorie auch Gebrauch von *„natürlichen" Einheiten* gemacht, die aus SI-Einheiten folgen, wenn man formal c und $\hbar$ gleich 1 setzt.

[1] M.O.Scully, W.E.Lamb,Jr., *Quantum theory of an optical maser, I. General theory*, Phys.Rev. **159** (1967) 208.

[2] L.D.Landau, E.M.Lifschitz, *Quantenfeldtheorie*, C.Hanser Verlag, München 1976, S.230

[3] E.G.Harris, *Quantenfeldtheorie, eine elementare Einführung*, R.Oldenbourg, J.Wiley, München, Frankfurt 1975, S.35.

4.4 Was sind eigentlich Photonen?

Die Quanten des elektromagnetischen Feldes, Photonen, besitzen Energie und Impuls, können aber nicht lokalisiert werden, auch nicht unscharf, wie z.B. Elektronen in der Quantenmechanik. Zitate geben Aufschluß über verschiedene Ansichten bezüglich der Deutung von Photonen.

Der Erwartungswert der Energiedichte (**3**.1.4) ist

$$\langle n_r|(\tfrac{1}{2}\varepsilon_0\hat{E}_r^2 + \tfrac{\hat{B}_r^2}{2\mu_0})|n_r\rangle = \tfrac{\hbar\omega_r}{V}(n_r + \tfrac{1}{2})$$

und der Erwartungswert des Betrages des Poyting-Vektors (**3**.1.6):

$$\langle n_r|\frac{\hat{E}_r\hat{B}_r}{\mu_0}|n_r\rangle = \frac{c\hbar\omega_r}{V}(n_r + \tfrac{1}{2}) \,.$$

Der Erwartungswert der Impulsdichte (**3**.1.6) ist dann mit:

$$\langle n_r|\frac{\hat{E}_r\hat{B}_r}{\mu_0 c^2}|n_r\rangle = \frac{\hbar\omega_r}{cV}(n_r + \tfrac{1}{2}) = \tfrac{\hbar k_r}{V}(n_r + \tfrac{1}{2})$$

gegeben. Der Erwartungswert des Impulses ist demnach $\hbar k_r(n_r + \frac{1}{2})$ und bezogen auf den Grundzustand $\hbar n_r k_r$. Der Eigenwert der Energie bezogen auf den Grundzustand ist nach wie vor:

$$\hat{\mathcal{H}}|n_r\rangle = \hbar\omega_r\hat{n}_r|n_r\rangle = \hbar\omega_r n_r|n_r\rangle \,.$$

Wenn sich die Quantenzahl n_r um 1 ändert, ändert sich die Energie des Feldes um $\hbar\omega_r$ und sein Impuls um $\hbar k_r = \hbar\omega_r/c$. Die Quanten in laufenden Wellen besitzen die Energie $\hbar\omega_r$ und den Impuls $\hbar\omega_r/c$. Es ist üblich, diese Quanten *Photonen* zu nennen. Damit sind wir zu der oft gestellten Frage: „Was sind eigentlich Photonen?“ vorgedrungen. Wir erinnern an die Fourier-Entwicklung in Gleichung (9). Die in der Reihe auftretenden Koeffizienten gingen bei der Quantisierung in den Vernichtungs- und Erzeugungsoperator über. Mit diesem Übergang haben wir in der Tat die Photonen eingeführt. Ein Photon ist demnach ein Quant des elektromagnetischen Feldes, das zur gegebenen Eigenschwingung r gehört und Energie und Impuls besitzt. Wenn man die Operatoren $\hat{E}_r$ und $\hat{B}_r$ und ihre Erwartungswerte betrachtet, wird sofort deutlich, daß man dem Photon keinen Ort, auch keinen unscharfen, zuordnen kann. Die Energie und der Impuls des Photons sind dem im ganzen Volumen V vorhandenen Feld zugeordnet.

Diese Feststellung ist von grundlegender Bedeutung. Es sollte deutlich werden, daß das Photon nicht auf einer bestimmten Bahn den Detektor erreicht. Es war vor dem Ansprechen des Detektors im Feld als „Teilchen vorgeformt“ nicht enthalten. Der Ausdruck „Photon“ will lediglich die quantenhafte Struktur der Energie und des Impulses des Feldes im ganzen Volumen begrifflich erfassen. Diese manifestiert sich bei der Übertragung von Energie und Impuls an Teilchen bei Elementarprozessen.

Es sei noch einmal betont, daß sich alle unsere Gleichungen auf eine Eigenschwingung beziehen, also auf monochromatische ebene, linear polarisierte Wellen, die in der Richtung der x-Achse vorschreiten, mit der Kreisfrequenz ω_r und mit der elektrischen Feldstärke in der Richtung der y-Achse und der magnetischen Feldstärke in der Richtung der z-Achse. Bei einer vollständigen Beschreibung des elektromagnetischen Feldes muß man alle möglichen Kreisfrequenzen und Polarisationen und noch alle möglichen Ausbreitungsrichtungen einschließen.

Die Zustände $|n_r\rangle$ sind durch eine scharf bestimmte Photonenzahl charakterisiert. Die Erwartungswerte der Operatoren $\hat{E}_r$ und $\hat{B}_r$ sind gleich Null, die Erwartungswerte ihrer Quadrate von Null verschieden. Wie bei stehenden Wellen ist es auch bei laufenden Wellen möglich, das Strahlungsfeld zu veranschaulichen. Wir stellen uns vor, daß die Feldstärken mit den effektiven Amplituden δE_r und δB_r und der Kreisfrequenz ω_r schwingen, wobei aber die Phase ϕ_r völlig unbestimmt ist (Bild 4.2e). Es muß beachtet werden, daß die effektiven Amplituden in laufenden Wellen im Gegensatz zu den effektiven Amplituden in stehenden Wellen nicht von der Koordinate x abhängen.

Die Erwartungswerte der Operatoren $\hat{E}_r$ und $\hat{B}_r$ sind gleich Null auch für sehr große Photonenzahlen n_r. Dies zeigt, daß das *Korrespondenzprinzip* die Zustände mit scharf bestimmter Photonenzahl weder mit stehenden noch mit laufenden Wellen verbindet. Nach diesem Prinzip ist es in der Quantenmechanik manchmal möglich, quantenmechanische Gleichungen durch den Übergang zu sehr großen Quantenzahlen $n \to \infty$ oder durch den formalen Übergang $\hbar \to 0$ in die entsprechenden klassischen Gleichungen überzuführen.

Eine Übersicht über die Entwicklung des Photon-Begriffs gaben R.Kidd, J.Ardin und A.Anton.[1]

> Es erscheint nicht angebracht, eines von diesen hypothetischen Gebilden Lichtteilchen, Lichtkorpuskel, Lichtquant oder Lichtquantum zu nennen, wenn man bedenkt, daß es nur einen kleinen Teil seines Bestehens als Träger der Strahlungsenergie verbringt, während es den Rest der Zeit als wesentlicher Bestandteil im Atom verbleibt. Auch würde zur Verwirrung führen, wenn wir es einfach Quant nennen, weil wir dann unterscheiden müßten zwischen der Zahl der Gebilde im Atom und der sogenannten Quantenzahl. Darum nehme ich mir die Freiheit und schlage für dieses hypothetische neue Atom, das nicht Licht ist, aber eine wichtige Rolle in allen Strahlungsvorgängen spielt, den Namen Photon vor.
>
> G.N.Lewis, *The conservation of photons*, Nature **118** (1926) 874

[1] R.Kidd, J.Ardin, A.Anton, *Evolution of the modern photon*, Am.J.Phys. **57** (1989) 27; M.G.Raymer, *Observation of the modern photon*, Am.J.Phys. **58** (1990) 11

Beobachten wir Lichtwellen, die einer Strahlung eines einzelnen Atoms auf dem Stern Sirius entspringen. Sie übertragen Energie, der eine Periode zugeordnet wird. Die Periode ändert sich nicht, aber die Energie verteilt sich auf eine aufblähende Kugel. Acht Jahre und neun Monate nach der Ausstrahlung trifft die Wellenfront die Erde. Einige Minuten zuvor entscheidet sich jemand, daß er die Schönheit des Himmels beobachten wird und setzt – kurz gesagt – sein Auge den Wellen ausz. Als die Wellen entstanden, wußten wir nicht, was sie treffen werden. Es scheint, daß ihre Energie auf eine Kugel mit dem Radius $8 \cdot 10^{13}$ km verteilt ist. Aber wenn die Energie wieder mit der Materie wechselwirken und eine Veränderung auf der Netzhaut verursachen soll, die die Empfindung des Lichtes erregt, muß sie das als ein Quant tun.

A.S.Eddington, *The Nature of the Physical World*,
University Press, Cambridge 1928

Die ganzen 50 Jahre bewußter Grübelei haben mich der Antwort der Frage 'Was sind Lichtquanten?' nicht näher gebracht.

A.Einstein, Brief an M.Besso, 1954

Der zweifache Charakter des Lichtes als ein Wellenvorgang und als ein Strahl von freien Teilchen, der aus dieser Quantisierung hervorgeht, ist ähnlich dem der Elektronen, die den Charakter von Teilchen und der de Broglie-Wellen haben. Die Analogie war außerordentlich fruchtbringend in der Entwicklung der Quantentheorie, aber jetzt soll man sie nicht überbetonen. Die Existenz einer diskreten Gruppe von Lichtquanten ist nur eine Folge der Quantisierung. Die entsprechende klassische Theorie ist im wesentlichen eine Feldtheorie, da nach dem Übergang $h \to 0$ Lichtquanten nicht mehr existieren. Die Welleneigenschaften eines Elektronenstrahls sind zwar auch die Folgen der Quantisierung, aber die entsprechende klassische Theorie ist im wesentlichen eine Teilchentheorie. Die Welleneigenschaften der Lichtquanten ... vertreten die Beziehungen für Energie und Impuls. Aber es gibt keinen Grund für den Gedanken, daß z.B. „der Ort eines Lichtquants" (oder „die Wahrscheinlichkeit für den Ort") eine einfache physikalische Bedeutung haben könnte.

W.Heitler, *The Quantum Theory of Radiation*,
Clarendon Press, Oxford 1957, S.60

Newton dachte, daß das Licht aus Teilchen bestehe, aber dann wurde entdeckt, wie wir hier gesehen haben, daß es sich wie eine Welle verhält. Später jedoch (zu Beginn des 20.Jahrhunderts) fand man, daß sich das Licht tatsächlich manchmal wie ein Teilchen verhält. Ursprünglich glaubte man, daß das Elektron, z.B. sich wie ein Teilchen verhält, dann aber fand man, daß es sich in vieler Hinsicht wie eine Welle verhält. In Wirklichkeit verhält es sich also weder wie das eine noch wie das andere. Jetzt haben wir also aufgegeben. Wir sagen: „Es ist wie keins von beiden."

R.P.Feynman, R.B.Leighton, M.Sands, *Vorlesung über Physik*, Band I, Teil 2, R.Oldenbourg, München und Addison-Wesley, Reading, Mass. 1973, S.37-2

Wir haben jedoch Glück, denn die Elektronen verhalten sich genau so wie das Licht. Das Quantenverhalten von atomaren Objekten (Elektronen, Protonen, Neutronen, Photonen usw.) ist für alle das gleiche, sie sind „Teilchenwellen" oder wie immer man sie auch nennen möchte. Also ist das, was wir über die Eigenschaften des Elektrons (welches wir für unsere Beispiele heranziehen werden) kennenlernen, auch anwendbar auf alle „Teilchen" , einschließlich für die Photonen des Lichtes.

R.P.Feynman, R.B.Leighton, M.Sands, *Vorlesung über Physik*, Band III, *Quantenmechanik*, R.Oldenbourg, München und Addison-Wesley, Reading, Mass. 1971, S.1-1

Der Gedanke an das Photon hat die Einbildungskraft der Physiker seit 1905 gereizt, als A.Einstein als erster vorgeschlagen hat, den Photoeffekt mit Hilfe der Lichtquanten zu erklären. Dieser Begriff wird formalisiert in der Quantentheorie der Strahlung, die einen beträchtlichen Erfolg bei der Erklärung der Wechselwirkung der elektromagnetischen Strahlung mit der Materie verbucht hat. Anscheinend wird er nur durch die Möglichkeit der Physiker begrenzt, die geforderten Berechnungen durchzuführen. Dennoch hat sie ihre begriffliche Schwierigkeiten – verschiedene Unendlichkeiten und häufige falsche Interpretationen. Darum fragt sich eine größere Anzahl der Forscher: „Inwieweit ist das quantisierte Feld notwendig und nützlich?" [2]

M.O.Scully, M.Sargent III, *The concept of the photon*, Phys.Today **25** (1972) 389 (3)

Photonen sind Quanten einer einzigen (monochromatischen) Eigenschwingung und sind nicht bei einem gegebenen Ort oder zu einer gegebenen Zeit im Hohlraum lokalisiert als Bälle, sondern dehnen sich über den ganzen Hohlraum aus. In der Tat wurde eine befriedigende Quantentheorie der Photonen als Teilchen bisher noch nicht entwickelt. Andererseits aber scheint es, daß die Quantentheorie der Strahlung eine breite Klasse von Vorgängen überaus zufriedenstellend beschreibt und daß es überhaupt keinen triftigen Grund gibt, die Teilchentheorie der Photonen einzuführen.

E.Sargent III, M.O.Scully, W.E.Lamb,Jr., *Laser Physics*, Addison-Wesley, Reading Mass. 1974, S.228

[2] F.E.Schroek,Jr., H.C.Ohanian, F.Strome, M.O.Scully, M.Sargent III, *More on the „fuzzy-ball" photon*, Phys.Today **25** (1972) 9 (8).

Die überraschende Eigenschaft der Lichttheorie ist die gute Übereinstimmung der Voraussagen der klassischen Theorie mit denjenigen der Quantentheorie trotz grundlegender Unterschiede beider Wege. Dazu kommt es im gewissen Grade deswegen, weil sogar das klassische Licht einige scheinbar quantenhafte Eigenschaften bekommt, wenn vermittels einer Meßvorrichtung beobachtet wird, für die die Gesetze der Quantenmechanik gelten. Eine lebhafte Diskussion dauert an über die Grenze, bis zu der man eine Quantentheorie für das Licht selbst benutzen muß, unabhängig von der Quantisierung der Atome, mit denen es wechselwirkt. Das hat sorgfältige Experimente angeregt, mit denen man Voraussagen verschiedener Theorien zu unterscheiden versuchte.

R.Loudon, *Non-classical effects in the statistical properties of light*, Rep.Prog.Phys. **43** (1980) 913

Die Vorstellung des Lichtes als Photonen hat in der Quantentheorie bis zu der Entdeckung des Lasers überwogen. Heute scheint es, daß Physiker in der Tat lange zu sehr den Begriff des einzelnen Photons ... betont haben. Insbesondere taten sie nichts, um den Standpunkt der Photonen mit den Bildern der Wellenoptik und Kohärenz in Einklang zu bringen.

H.Haken, *Light*, Vol.1, *Waves, Photons, Atoms*, North-Holland, Amsterdam 1981, S.17

Schließlich nehmen wir nicht an, daß wir die Quantisierung des Feldes vermeiden konnten, auch bei niedrigen Energien nicht. Aber das bedeutet gewiß nicht, daß halbklassische Gedankengänge nicht interessant sind. In der Mehrzahl der Fälle führen sie auf einfache Weise zu den richtigen Antworten. Versuche, wie man ohne Photonen auskommt, sollte man als Anregungen zu neuen Ideen, neuen physikalischen Erkenntnissen und neuen Experimenten auffassen.

C.Cohen-Tannoudji, *Are photons essential?* Phys.Blätt. **39** (1983) 1983

4.5 Kohärente Zustände

Kohärente Zustände sind die beste Näherung von klassischen Wellen des elektromagnetischen Feldes.

Im vorangegangenen Abschnitt haben wir Zustände mit einer scharf bestimmten Photonenzahl behandelt und gefunden, daß es für solche Zustände nicht möglich ist, einen Zusammenhang mit Wellen der klassischen Elektrodynamik herzustellen. Um die Korrespondenz zu den klassischen Wellen zu errreichen, muß man Zustände mit einer unscharf bestimmten Photonenzahl heranziehen. Erst dadurch wird die Beziehung dieser Zustände zu den klassischen Wellen sichtbar. Eigentlich haben wir diese Beziehung schon beim harmonischen Oszillator aufgedeckt, als wir uns mit den kohärenten Zuständen befaßten. Beim harmonischen Oszillator sind diese Zustände von grundsätzlicher Bedeutung, weil sie eine konstante Orts- und Impulsunschärfe aufweisen und daher den Übergang von der Quantenmechanik zur klassischen Mechanik ermöglichen. In der Quantentheorie des elektromagnetischen Feldes haben kohärente Zustände darüber hinaus, besonders in der Laserphysik, eine ganz praktische Bedeutung. Wir können die Form der kohärenten Zustände vom harmonischen Oszillator direkt in die Quantentheorie des elektromagnetischen Feldes übernehmen. Ein kohärenter Zustand ist gemäß (**2**.6.1) und (**2**.7.7) durch

$$|\alpha_r\rangle = \sum_{n_r} c_{n_r} |n_r\rangle \tag{1}$$

gegeben. Obwohl wir anfangs die kohärenten Zustände im Schrödinger-Bild eingeführt haben, ist es jetzt nicht mehr nötig sich auf dieses Bild zu berufen. Im Heisenberg-Bild gelangen wir mit der Dirac-Schreibweise viel schneller zu den Ergebnissen, wie wir bereits gezeigt haben. In der Quantenoptik wird der Parameter α_r meist als komplex angenommen, so daß das Betragsquadrat des Parameters mit

$$c^*_{n_r} c_{n_r} = (\alpha^*_r \alpha_r)^n \frac{\exp(-\alpha^*_r \alpha_r)}{n!}$$

angegeben wird. Die Poisson-Verteilung haben wir bereits näher beschrieben.

In einem Schritt kann man die Erwartungswerte des Operators der elektrischen Feldstärke bei laufenden Wellen

$$\hat{E}_r = i\sqrt{\frac{\hbar\omega_r}{2\varepsilon_0 V}}[\exp if_r\ \hat{a}_r - \exp(-if_r)\ \hat{a}^\dagger_r]$$

gewinnen. Wir haben $f_r = k_r x - \omega_r t$ eingeführt und erleichtern uns die Aufgabe, indem wir einen reellen Wert von α_r annehmen

$$\langle\alpha_r|\hat{E}_r|\alpha_r\rangle = i\sqrt{\frac{\hbar\omega_r}{2\varepsilon_0 V}}[\alpha_r \exp if_r - \alpha_r \exp(-if_r)] = -\sqrt{\frac{2\hbar\omega_r}{\varepsilon_0 V}}\alpha_r \sin f_r$$

oder

$$\langle\alpha_r|\hat{E}_r|\alpha_r\rangle = -E_{r0} \sin(k_r x - \omega_r t)$$

mit der Amplitude:

$$E_{r0} = \alpha_r\sqrt{\frac{2\hbar\omega_r}{\varepsilon_0 V}}\ .$$

Dabei berücksichtigten wir die Beziehungen:

$$\langle\alpha_r|\hat{a}_r|\alpha\rangle = \alpha_r \qquad \text{und} \qquad \langle\alpha_r|\hat{a}_r^\dagger|\alpha_r\rangle = \alpha_r^* \,.$$

Auf ähnliche Weise berechnen wir den Erwartungswert des Quadrats der elektrischen Feldstärke:

$$\langle\alpha_r|\hat{E}_r^2|\alpha_r\rangle = -\frac{\hbar\omega_r}{2\varepsilon_0 V}\{\alpha_r^2[\exp 2if_r + \exp(-2if_r) - 2] - 1\}$$

$$= \frac{\hbar\omega_r}{2\varepsilon_0 V}[1 + 4\alpha_r^2 \sin^2(k_r x - \omega_r t)] \,.$$

Dabei wurden noch die Beziehungen $\hat{a}_r\hat{a}_r^\dagger = \hat{a}_r^\dagger\hat{a}_r + 1$ und:

$$\langle\alpha_r|\hat{a}_r^2|\alpha_r\rangle = \alpha_r^2, \qquad \langle\alpha_r|\hat{a}_r^\dagger\hat{a}_r|\alpha_r\rangle = \alpha_r^*\alpha_r \qquad \text{und} \qquad \langle\alpha_r|\hat{a}_r^{\dagger 2}|\alpha_r\rangle = \alpha_r^{*2}$$

benutzt. Die relative Unschärfe der elektrischen Feldstärke ist somit:

$$\frac{\delta E_r}{E_{r0}} = \frac{1}{2\alpha_r} = \frac{1}{2\sqrt{\overline{n}_r}} \,.$$

Dabei ist $\overline{n}_r$ die mittlere Anzahl der Quanten. Die entsprechenden Erwartungswerte für die magnetische Feldstärke folgen aus der Operatorengleichung $\hat{B}_r = \hat{E}_r/c$.

Mit diesen Ergebnissen kann man sich den kohärenten Zustand anschaulich vorstellen. Im Raum der Feldveränderlichen q_r schwingt das Wellenpaket mit der Kreisfrequenz ω_r. Im gegebenen Raumpunkt schwingt mit dieser Kreisfrequenz die elektrische Feldstärke. Ihre relative Unschärfe $\delta E_r/E_{r0}$ ist desto kleiner, je größer die mittlere Zahl der Quanten ist (Bild 4.2). Bei einer genügend großen Zahl kann man annehmen, daß es sich näherungsweise um monochromatische ebene Wellen der klassischen Elektrodynamik handelt.

Der kohärente Zustand in der Quantenelektrodynamik wurde von R.Glauber[1] studiert. Er gab ihm den Namen und untersuchte auch die Kohärenz im Photonen-Bild und Photonenkorrelationen, die wir später behandeln werden.

[1] R.J.Glauber, *Photon correlations*, Phys.Rev.Lett. **10** (1963) 84; *The quantum theory of optical coherence*, Phys. Rev. **130** (1963) 2529; *Coherent and incoherent states of the radiation field*, Phys.Rev. **131** (1963) 2766.

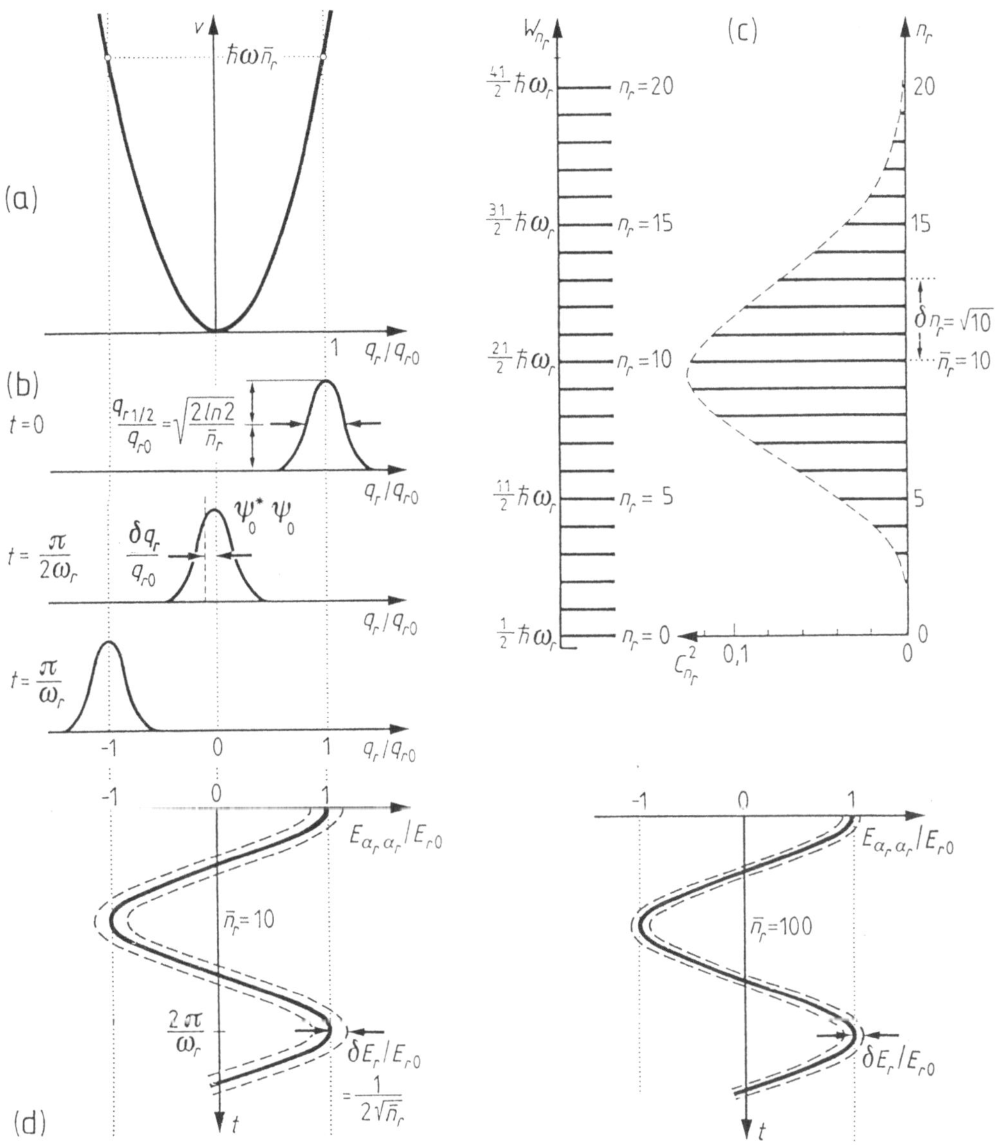

Bild 4.2 Der kohärente Zustand in der Quantentheorie des elektromagnetischen Feldes wird im „harmonischen Potential" (a) mit einem Wellenpaket des harmonischen Oszillators im Grundzustand (b) veranschaulicht. Im kohärenten Zustand sind Zustände mit verschiedener Zahl von Quanten vertreten, wie es die Poisson-Verteilung bestimmt (c, $\bar{n}=10$). Die Bewegung des Wellenpakets kann mit der Zeitabhängigkeit des Erwartungswertes der Feldveränderlichen q_r samt ihrer Unschärfe beschrieben werden (d). Vergleiche mit Bild 2.4.

4.6 Quantentheorie und klassische Elektrodynamik

Das Verhältnis der Quantentheorie des elektromagnetischen Feldes zur Maxwell-Elektrodynamik wird in Analogie zu dem der Quantenmechanik zur klassischen Mechanik betrachtet.

Wir sind nun in der Lage, einen Zusammenhang zwischen der Quantentheorie des elektromagnetischen Feldes und der klassischen Elektrodynamik herzustellen. Die entscheidende methodische Brücke sind die kohärenten Zustände. Erinnern wir uns an die Ehrenfest-Gleichungen, die uns den Zusammenhang zwischen Quantenmechanik und klassischer Mechanik aufdeckten. Jetzt betrachten wir die Maxwell-Gleichungen (**3**.1.2) in Form von Operatoren gleichungen:

$$\frac{\partial \hat{E}_r}{\partial x} = -\frac{\partial \hat{B}_r}{\partial t} \qquad \text{und} \qquad \frac{\partial \hat{B}_r}{\partial x} = -\frac{1}{c^2}\frac{\partial \hat{E}_r}{\partial t}\,.$$

Entsprechend gilt die Wellengleichung (**3**.1.3):

$$\frac{\partial^2 \hat{E}_r}{\partial x^2} = \frac{1}{c^2}\frac{\partial^2 \hat{E}_r}{\partial t^2} \qquad \text{oder} \qquad \frac{\partial^2 \hat{B}_r}{\partial x^2} = \frac{1}{c^2}\frac{\partial^2 \hat{B}_r}{\partial t^2}\,.$$

Nun behandeln wir den kohärenten Zustand und setzen anstelle der Operatoren die Erwartungswerte für diesen Zustand ein. Vertauschung der Reihenfolge bei der Ableitung nach der Zeit t bzw. nach der Koordinate x und der Bildung des Erwartungswertes führt zu

$$\frac{\partial (E_r)_{\alpha_r\alpha_r}}{\partial x} = -\frac{\partial (B_r)_{\alpha_r\alpha_r}}{\partial t}\,, \qquad \frac{\partial (B_r)_{\alpha_r\alpha_r}}{\partial x} = -\frac{1}{c^2}\frac{\partial (E_r)_{\alpha_r\alpha_r}}{\partial t}$$

und:

$$\frac{\partial^2 (E_r)_{\alpha_r\alpha_r}}{\partial x^2} = \frac{1}{c^2}\frac{\partial^2 (E_r)_{\alpha_r\alpha_r}}{\partial t^2}\,, \qquad \frac{\partial^2 (B_r)_{\alpha_r\alpha_r}}{\partial x^2} = \frac{1}{c^2}\frac{\partial^2 (B_r)_{\alpha_r\alpha_r}}{\partial t^2}.$$

Dabei bezeichnen wir den Erwartungswert $\langle \alpha_r|\hat{E}_r|\alpha_r\rangle$ mit $(E_r)_{\alpha_r\alpha_r}$. Bei einem Zustand mit scharf bestimmter Photonenzahl würde dieser Weg zu keinem brauchbaren Ergebnis führen, da die Erwartungswerte $\langle n_r|\hat{E}_r|n_r\rangle$ und $\langle n_r|\hat{B}_r|n_r\rangle$ gleich Null sind. Daß die Maxwell-Gleichungen und die Wellengleichung für die Erwartungswerte beim kohärenten Zustand in der Tat gelten, braucht man nicht nachzurechnen. Wir wissen nämlich, daß ebene Wellen der Form

$$E = -E_{0r}\sin(k_r x - \omega_r t)$$

den Maxwell-Gleichungen genügen und Lösungen der Wellengleichung sind.

4.7 Vielmodenzustände

Vielmodenzustände entsprechen den zusammengesetzten Zuständen der Quantenmechanik.

Bisher haben wir nur Zustände mit einer gegebenen Zahl von Quanten $|n_r\rangle$ oder kohärente Zustände $|\alpha_r\rangle = \sum c_{n_r}|n_r\rangle$ als lineare Kombination dieser berücksichtigt. Wir beschränkten uns streng auf eine einzige Frequenz, also auf monochromatische Wellen, und auf eine vorgegebene lineare Polarisation. Wir betrachteten nur *Einmodenzustände*. Das taten wir der Einfachheit halber; denn nur wenn man sich auf eine Eigenschwingung begrenzt, kann man die Analogie zum harmonischen Oszillator voll ausnutzen.

Im allgemeinen sind aber im Strahlungsfeld mehrere Eigenschwingungen angeregt und es kommen auch beide Polarisationrichtungen zur Geltung. Die Einbeziehung mehrerer Eigenschwingungen erfordert eine Behandlung, auf die wir beim harmonischen Oszillator in der Quantenmechanik nicht gestoßen sind. Jedoch ist die damit verbundene Komplikation leicht zu bewältigen. Verschiedene Eigenschwingungen sind zueinander orthogonal und lassen sich demnach unabhängig voneinander behandeln. Zur Illustration des Gesagten erörtern wir kurz einen Anzahlzustand mit zwei Eigenschwingungen. Die Ergebnisse lassen sich leicht auf eine beliebige Anzahl von Eigenschwingungen verallgemeinern. Im Anschluß daran behandeln wir einen kohärenten Zustand mit mehreren Eigenschwingungen, der uns auf eine wichtige Frage die Antwort gibt.

Beim Anzahlzustand mit zwei Eigenschwingungen, die zu den Kreisfrequenzen ω_{r1} und ω_{r2} gehören, setzen wir zuerst den Teilchenzahloperator aus den bekannten Teilchenzahloperatoren zusammen:

$$\hat{n} = \hat{n}_{r1} + \hat{n}_{r2} = \hat{a}_{r1}^{\dagger}\hat{a}_{r1} + \hat{a}_{r2}^{\dagger}\hat{a}_{r2} \; . \tag{1}$$

Die Eigenzustände dieses Operators geben wir als

$$|n_{r1}\; n_{r2}\rangle = |n_{r1}\rangle|n_{r2}\rangle$$

an. Es ist leicht einzusehen, daß es sich dabei wirklich um Eigenzustände des eingeführten Operators handelt:

$$\begin{aligned} \hat{n}|n_{r1}\; n_{r2}\rangle &= (\hat{n}_{r1}|n_{r1}\rangle)|n_{r2}\rangle + |n_{r1}\rangle\hat{n}_{r2}|n_{r2}\rangle \\ &= n_{r1}|n_{r1}\rangle|n_{r2}\rangle + n_{r2}|n_{r1}\rangle|n_{r2}\rangle = (n_{r1} + n_{r2})|n_{r1}\; n_{r2}\rangle \; . \end{aligned}$$

Der entsprechende Eigenwert ist $n = n_{r1} + n_{r2}$.

Auf ähnliche Weise wie den Anzahloperator setzt man auch den Operator der Feldstärke zusammen:

$$\begin{aligned}\hat{E} &= \hat{E}_{r1} + \hat{E}_{r2} \\ &= i\sqrt{\frac{\hbar\omega_{r1}}{2\varepsilon_0 V}}\{\hat{a}_{r1}\exp i(k_{r1}x - \omega_{r1}t) - \hat{a}^{\dagger}_{r1}exp[-(ik_{r1}x - \omega_{r1}t)]\} \\ &+ i\sqrt{\frac{\hbar\omega_{r2}}{2\varepsilon_0 V}}\{\hat{a}_{r2}\exp i(k_{r2}x - \omega_{r2}t) - \hat{a}^{\dagger}_{r1}exp[-(ik_{r2}x - \omega_{r2}t)]\}\ . \quad (2)\end{aligned}$$

Sein Erwartungswert im Zustand $|n_{r1}\ n_{r2}\rangle$ setzt sich zusammen aus den Erwartungswerten von $\hat{E}_{r1}$ im Zustand $|n_{r1}\rangle$ und $\hat{E}_{r2}$ im Zustand $|n_{r2}\rangle$.
Aus $\langle n_{r1}|\hat{E}_{r1}|n_{r1}\rangle = 0$ und $\langle n_{r2}|\hat{E}_{r2}|n_{r2}\rangle = 0$ folgt auch:

$$\langle n_{r1}\ n_{r2}|\hat{E}|n_{r1}\ n_{r2}\rangle = 0\ .$$

Wir berechnen noch den Erwartungswert von $\hat{E}^2$. Dabei treten auch Erwartungswerte von Operatoren der Art $\hat{E}_{r1}\hat{E}_{r2}$ auf. Da jeder Operator, der zur Eigenschwingung r_1 gehört, z.B. $\hat{a}_{r1}$ oder $\hat{a}^{\dagger}_{r1}$, mit jedem Operator, der zur Eigenschwingung r_2 gehört, z.B. $\hat{a}_{r2}$ oder $\hat{a}^{\dagger}_{r2}$, vertauschbar ist, ist auch:

$$\langle n_{r1}\ n_{r2}|\hat{E}_{r1}\ \hat{E}_{r2}|n_{r1}\ n_{r2}\rangle = \langle n_{r1}|\hat{E}_{r1}|n_{r1}\rangle\langle n_{r2}|\hat{E}_{r2}|n_{r2}\rangle = 0\ .$$

Somit bleibt bei der Berechnung des Erwartungswertes nur die einfache Summe

$$\langle n_{r2}\ n_{r2}|\hat{E}^2|n_{r1}\ n_{r2}\rangle = \langle n_{r1}|\hat{E}^2_{r1}|n_{r1}\rangle + \langle n_{r2}|\hat{E}^2_{r2}|n_{r2}\rangle$$

zu berücksichtigen. Daraus sieht man, daß man Ergebnisse für eine Eigenschwingung leicht auf mehrere Eigenschwingungen verallgemeinern kann. Symbolisch gibt man den Vielmoden-Anzahlzustand als

$$|n_{r1}\ n_{r2}\ n_{r3}\ldots\rangle = |\{n_r\}\rangle$$

und den Erwartungswert des Operators $\hat{A}$ in diesem Zustand als

$$\langle\{n_r\}|\hat{A}|\{n_r\}\rangle = \sum_r \langle\{n_r\}|\hat{A}_r|\{n_r\}\rangle \quad (3)$$

an.

An dieser Stelle diskutieren wir einen Spezialfall. Wir betrachten statt des würfelförmigen Hohlraums einen Wellenleiter in Form eines quadratischen Prismas, dessen Kanten $L_y = L_z = L$ endlich bleiben, die Kante L_x in der Richtung der x-Achse aber über alle Grenzen anwächst. Den Eigenschwingungen entspricht in diesem Falle kein diskretes Spektrum $k_r = r\pi/L_x$ mit $r = r_1,\ r_2$, sondern ein kontinuierliches Spektrum, in dem alle Schwingungen auf dem Intervall $0 < k < \infty$ vertreten sein können. Die Summe zweier Glieder, die den Eigenschwingungen r_1 und r_2 entsprechen, muß demzufolge durch eine Integration über k ersetzt werden. Der Tabelle 4 entnehmen wir:

$$\sum_r \to \frac{L_x}{\pi} \int_0^\infty \ldots dk \qquad \text{bei} \quad L_x \to \infty \,.$$

Damit geht der Ausdruck für den Erwartungswert des Operators $\hat{A}$ (3) in

$$\langle \{k\} | \hat{A} | \{k\} \rangle = \frac{L_x}{\pi} \int_0^\infty \langle k | \hat{A}_k | k \rangle dk \tag{4}$$

über. Der Operator $\hat{A}_k$ bezieht sich auf den Betrag k des Wellenvektors.

Als Beispiel nehmen wir den Operator $\hat{E}^2$. In

$$\langle \{k\} | \hat{E}^2 | \{k\} \rangle = \frac{L_x}{\pi} \int_0^\infty \langle k | \hat{E}^2 | k \rangle dk$$

bedeutet

$$\langle k | \hat{E}^2 | k \rangle = \frac{c\hbar}{\varepsilon_0 V} k[n(k) + \tfrac{1}{2}] \,,$$

was aus $\langle n_r | \hat{E}_r^2 | n_r \rangle = (\hbar\omega_r / \varepsilon_0 V)(n_r + \frac{1}{2})$ unter Berücksichtigung von $\omega_r = ck_r$ entstanden ist. $n(k)$ ist die zum Betrag des Wellenvektors k gehörende Anzahl der Quanten.

Die bisherige Herleitung zeigte nur die allgemeine Form von Ausdrücken für Erwartungswerte in Zuständen, in denen mehrere Eigenschwingungen vertreten sind. Später werden wir diese Ausdrücke weiterentwickeln. Die folgende Berechnung ist aber auch vom praktischen Standpunkt interessant. Statt Anzahlzustände zu betrachten, nehmen wir kohärente Zustände und ermitteln zuerst den Erwartungswert der elektrischen Feldstärke. Wie früher machen wir am Anfang die Berechnung mit zwei Eigenschwingungen. In diesem Falle haben wir es mit dem kohärenten Zustand

$$|\alpha_{r1}\, \alpha_{r2}\rangle = |\alpha_{r1}\rangle |\alpha_{r2}\rangle \tag{5}$$

zu tun. Mit dem Operator der elektrischen Feldstärke (2) erhalten wir nach dem Vorbild (3):

$$\begin{aligned}
&\langle \alpha_{,1}\, \alpha_{,2} | \hat{E} | \alpha_{,1}\, \alpha_{,2} \rangle \\
&= i\sqrt{\frac{\hbar\omega_{r1}}{2\varepsilon_0 V}} \{\alpha_{r1} \exp i(k_r x - \omega_r t) - \alpha_{r1}^* exp[-(ik_{r1}x - \omega_{r1}t)]\} \\
&+ i\sqrt{\frac{\hbar\omega_{r2}}{2\varepsilon_0 V}} \{\alpha_{r2} \exp i(k_{r2} x - \omega_{r2} t) - \alpha_{r1}^* exp[-(ik_{r2}x - \omega_{r2}t)]\} \\
&= E_{0r1} \sin(k_{r1}x - \omega_{r1}t) + E_{0r2} \sin(k_{r2}x - \omega_{r2}t) \,.
\end{aligned}$$

Dabei haben wir α_{r1} und α_{r2} als reell angenommen und $E_{r0} = \sqrt{2\hbar\omega_r/\varepsilon_0 V}\alpha_r$ für $r = r_1, r_2$ eingeführt. Der Erwartungswert im kohärenten Zustand mit zwei Eigenschwingungen setzt sich wieder aus einer Summe von bekannten Erwartungswerten zusammen.

Im allgemeinen, wenn viele Eigenschwingungen vertreten sind, hat der Erwartungswert die Form:

$$\langle\{\alpha\}|\hat{E}|\{\alpha\}\rangle = \sum_r E_{r0} \sin(k_r x - \omega_r t) .$$

Beim Übergang zum Hohlraum in Form eines unendlichen quadratischen Prismas und somit vom diskreten Spektrum zum kontinuierlichen ergibt sich mit $L_x \to \infty$

$$\langle\{\alpha\}|\hat{E}|\{\alpha\}\rangle = \frac{L_x}{\pi} \int_{-\infty}^{\infty} E(k) \sin(kx - \omega t) dx \quad \text{mit}$$

$$E(k) = E_0 \alpha(k) \sqrt{\frac{2\hbar ck}{\varepsilon_0 V}} .$$

Dabei haben wir im Integral die untere Schranke 0 durch $-\infty$ ersetzt. Das beinflußt seinen Wert nur unbedeutend, läßt ihn aber leichter handhaben. Der Parameter des kohärenten Zustandes α_r geht dabei in eine stetige Funktion von k über: $\alpha = \alpha(k)$. Der Gleichung

$$\frac{1}{\sqrt{2\pi}} \int_{-\infty}^{\infty} \frac{1}{\sqrt{\kappa\sqrt{\pi}}} \exp\left[-\frac{(k-k_0)^2}{2\kappa^2}\right] \sin k(x - ct) dk$$

$$= \sqrt{\frac{\kappa}{\sqrt{\pi}}} \exp\left[-\tfrac{1}{2}\kappa^2(x-ct)^2\right] \sin k_0(x - ct)$$

entnehmen wir den Erwartungswert für ein Gauß-Wellenpaket

$$\langle\{\alpha\}|\hat{E}|\{\alpha\}\rangle = E_0 \exp\left[-\tfrac{1}{2}\kappa^2(x-ct)^2\right] \sin k_0(x - ct),$$

wenn

$$E(k) = \frac{\sqrt{\frac{1}{2}\pi} E_0}{\kappa L_x} \exp\left[-\frac{(k-k_0)^2}{2\kappa^2}\right]$$

gilt. Aus dieser Gleichung ermittelt man die mittlere Zahl der Quanten in Abhängigkeit von k:

$$\overline{n}(k) = \alpha^2(k) = \frac{\varepsilon_0 V}{2\hbar ck} E^2(k) = \frac{\pi\varepsilon_0 V}{4\hbar c L_x^2 \kappa^2} \frac{E_0^2}{k} \exp\left[-\frac{(k-k_0)^2}{\kappa^2}\right] .$$

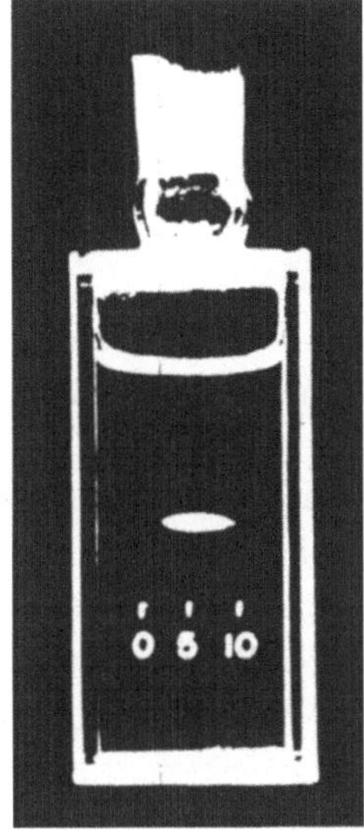

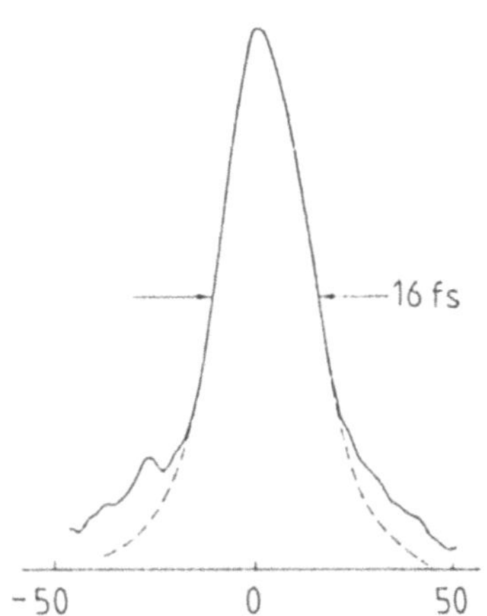

Bild 4.3 Ein kurzer Puls grünen Lichtes. Den Puls bekam man durch Frequenzverdopplung eines infraroten Pulses mit der Wellenlänge 1,06 μm aus einem Neodymglaslaser. Eine Kerr-Zelle diente als Verschluß, der durch den infraroten Puls aktiviert wurde. Der Puls dauerte ungefähr 10 ps. In dieser Zeit lief der Puls im Wasser mit der Lichtgeschwindigkeit $2,3 \cdot 10^8$ m/s eine Entfernung von 2,2 mm von rechts nach links. Die Photographie wurde von M.Duguay in den Bell-Laboratorien hergestellt und ist dem Artikel von M.O.Scully und M.Sargent III, *The concept of the photon*, Phys.Today **25** (1972) 38 (3) entnommen (links). Ein 12 fs dauernder Puls. Die gemessene autokorrelierte Intensität ist in der Abhängigkeit von der Verzögerung aufgetragen, J.G.Fujimoto,A.M.Weiner, E.P.Ippen, *Generation and measurement of optical pulses as short as 16 fs*, Appl.Phys.Lett. **44** (1984) 832. Der Puls wird mit der Funktion $\cosh^{-2}(t/\tau) = 4/[\exp(t/\tau) + \exp(-t/\tau)]^2$ (gestrichelt) mit $\tau = 4,5$ fs beschrieben. Die Vorrichtungen, mit denen man solche Pulse herstellt, wurden in der Arbeit C.V.Shank, *Measurement of ultrafast phenomena in the femtosecond time domain*, Science **219** (1983) 1027 behandelt (rechts).

Im zugehörigen Spektrum gibt es eine SpektRallinie bei k_0 mit der Halbwertsbreite $\delta k = 1/\sqrt{2}\kappa$. Der Schwerpunkt des Wellenpaketes bewegt sich mit der Geschwindigkeit c und das Paket hat die Halbwertsbreite $\delta x = \kappa/\sqrt{2}$. Das Produkt beider Unschärfen ist minimal: $\delta x \delta k = \frac{1}{2}$. Wie wir wissen, weisen elektromagnetische Wellen im Vakuum keine Dispersion auf.

Die lange Rechnung haben wir angestellt, um zu zeigen, wie man ein *elektromagnetisches Wellenpaket* aus kohärenten Zuständen zusammensetzt. Ein solches Wellenpaket beschreibt einen *Puls*, wie man ihn mit Kunstgriffen mit einem Laser erzeugen kann. Keinesfalls darf man sich einen solchen Puls als ein Photon vorstellen. Er ist vielmehr aus kohärenten Zuständen verschiedener Kreisfrequenzen, d.h. Wellenlängen, zusammengesetzt, wobei jeder kohärente Zustand selbst eine

Kombination von Zuständen mit scharf bestimmter Zahl der Quanten darstellt.

Das Streulicht von Pikosekunden-Pulsen im durchsichtigen Medium kann photographiert werden (1 ps = 10^{-12} s) (Bild 4.3). Ein 10 ps-Puls hat die Halbwertsbreite $c\delta t$ einige Millimeter, also eine Unschärfe δk von einigen 100 m^{-1}. Dem entspricht eine Wellenlängenunschärfe

$$\delta\lambda = 2\pi\delta\frac{1}{k} = \frac{\lambda^2\delta k}{2\pi}$$

von etwa einem Hundertstel Millimeter beim grünen Licht mit der Wellenlänge von 0.0005 mm.

In extremen Fällen kann man ultrakurze Pulse von der Dauer von nur 16 Femtosekunden (1 fs = 10^{-15} s) erzeugen, also von nur acht Perioden. Diese haben näherungsweise eine tausendmal kleinere Halbwertsbreite, aber eine tausendmal größere Wellenlängenunschärfe. Es ist leicht einzusehen, daß man dabei besondere Kunstgriffe verwenden muß, um eine genügend große Wellenlängenunschärfe zu erlangen.

4.8 Statistische Gemische

Statistische Gemische unterscheiden sich von Eigenzuständen und zusammengesetzten Zuständen. Sie sind unentbehrlich bei der Behandlung des thermischen Lichtes. Zu diesem Zweck wird der statistische Operator eingeführt.

Im vorangegangenen Abschnitt überzeugten wir uns, daß die Behandlung von Vielmodenzuständen auf Einmodenzustände zurückgeführt werden kann. Es wird, etwas überspitzt gesagt, nur der Schreibaufwand größer, wenn man von einer Eigenschwingung auf mehrere Eigenschwingungen übergeht. Ob es sich um eine Eigenschwingung, z.B. im Zustand $|n_r\rangle$ oder $|\alpha_r\rangle$, oder um mehrere Eigenschwingungen, z.B. im Zustand $|\{n_r\}\rangle$ oder $|\{\alpha_r\}\rangle$, handelt, alle bisher behandelten Zustände gelten als *reine Zustände*. Es gibt aber qualitativ andere Zustände, die man auf eine ganz andere Weise behandeln muß. Wir wollen uns nun diesen *statistischen Gemischen* zuwenden. Bei ihnen kann man nicht die Wellenfunktion angeben, die den Zustand beschreiben würde, sondern nur die Wahrscheinlichkeit, mit der man einen reinen Zustand, also einen Zustand mit bekannter Wellenfunktion, antrifft. Es ist angebracht mit statistischen Gemischen, die zu einer Eigenschwingung gehören, zu beginnen. In diesem Falle ist die Wahrscheinlichkeit P_n gegeben, mit der man den Anzahlzustand $|n\rangle$ in dem Gemisch antrifft. Wir setzen voraus, daß diese Wahrscheinlichkeit zu Eins normiert ist:

$$\sum_n P_n = 1 \,. \qquad (1)$$

Dann kann man den Erwartungswert des Operators $\hat{A}$ der dynamischen Veränderlichen A berechnen

$$\langle A \rangle = \sum_n P_n A_{nn} = \sum_n P_n \langle n|\hat{A}|n\rangle \ , \tag{2}$$

wobei $A_{nn} = \langle n|\hat{A}|n\rangle$ der Erwartungswert des entsprechenden Operators $\hat{A}$ im bekannten Anzahlzustand $|n\rangle$ ist. Die Gleichung (2) ist gewissermaßen eine Verallgemeinerung der bekannten Gleichung $A_{bb} = \sum_n c_n^2 A_{nn}$ für den Fall, in dem man nicht imstande ist, eine $|b\rangle = \sum_n c_n|n\rangle$ entsprechende Entwicklung anzugeben. Die Normierung (1) entspricht der Forderung $\sum_n c_n^2 = 1$.

In der Gleichung (2) ist mit $|n\rangle$ ein vollständiger Satz orthonormierter Zustände gemeint. Wir nehmen an, daß er sich auf eine sehr große Zahl von Systemen bezieht, die sich bezüglich ihres Aufbaus nicht unterscheiden und sich unter gleichen äußeren Bedingungen befinden. Wir sprechen von einer *Gesamtheit*. Beim Messen der dynamischen Veränderlichen A an Systemen dieser Gesamtheit wird der Wert A_n mit der relativen Häufigkeit P_n angetroffen. In diesem Falle kann der Erwartungswert von A mit der Gleichung (2) angegeben werden. Mit der zusätzlichen eckigen Klammer auf der linken Seite bezeichnen wir den *Erwartungswert über die Gesamtheit*. Die gesamte Information über die Gesamtheit ist in der Wahrscheinlichkeitsverteilung P_n enthalten.

Dabei haben wir gewissermaßen mit einer Statistik in zwei Stockwerken zu tun. Im untersten Stockwerk ist die Statistik der Quantenmechanik, in der man für Einzelereignisse keinen bestimmten Ausgang angeben kann und man mit Erwartungswerten der Art A_{nn} auskommt. Im oberen Stockwerk waltet die Statistik, die charakteristisch für Zustände ist, die man nicht als rein beschreiben kann, und die auch in der klassischen statistischen Mechanik zuhause ist.

Es ist angebracht, eine andere Ausdrucksweise zu benutzen. An irgendeiner Stelle der rechten Seite der Gleichung (2) kann man einen vollständigen Satz von Zuständen

$$\sum_{n'} |n'\rangle\langle n'| = 1$$

einbauen. Damit führt man die Gleichung in

$$\langle A \rangle = \sum_{n'}\sum_n P_n \ \langle n|A|n'\rangle\langle n'|n\rangle = \sum_{n'}\sum_n \langle n'|n\rangle P_n \ \langle n|A|n'\rangle \tag{3}$$

über. Wenn wir in der neuen Gleichung die Orthonormierung $\langle n'|n\rangle = \delta_{n'\,n}$ beachten, würden wir sofort die ursprüngliche Gleichung zurückgewinnen. Andererseits kann aber der Ausdruck (3) als Produkt zweier Matrizen aufgefaßt werden. Die eine

$$\hat{\rho} = \sum_n |n\rangle P_n \langle n| \tag{4}$$

wird *statistischer Operator* oder auch *Dichtematrix* genannt. Mit ihr kann man die Gleichung (3) in der Form

$$\langle A \rangle = \sum_n \langle n|\hat{\rho}\hat{A}|n\rangle$$

wiedergeben. $\hat{\rho}\hat{A}$ ist dabei ein Operator, der durch die Multiplikation des Operators der dynamischen Veränderlichen $\hat{A}$ mit dem statistischen Operator $\hat{\rho}$ entsteht. $\langle n|\hat{\rho}\hat{A}|n\rangle$ ist ein Diagonalelement der Produktmatrix. Wenn man die Summe aller Diagonalelemente einer Matrix als *Spur* einführt und mit Sp bezeichnet, wird die letzte Gleichung zu

$$\langle A \rangle = \mathrm{Sp}(\hat{\rho}\hat{A}) \tag{5}$$

vereinfacht.

Wir haben einen vollständigen Satz orthonormierter Zustände $|n\rangle$ eingeführt. Obwohl wir die Bezeichnung für die Anzahlzustände benutzten, haben wir nirgends ausdrücklich die Eigenschaften dieser Zustände berücksichtigt. Wir können ebensogut einen anderen vollständigen Satz orthonormierter Zustände verwenden. Das Ergebnis (5) hängt nicht von der Wahl des orthonormierten Satzes ab. Im allgemeinen gibt es immer einen Satz orthonormierter Zustände, für den die Matrix des statistischen Operators diagonal ist. Die Summe aller Diagonalelemente der Matrix des statistischen Operators ist gleich Eins:

$$\mathrm{Sp}\hat{\rho} = 1 \ .$$

Das ist leicht einzusehen, wenn man in die Gleichung (5) $\hat{A} = 1$ setzt.

Zunächt kehren wir zu reinen Zuständen zurück und benutzen den statistischen Operator auch für sie, obwohl wir bei reinen Zuständen sonst ohne ihn auskommen. Wie es zu erwarten ist, gelangen wir dabei zu keinen neuen Ergebnissen. Beim gegebenen Anzahlzustand $|n\rangle$ ist nur die Wahrscheinlichkeit P_n für den gegebenen Wert von n von Null verschieden. Der statistische Operator nimmt in diesem Falle die einfache Form

$$\rho = |n\rangle\langle n|$$

an. Das einzige von Null verschiedene Matrixelement ist:

$$\langle n|\hat{\rho}|n\rangle = 1 \ .$$

Wir wissen, daß der Erwartungswert der elektrischen Feldstärke im Zustand mit scharf bestimmter Zahl der Quanten gleich Null ist, also:

$$\langle \hat{E} \rangle = \mathrm{Sp}(\hat{\rho}\hat{E}) = \langle n|\hat{E}|n\rangle = 0 \ .$$

Auch im kohärenten Zustand $|\alpha\rangle$ gilt für den statistischen Operator:

$$\hat{\rho} = |\alpha\rangle\langle\alpha| \, .$$

Seine Matrixelemente sind in der Teilchenzahldarstellung:

$$\rho_{n'\,n} = \langle n|\alpha\rangle\langle\alpha|n\rangle = \sum_m \sum_{m'} c_m \langle n'|m\rangle c^*_{n'} \langle m'|n\rangle$$

$$= \sum_m \sum_{m'} c_m c^*_{m'} \delta_{n'\,m} \delta_{m'\,m} = c^*_{m'\,n} = \exp\left(-\alpha_{n'}\alpha^*_n\right) \frac{\alpha^n \alpha^{*n'}}{\sqrt{n!n'!}} .$$

Der Erwartungswert der elektrischen Feldstärke ist im kohärenten Zustand von Null verschieden:

$$\langle \hat{E} \rangle = \mathrm{Sp}(\hat{\rho}\hat{E}) = \sum_n \langle n|\hat{\rho}\hat{E}|n\rangle \, .$$

Aus diesen Gleichungen kann man schließen, daß der Erwartungswert von $\hat{E}$ nur dann von Null verschieden ist, wenn der statistische Operator $\hat{\rho}$ in der Teilchenzahldarstellung von Null verschiedene außerdiagonale Matrixelemente hat.

4.9 Thermisches monochromatisches Licht

Die Behandlung von thermischem monochromatischem Licht ist die Voraussetzuung für das Verständnis des im folgenden Abschnitt diskutierten Vielmoden-Lichtes.

Bei reinen Zuständen kommt man entweder mit einer Eigenschwingung aus oder man muß mehrere Eigenschwingungen einbeziehen. Das wiederholt sich auch bei statistischen Gemischen. Natürlich wollen wir auch bei den statistischen Gemischen den einfachsten Fall zuerst behandeln, also das statistische Gemisch, das auf einer Eigenschwingung aufgebaut ist. Dieser Fall trifft zu, wenn das Strahlungsfeld einer Eigenschwingung im Hohlraum thermisch angeregt ist. Das Strahlungsfeld bei gegebener Kreisfrequenz $\omega_r = \omega$ ist demgemäß im Gleichgewicht mit den Wänden des Hohlraumes bei der Temperatur T. Diese Strahlung kann man nicht mit einer bestimmten Linearkombination von Anzahlzuständen $|n\rangle$ beschreiben. Man weiß nur, daß man beim Messen an einer Gesamtheit von gleichen Hohlräumen bei gegebener Temperatur T mit der Wahrscheinlichkeit

$$\exp\left(-\frac{\mathcal{W}}{k_B T}\right)$$

einen Hohlraum mit der Energie $\mathcal{W} = n\hbar\omega$ antrifft. Dies ist das *Boltzmann-Gesetz* mit der *Boltzmann-Konstante* k_B.

Die Erwartungswerte der Zahl der Quanten und ihres Quadrats sowie die zugehörige Unschärfe im thermischen monochromatischen Licht sind für die weitere Diskussion wichtig. Wir ermitteln sie mit dem Boltzmann-Gesetz. Dazu müssen wir voresrst die zugehörige Verteilung normieren und dann mit ihr die beiden Erwartungswerte berechnen. Wir nehmen die Ergebnisse vorweg:

$$\overline{n} = \frac{1}{\exp \hbar\omega\beta - 1} \qquad \text{und} \qquad \overline{n^2} = \frac{\exp \hbar\omega\beta + 1}{(\exp \hbar\omega\beta - 1)^2} \, .$$

Die Unschärfe der Zahl der Quanten ist somit

$$\delta n = \sqrt{\overline{n^2} - \overline{n}^2} = \sqrt{\overline{n}^2 + \overline{n}} \, .$$

Nach dem Boltzmann-Gesetz ist

$$P_n \propto \exp(-n\hbar\omega\beta) \, , \tag{6a}$$

wobei die Anzahl der Quanten n über 0,1,2... läuft. Dabei haben wir die Abkürzung $\beta = 1/k_B T$ eingeführt. Zuerst muß man (6a) normieren. Es ist leicht einzusehen, daß

$$\sum_n P_n = \text{const} \sum_{n=0}^{\infty} \exp(-n\hbar\omega\beta) = \text{const}[1+\exp(-\hbar\omega\beta)+\exp(-2\hbar\omega\beta)+\ldots]$$

eine geometrische Reihe mit den Koeffizienten $\exp(-\hbar\omega\beta)$ enthält. Ihre Summe beläuft sich zu $1/[1 - \exp(-\hbar\omega\beta)]$, so daß die Normierungskonstante gleich $1 - \exp(-\hbar\omega\beta)$ zu setzen ist:

$$P_n = [1 - \exp(-\hbar\omega\beta)] \exp(-n\hbar\omega\beta) \, . \tag{6b}$$

Damit können wir den Erwartungswert der Zahl der Quanten

$$\overline{n} = \sum_n n P_n = [1 - \exp(-\hbar\omega\beta)] \sum_n n \exp(-n\hbar\omega\beta)$$

und den Erwartungswert des Quadrates der Zahl der Quanten

$$\overline{n^2} = \sum_n n^2 P_n = [1 - \exp(-\hbar\omega\beta)] \sum_n n^2 \exp(-n\hbar\omega\beta)$$

ermitteln. Wir leiten die Gleichung

$$\sum_n \exp(-n\hbar\omega\beta) = \frac{1}{1 - \exp(-\hbar\omega\beta)}$$

nach $\hbar\omega\beta$ ab:

$$\sum_n (-n) \exp(-n\hbar\omega\beta) = -\frac{\exp(-\hbar\omega\beta)}{[1-\exp(-\hbar\omega\beta)]^2} \, .$$

Die gewonnene Gleichung leiten wir nochmals nach $\hbar\omega\beta$ ab:

$$\sum_n n^2 \exp(-n\hbar\omega\beta) = \frac{\exp(-\hbar\omega\beta)}{[1-\exp(-\hbar\omega\beta)]^2} + \frac{2\exp(-\hbar\omega\beta)}{[1-\exp(-\hbar\omega\beta)]^3} \, .$$

Aus der ersten Gleichung ergibt sich

$$\overline{n} = \frac{\exp(-\hbar\omega\beta)}{1-\exp(-\hbar\omega\beta)} = \frac{1}{\exp\hbar\omega\beta - 1} \tag{7a}$$

und aus der zweiten:

$$\overline{n^2} = \frac{\exp(-\hbar\omega\beta)[1+\exp(-\hbar\omega\beta)]}{[1-\exp(-\hbar\omega\beta)]^2} = \frac{\exp\hbar\omega\beta + 1}{(\exp\hbar\omega\beta - 1)^2} \, . \tag{8a}$$

Es ist zweckmäßig aus der ersten Gleichung $\exp\hbar\omega\beta$ zu berechnen

$$\exp\hbar\omega\beta = \frac{\overline{n}+1}{\overline{n}}$$

und P_n durch $\overline{n}$ auszudrücken:

$$P_n = \left(1 - \frac{\overline{n}}{\overline{n}+1}\right)\left(\frac{\overline{n}}{\overline{n}+1}\right)^n = \frac{\overline{n}^n}{(\overline{n}+1)^{n+1}} \, . \tag{7b}$$

Ebenso verfahren wir bei $\overline{n^2}$:

$$\overline{n^2} = \left(\frac{\overline{n}+1}{\overline{n}} + 1\right) : \left(\frac{\overline{n}+1}{\overline{n}} - 1\right)^2 = 2\overline{n}^2 + \overline{n} \, .$$

Die Unschärfe der Zahl der Quanten ergibt sich zu:

$$\delta n = \sqrt{\overline{n^2} - \overline{n}^2} = \sqrt{\overline{n}^2 + \overline{n}} \, .$$

Der Erwartungswert der Energie der Eigenschwingung mit der Kreisfrequenz ω ist:

$$\overline{W} = \overline{n}\hbar\omega = \frac{\hbar\omega}{\exp\hbar\omega\beta - 1} \, .$$

Nun betrachten wir den statistischen Operator für das thermische Licht einer Eigenschwingung:

$$\hat{\rho} = \sum_n P_n |n\rangle\langle n| = [1-\exp(-\hbar\omega\beta)] \sum_n \exp(-n\hbar\omega\beta)|n\rangle\langle n| \, .$$

Seine Matrixelemente

$$\rho_{nn} = [1 - \exp(-\hbar\omega\beta)] \exp(-n\hbar\omega\beta)$$

sind nur in der Hauptdiagonale von Null verschieden. Man kann sich leicht vergewissern, daß $\mathrm{Sp}\hat{\rho} = 1$ ist. Mit der Forderung

$$[1 - \exp(-\hbar\omega\beta)] \sum \exp(-n\hbar\omega\beta) = 1$$

haben wir ja die Normierungskonstante festgesetzt. Weiterhin gilt:

$$\langle\hat{n}\rangle = \mathrm{Sp}(\hat{\rho}\hat{a}^{\dagger}\hat{a}) = \overline{n}\,.$$

Man braucht nur den Teilchenzahloperator $\hat{n} = \hat{a}^{\dagger}\hat{a}$ in die Gleichung (5) einzusetzen, um das einzusehen. Die Matrixelemente des Operators $\hat{\rho}\hat{a}^{\dagger}\hat{a}$ sind wiederum nur in der Hauptdiagonale von Null verschieden

$$(\rho n)_{nn} = [1 - \exp(-\hbar\omega\beta)] n \exp(-n\hbar\omega\beta)$$

und wir wissen, daß $[1 - \exp(-\hbar\omega\beta)] \sum n \exp(-\hbar\omega\beta) = \overline{n}$ ist. Auch die Gleichung

$$\mathrm{Sp}(\hat{\rho}\hat{\mathcal{H}}) = \mathrm{Sp}(\hat{\rho}\hbar\omega\hat{n}) = \hbar\omega\mathrm{Sp}(\hat{\rho}\hat{n}) = \overline{n}\hbar\omega$$

gibt den schon angegebenen Erwartungswert der Energie wieder.

Da im thermischen Licht einer Eigenschwingung der statistische Operator von Null verschiedene Matrixelemente nur in der Hauptdiagonale aufweist, ist der Erwartungswert der elektrischen Feldstärke

$$\langle\hat{E}\rangle = \mathrm{Sp}(\hat{\rho}\hat{E})$$

gleich Null.

4.10 Thermisches Vielmoden-Licht

Verständnis des thermischen Vielmoden-Lichtes ist Voraussetzung für die Behandlung der Strahlung des schwarzen Körpers.

Wie bei reinen Zuständen der Abschnitt über Vielmodenzustände auf dem Abschnitt über Einmodenzustände aufgebaut wurde, bauen wir jetzt auch bei statistischen Gemischen diesen Abschnitt auf den vorhergehenden auf. Die folgenden Überlegungen sind notwending, weil für die Behandlung der Strahlung des schwarzen Körpers Einmodenzustände, also streng monochromatisches Licht, nicht ausreicht.

Wir beginnen mit nur zwei Eigenschwingungen und gehen auf der Suche nach dem statistischen Operator von Zuständen $|n_{r1}\, n_{r2}\rangle = |n_{r1}\rangle|n_{r2}\rangle$ aus. Für die erste Eigenschwingung ist der Erwartungswert des Operators $\hat{A}_{r1}$

$$\langle \hat{A}_{r1} \rangle = \sum_{n_{r1}} P_{n_{r1}} \langle n_{r1} | \hat{A}_{r1} | n_{r1} \rangle$$

und der statistische Operator hat die Form:

$$\hat{\rho}_{r1} = \sum_{n_{r1}} P_{n_{r1}} | n_{r1} \rangle \langle n_{r1} | \ .$$

Für die von der ersten Eigenschwingung unabhängige zweite Eigenschwingung gelten die entsprechenden Gleichungen für den Erwartungswert des Operators $\hat{A}_{r2}$

$$\langle \hat{A}_{r2} \rangle = \sum_{n_{r2}} P_{n_{r2}} \langle n_{r2} | \hat{A}_{r2} | n_{r2} \rangle$$

und für den statistischen Operator:

$$\hat{\rho}_{r2} = \sum_{n_{r2}} P_{n_{r2}} | n_{r2} \rangle \langle n_{r2} | \ .$$

Für den zusammengesetzten Operator $\hat{A} = \hat{A}_{r1} + \hat{A}_{r2}$ gilt im Zustand $|n_{r1} \ n_{r2}\rangle$:

$$\langle \hat{A} \rangle = \sum_{n_{r1}} \sum_{n_{r2}} P_{n_{r1}} P_{n_{r2}} \langle n_{r1} | \langle n_{r2} | \hat{A} | n_{r2} \rangle | n_{r1} \rangle \ . \tag{1}$$

Wegen der Unabhängigkeit, d.h. der Orthogonalität, beider Eigenschwingungen, führt diese Gleichung zu dem Ergebnis:

$$\sum_{n_{r1}} P_{n_{r1}} \langle n_{r1} | \hat{A}_{r1} | n_{r1} \rangle \sum_{n_{r2}} P_{n_{r2}} \langle n_{r2} | n_{r2} \rangle$$
$$+ \sum_{n_{r1}} P_{n_{r1}} \langle n_{r1} | n_{r1} \rangle \sum_{n_{r2}} P_{n_{r2}} \langle n_{r2} | \hat{A}_{r2} | n_{r2} \rangle = \langle \hat{A}_{r1} \rangle + \langle \hat{A}_{r2} \rangle \ .$$

Die Gleichung (1) zeigt zugleich, wie man den statistischen Operator einführen muß:

$$\hat{\rho} = \sum_{n_{r1}} \sum_{n_{r2}} P_{n_{r1}} P_{n_{r2}} | n_{r2} \rangle | n_{r1} \rangle \langle n_{r1} | \langle n_{r2} | \ .$$

Im allgemeinen läßt sich das als

$$\hat{\rho} = \sum_{n_r} \prod_{r} P_{n_r} | \{ n_r \} \rangle \langle \{ n_r \} |$$

schreiben. Die Summation läuft über die Indizes n_r und die Multiplikation über die Indizes r. Sollte bei Berechnungen mit dem allgemeinen statistischen Operator der Leser in Verlegenheit geraten, ist es angebracht, sich mit der Berechnung für zwei Eigenschwingungen Klarheit zu verschaffen.

Wir überzeugen uns bei zwei Eigenschwingungen, daß die Spur des Operators $\hat{\rho}$ gleich Eins ist. Seine Matrixelemente sind:

$$\begin{aligned}\langle n_{r1'}|\langle n_{r1}|\hat{\rho}|n_{r2}\rangle|n_{r2'}\rangle &= \sum_{n_q}\sum_{n_{q'}} P_{n_q}P_{n_{q'}}\delta_{n_q\,n_{r1'}}\delta_{n_q\,n_{r2'}}\delta_{n_{q'}\,n_{r1}}\delta_{n_{q'}\,n_{r2}} \\ &= P_{n_{r1'}}P_{n_{r1}}\delta_{n_{r1'}\,n_{r2'}}\delta_{n_{r1}\,n_{r2}}\ .\end{aligned}$$

Nur die Diagonalelemente

$$\langle n_{r1}|\langle n_{r2}|\hat{\rho}|n_{r2}\rangle|n_{r1}\rangle = P_{r1}P_{r2}$$

sind von Null verschieden, so daß

$$\mathrm{Sp}\hat{\rho} = \sum_{n_{r1}}\sum_{n_{r2}} P_{n_{r1}}P_{n_{r2}} = \sum_{n_{r1}} P_{n_{r1}}\sum_{n_{r2}} P_{n_{r2}} = 1\cdot 1 = 1$$

ist. Aufgrund dieser Berechnung sieht man ein, daß die Matrix des Operators $\hat{\rho}\hat{n}$ mit dem Teilchenzahloperator $\hat{n} = \hat{n}_{r1} + \hat{n}_{r2}$ ähnlich nur Diagonalelemente von Null verschieden hat. Ihre Spur hat den Wert:

$$\begin{aligned}\mathrm{Sp}(\hat{\rho}\hat{n}) &= \textstyle\sum_{n_{r1}}\sum_{n_{r2}} P_{n_{r1}}P_{n_{r2}}(n_{r1}+n_{r2}) \\ &= \textstyle\sum_{n_{r1}} n_{r1}P_{n_{r1}}\sum_{n_{r2}} P_{n_{r2}} + \sum_{n_{r1}} P_{n_{r1}}\sum_{n_{r2}} n_{r2}P_{n_{r2}} \\ &= \overline{n}_{r1}.1 + 1.\overline{n}_{r2} = \overline{n}_{r1} + \overline{n}_{r2}\ .\end{aligned}$$

Im allgemeinen gilt also:

$$\langle\hat{n}\rangle = \mathrm{Sp}(\hat{\rho}\hat{n}) = \sum_r \overline{n}_r\ . \tag{2}$$

Ähnlich kommen wir zu dem Erwartungswert des Hamilton-Operators:

$$\begin{aligned}\langle\hat{\mathcal{H}}\rangle &= \mathrm{Sp}(\hat{\rho}\hat{\mathcal{H}}) = \textstyle\sum_{n_{r1}}\sum_{n_{r2}} P_{n_{r1}}P_{n_{r2}}(\hbar\omega_{r1}n_{r1} + \hbar\omega_{r2}n_{r2}) \\ &= \textstyle\sum_{n_{r1}} \hbar\omega_{r1}n_{r1}P_{n_{r1}}\sum_{n_{r2}} P_{n_{r2}} + \sum_{n_{r1}} P_{n_{r1}}\sum_{n_{r2}} \hbar\omega_{r2}n_{r2}P_{n_{r2}} \\ &= \hbar\omega_{r1}\overline{n}_{r1} + \hbar\omega_{r2}\overline{n}_{r2}\ .\end{aligned}$$

$\hbar\omega_{r1}$ in der ersten Summe und $\hbar\omega_{r2}$ in der zweiten sind nämlich konstante Parameter. Im allgemeinen gilt also:

$$\langle\hat{\mathcal{H}}\rangle = \mathrm{Sp}(\hat{\rho}\hat{\mathcal{H}}) = \sum_r \hbar\omega_r\,n_r\ . \tag{3}$$

Obwohl die Berechnung langwierig war, ist das Ergebnis schnell zusammengefaßt. Ähnlich wie beim Übergang von einer Eigenschwingung zu mehreren Eigenschwingungen bei reinen Zuständen muß man bei statistischen Gemischen noch zusätzlich über verschiedene Eigenschwingungen summieren. Wenn darüber hinaus das Volumen des Hohlraumes sehr groß wird, geht das diskrete Spektrum in ein kontinuierliches über und die Summation muß durch eine Integration ersetzt werden.

4.11 Strahlung des schwarzen Körpers

In der historischen Entwicklung der Quantenmechanik hat die Strahlung des schwarzen Körpers eine zentrale Bedutung.

Nach den vorangegangenen Vorbereitungen sind wir nun in der Lage, die Strahlung des schwarzen Körpers zu behandeln. Die Energie der Strahlung im Hohlraum, in der viele Eigenschwingungen vertreten sind, gibt die Gleichung (6.3) an

$$\langle\hat{\mathcal{H}}\rangle = \sum_r \hbar\omega_r \overline{n}_r = \sum_r \hbar c k_r \overline{n}_r$$

mit $\omega_r = ck_r$. Dabei ist bei einer einzigen Eigenschwingung:

$$\overline{n}_r = \frac{1}{\exp(\hbar\omega_r/k_BT) - 1}\,. \tag{1}$$

Der Hohlraum ist in allen drei Richtungen als sehr groß anzunehmen. Das diskrete Spektrum geht in ein kontinuierliches und die Summation in die Integration über. Laut Gleichungen (**3**.4.3) und (9.10) muß man

$$\frac{2.4\pi k^2 V}{(2\pi)^3}dk = \frac{k^2 V}{\pi^2}dk = \frac{\omega^2 V}{\pi^2 c^3}d\omega \tag{2}$$

mit $\hbar\omega/[\exp(\hbar\omega/k_BT) - 1]$ multiplizieren und von 0 bis ∞ integrieren. Dabei wurde ck_r zurück in ω_r und das in ω verwandelt. Auf diese Weise bekommt man:

$$\langle\hat{\mathcal{H}}\rangle = V\int_0^\infty \frac{\hbar\omega.\omega^2 d\omega}{\pi^2 c^3[\exp\hbar\omega/k_BT - 1]}\,.$$

Aus der Gleichung

$$\frac{\langle\hat{\mathcal{H}}\rangle}{V} = \int_0^\infty u(\omega)d\omega$$

entnehmen wir die *Spektraldichte* der Hohlraumstrahlung:

$$u(\omega) = \frac{\hbar\omega^3}{\pi^2 c^3[\exp(\hbar\omega/k_BT) - 1]}\,. \tag{3}$$

Um die *Plancksche Strahlungsformel* in der üblichen Form zu bekommen, ersetzen wir die Kreisfrequenz ω durch die Frequenz $\nu = \omega/2\pi$ und berücksichtigen die Intensität unkollimierter Strahlung $j = \frac{1}{4}c\langle\hat{\mathcal{H}}\rangle/V$:

$$\frac{dj}{d\nu} = \frac{2\pi h\nu^3}{c^2[\exp(h\nu/k_BT) - 1]}\,. \tag{4}$$

Die Gleichungen, die wir für statistische Gemische von vielen Eigenschwingungen gewonnen haben, gelten nicht nur für die Strahlung des schwarzen Körpers, auch für Strahlung, die nicht bei thermischer Anregung entsteht, vorausgesetzt die Anregung erfolgt statistisch. Sie gelten namentlich für Atome, die in einer Quelle über das thermische Gleichgewicht hinaus angeregt werden. Dabei ist jedoch das Spektrum der Strahlung nicht mit dem Spektrum der schwarzen Strahlung gleichzusetzen. Oft kann es mit einer Gauß-Spektrallinie näherungsweise beschrieben werden. Strahlung dieser Art wird bei nichtthermischer Anregung im allgemeinen *Luminiszenz* genannt und je nach Art der Anregung als Elektro-, Chemiluminiszenz usw. beschrieben. Wenn die Anregung durch Strahlung erfolgt, sprechen wir von *Fluoreszenz*, bei längerer Zerfallszeit von *Phosphoreszenz*.

Die Strahlung des schwarzen Körpers hat bei der Geburt der Quantentheorie Pate gestanden. Um die Strahlung im Hohlraum im thermischen Gleichgewicht beschreiben zu können, führte Max Planck ein Modell ein, in dem Oszillatoren im Strahlungsfeld die Strahlung absorbieren und emittieren könnten. Die Spektraldichte ist dann mit der mittleren Oszillatorenergie $U = \hbar\omega\overline{n}$ nach (2) durch $u(\omega) = \omega^2 U/\pi^2 c^3$ gegeben.[1] Nach der Strahlungsformel von Wilhelm Wien ergab sich $U \propto \exp(-const \cdot \omega/T)$, wogegen Messungen im Infrarotbereich auf $U \propto T$ schließen liesen. Planck berechnete die zweite Ableitung der Entropie nach der mittleren Oszillatorenergie. Aus dem Wienschen Ansatz folgte

$$dS/dU = 1/T \propto -\ln U + const \text{ und } 0\, d^2S/dU^2 \propto -U^{-1} \; ;$$

im anderen Fall dagegen $dS/dU = 1/T \propto U^{-1}$ und $d^2S/dU^2 \propto -U^{-2}$. Planck setzte beides zu $d^2S/dU^2 \propto -(const \cdot U + U^2)^{-1}$ zusammen und gelangte über (1) zu seiner Strahlungsformel (4), die sich glänzend bewährte.[1]

Planck gab sich jedoch damit nicht zufrieden, da der Strahlungsformel „lediglich die Bedeutung einer glücklich erratenen Interpolationsformel" zukomme. Er berechnete mit (1) die Entropie der Strahlung und verglich sie mit der Formel von Ludwig Boltzmann $S = k_B \ln P$. Dabei ist P die Zahl der Mikrozustände, mit denen ein Makrozustand des Teilchensystems verwirklicht werden kann. P wird durch abzählen der Mikrozustände gewonnen, die der Verteilung der Teilchen auf Zellen des Phasenraumes entsprechen. Da Planck die formale Analogie zwischen seiner Formel und der von Boltzmann physikalisch ernst nahm, sah er sich gezwungen, auch die Energie der Oszillatoren zu diskretisieren.[2] Das entsprechende

[1] M.Planck, *Über eine Verbesserung der Wienschen Spektralgleichung*, Verh. d. D. Phys. Ges. **2** (1900) 202. In der Formel von Planck $u(\nu) = 8\pi\nu^2 U/c^3 = 2\omega^2 U/\pi c^3$ bezieht sich die Spektraldichte $u(\nu) = 2\pi u(\omega)$ auf die Frequenz ν und nicht auf die Kreisfrequenz $\omega = 2\pi\nu$, wie $u(\omega)$ (3).

[2] M.Planck, *Zur Theorie des Gesetzes der Energieverteilung im Normalspektrum*, Verh. d. D. Phys. Ges. **2** (1900) 237

Abzählverfahren kann mit unserer Rechnung für thermisches monochromatisches Licht (4.9) verglichen werden. Das Konzept des Oszillators hat bei Plancks Überlegung eine entscheidende Rolle gespielt. Während jedoch bei ihm $\hbar\omega$ gleichsam durch die „Hintertür" in die Physik eintrat, ist es heute ein konstituierendes Element der quantentheoretischen Behandlung des Oszillators. Unsere Darstellung, die bestimmt ist von der Analogie der Zustände des „materiellen" harmonischen Oszillators und denen des Strahlungsfeldes, erhellt und legitimiert nachträglich die von Planck „gegen seine innere Überzeugung" gemachte Hypothese.

4.12 Strahlungsübergänge

Um die experimentellen Anbindung der theoretischen Überlegungen durchführen zu können, müssen die Strahlungsübergänge diskutiert werden. Die zeitabhängige Störungstheorie liefert die Übergangsraten in erster Näherung.

Nachdem wir uns mit dem Grundgedanken der Quantentheorie und den mathematischen Hilfsmitteln vertraut gemacht haben, wollen wir uns mit wichtigen physikalischen Prozessen befassen, die erst in der Quantentheorie theoretisch voll verstanden werden. In diesem Sinne sollen jetzt *Strahlungsübergänge* untersucht werden, d.h. Emission und Absorption elektromagnetischer Strahlung. Sie stellen eine grundlegende Anwendung der Quantentheorie dar. Mit der Übergangswahrscheinlichkeit pro Zeiteinheit werden wir die erste meßbare Größe berechnen. Außerdem werden uns die Strahlungsübergänge die Türen zum weiteren Vordringen in die Quantentheorie öffnen.

Am Anfang behandeln wir ein allgemeines Thema: die Übergänge zwischen Eigenzuständen in der *zeitabhängigen Störungstheorie*. Dazu betrachten wir im Schrödinger-Bild ein Teilchen-System , z.B. ein Atom. Ein freies System dieser Art beschreibt der Hamilton-Operator $\hat{H}_A$. Die Bewegungsgleichung ist die Schrödinger-Gleichung

$$\hat{H}_A \Psi_\nu = i\hbar \frac{\partial \Psi_\nu}{\partial t} = W_\nu \Psi_\nu \tag{1}$$

und deren Lösungen die Wellenfunktionen:

$$\Psi_\nu = u_\nu(y) \exp\left(-W_\nu t/\hbar\right) .$$

Andererseits ist der freien elektromagnetischen Strahlung der Hamilton-Operator $\hat{H}_S$ zugeordnet. In diesem Falle ist die Bewegungsgleichung die Schrödinger-Gleichung

$$\hat{H}_S \Psi_n = i\hbar \frac{\partial \Psi_n}{\partial t} = W_n \Psi_n \tag{2}$$

und deren Lösungen die Wellenfunktionen:

$$\Psi_n = u_n(q) \exp\left(-W_n t/\hbar\right) .$$

Der Index ν bezieht sich immer auf das Teilchensystem und der Index n auf das Feld.

Nun setzen wir beide Systeme zusammen und lassen den einen Teil des zusammengesetzten Systems, d.h. Teilchen, mit dem anderen Teil, d.h. dem Feld, wechselwirken. Die Wechselwirkung beschreiben wir mit dem Hamilton-Operator $\hat{H}_W$, der in unserem Falle nicht explizit von der Zeit abhängt. Die Bewegungsgleichung des zusammengesetzten Systems ist die Schrödinger-Gleichung:

$$(\hat{H}_A + \hat{H}_S + \hat{H}_W)\Psi = i\hbar \frac{\partial \Psi}{\partial t} . \tag{3}$$

Die Lösung dieser Gleichung entwickeln wir nach den Wellenfunktionen des Teilchensystems und des Feldes:

$$\Psi = \sum_\nu \sum_n c_{\nu n}(t) \Psi_\nu \Psi_n = \sum_\nu \sum_n c_{\nu n}(t) u_\nu(y) u_n(q) \exp\left[-i(W_\nu + W_n)t/\hbar\right] . \tag{4}$$

Wenn wir die Wellenfunktion (4) in die Gleichung (3) setzen, folgt:

$$\sum_\nu \sum_n c_{\nu n}(t) \left[(\hat{H}_A \Psi_\nu)\Psi_n + \Psi_\nu(\hat{H}_S \Psi_n) + \hat{H}_W \Psi_\nu \Psi_n\right]$$

$$i\hbar \sum_\nu \sum_n \frac{dc_{\nu n}}{dt} \Psi_\nu \Psi_n + \sum_\nu \sum_n c_{\nu n}(W_\nu + W_n) \Psi_\nu \Psi_n .$$

Die Doppelsummen sollen den Leser nicht verdrießen. Wir müssen sie nur einführen, um zu zeigen, daß sich die Wellenfunktionen des zusammengesetzten Systems nach den Eigenfunktionen seiner nichtgestörten Teile entwickeln lassen. Im Endergebnis treten sie nicht auf.

Die ersten beiden Glieder auf der linken Seite heben sich wegen der Gleichungen (1) und (2) mit dem zweiten Glied auf der rechten Seite auf, so daß die Gleichung

$$i\hbar \sum_\nu \sum_n \frac{dc_{\nu n}}{dt} \Psi_\nu \Psi_n = \sum_\nu \sum_n c_{\nu n} \hat{H}_W \Psi_\nu \Psi_n$$

übrigbleibt. Die Entwicklungskoeffizienten $c_{\nu n}$ haben wir als zeitabhängig angenommen. Es ist leicht einzusehen, daß $\hat{H}_W$ gleich Null wäre und es keine Übergänge gäbe, wenn $c_{\nu n}$ nicht von der Zeit abhängen würde und $dc_{\nu n}/dt = 0$ gelten würde.

Die letzte Gleichung multiplizieren wir von links mit $\Psi^*_{\nu'} \Psi^*_{n'}$ und integrieren über die Definitionsbereiche von y und q. Dabei hängt $dc_{\nu n}/dt$ nicht von der Koordinate y und der Feldveränderlichen q ab und die Wellenfunktionen Ψ_ν und Ψ_n sind orthonormiert:

$$\int \Psi^*_{\nu'} \Psi_\nu dy = \delta_{\nu' \nu} \qquad \text{und} \qquad \int \Psi^*_{n'} \Psi_n dq = \delta_{n' n} \, .$$

Zuletzt bleibt von der Doppelsumme links nur ein einziges Glied übrig:

$$\frac{dc_{\nu' n'}}{dt} = -\frac{i}{\hbar} \sum_\nu \sum_n c_{\nu n} H_{\nu' n' \nu n} \exp\left[i(W_{\nu'} + W_{n'} - W_\nu - W_n)/\hbar\right] . \qquad (5)$$

Auf der rechten Seite haben wir das *Matrixelement der Wechselwirkung*, welche die Übergänge vermittelt

$$H_{\nu' n' \nu n} = \int\int u^*_{\nu'}(y) u^*_{n'}(q) \hat{H}_W u_\nu(y) u_n(q) dy dq \, , \qquad (6)$$

eingeführt. Wenn sich das zusammengesetzte System am Anfang, bei $t = 0$, im Eigenzustand mit der Wellenfunktion $\Psi_\nu \Psi_n$ befindet, bleibt auf der rechten Seite der Gleichung (5) ein einziges Glied übrig

$$\frac{dc_{\nu' n'}}{dt} = -\frac{i}{\hbar} H_{\nu' n' \nu n} \exp\left(i \Delta W t/\hbar\right) , \qquad (7)$$

in dem wir die *Energiedifferenz* im Exponenten mit

$$\Delta W = W_{\nu'} + W_{n'} - W_\nu - W_n \qquad (8)$$

bezeichnen. Es ist nämlich $c_{\nu n}(t = 0) = 1$ und sind alle anderen Koeffizienten zur Zeit $t = 0$ gleich Null. Diese Annahme, nach der vernachläßigt wird, daß mit der Zeit der Koeffizient $c_{\nu n}$ kleiner wird und andere Koeffizienten $c_{\nu' n'}$ allmählich anwachsen, ist in der ersten Näherung üblich.

Die Integration der Differentialgleichung mit der Anfangsbedingung $c_{\nu' n'}(t = 0) = 0$ ergibt:

$$c_{\nu' n'}(t) = -\frac{i}{h} H_{\nu' n' \nu n} \int_0^t \exp \frac{i \Delta W t}{h} dt = \frac{H_{\nu' n' \nu n}}{\Delta W} \left(1 - \exp \frac{i \Delta W t}{h}\right) .$$

Das Betragsquadrat $|c_{\nu' n'}|^2$ gibt die Wahrscheinlichkeit an, mit der man nach der Zeit t das zusammengesetzte System im Zustand mit der Wellenfunktion $\Psi_{\nu'} \Psi_{n'}$ antrifft. Nach der Umformung der rechten Seite mit Hilfe der Beziehung $(1 - \exp i\varphi)[1 - \exp(-i\varphi)] = 2 - \exp i\varphi - \exp(-i\varphi) = 2 - 2\cos\varphi = 4 \sin^2 \frac{1}{2}\varphi$ erhält man endlich für die Zeitabhängigkeit dieses Betragsquadrats:

$$|c_{\nu' n'}|^2 = 4 |H_{\nu' n' \nu n}|^2 \frac{\sin^2\left(\frac{1}{2} \Delta W t/\hbar\right)}{(\Delta W)^2} = \frac{2\pi t}{\hbar} |H_{\nu' n' \nu n}|^2 g(\Delta W) \, .$$

Aus dieser Gleichung folgt sofort die Gleichung

$$\frac{|c_{\nu' n'}|^2}{t} = \frac{2\pi}{\hbar} |H_{\nu' n' \nu n}|^2 g(\Delta W) ,$$

deren linke Seite die *Übergangswahrscheinlichkeit pro Zeiteinheit* darstellt, die wir kurz die *Rate* nennen wollen.

Die eingeführte *Spaltfunktion*

$$g(\Delta W) = \frac{\sin^2\left(\frac{1}{2}\Delta W t/\hbar\right)}{\frac{1}{2}\pi(\Delta W)^2 t/\hbar} = \frac{t}{2\pi\hbar} \cdot \frac{\sin^2 x}{x^2} \tag{9}$$

hat bei $x = \frac{1}{2}\Delta W t/\hbar = 0$ ein ausgeprägtes Maximum. Die Fläche unter ihr

$$\int_{-\infty}^{\infty} g(\Delta W) d(\Delta W) = \frac{1}{\pi} \int_{-\infty}^{\infty} \frac{\sin^2 x \, dx}{x^2} = 1$$

hängt nicht vom Wert des Parameters t ab. Integraltafeln entnehmen wir nämlich $\int_{-\infty}^{\infty} \sin^2 x \, dx/x^2 = \pi$. Das Maximum ist um so höher und schmaler, je größer der Parameter t ist. Gewöhnlich wird

$$\delta(x) = \lim_{t \to \infty} g(x)$$

als *Dirac-Deltafunktion* eingeführt, obwohl es sich eigentlich um eine verallgemeinerte Funktion handelt. Sie ist bei jedem Wert von x gleich Null, außer im Punkt $x = 0$, wo sie nicht begrenzt ist. Das Integral

$$\int \delta(x) dx = 1$$

ist jedoch begrenzt und das Integral des Produktes mit einer beliebigen stetigen Funktion $F(x)$

$$\int F(x)\delta(x) dx = F(0)$$

auch. Die beiden letzten Gleichungen gelten, wenn das Integrationsintervall den Punkt $x = 0$ einschließt. Die Dirac-Deltafunktion tritt im Endergebnis nicht auf und wir wollen ihr, soweit möglich, aus dem Wege gehen.

An dieser Stelle können wir ohne viel Mühe ein interessantes Ergebnis gewinnen. Beim Übergang $t \to \infty$ geht die Funktion $g(\Delta W)$ in die Dirac-Deltafunktion über. Da diese Funktion im Endergebnis nicht auftreten soll, berechnen wir die Rate für den Übergang in alle Endzustände im gegebenen Energieintervall $d(\Delta W)$ mit der Zustandsdichte $\rho(\Delta W)$. Die Integration liefert dann die *durchschnittliche Rate*:

$$\frac{\overline{|c_{\nu' n'}|^2}}{t} = \int_0^\infty \frac{|c_{\nu' n'}|^2}{t} \rho(\Delta W) d(\Delta W) = \frac{2\pi}{\hbar} \int_0^\infty |H_{\nu' n' \nu n}|^2 \rho(\Delta W) \delta(\Delta W) d(\Delta W)$$
$$= \frac{2\pi}{\hbar} |H_{\nu' n' \nu n}|^2 \rho \, .$$

Die durchschnittliche Übergangsrate ist demnach dem Betragsquadrat des Matrixelements des elektrischen Dipolmoments und der Zustandsdichte proportional.

Dieses Ergebnis wird oft die *goldene Regel von Fermi* genannt.

Das Matrixelement und die Zustandsdichte müssen der Energie entsprechen, die der Bedingung

$$\Delta W = 0 \qquad \text{oder} \qquad W_\nu + W_n = W_{\nu'} + W_{n'}$$

genügt. Die linke Seite der letzten Gleichung gibt die Energie des zusammengesetzten Systems vor dem Übergang an und die rechte Seite seine Energie nach dem Übergang. Die scharfe Energieerhaltung wird von der Dirac-Deltafunktion für $t \to \infty$ gewährleistet. Die Funktion $g(\Delta W)$ fordert die Energieerhaltung weniger scharf. Dies hängt mit der Unschärfebeziehung in der Form $t\delta W \gtrsim \hbar$ zusammen, nach der die Energie um so genauer bestimmt werden kann, je mehr Zeit für die Messung zur Verfügung steht.

Nach der Gleichung, die die Energieerhaltung fordert, gibt es zwei Möglichkeiten. Bei der *Emission* eines Photons mit der Energie $W_0 = \hbar\omega_0$ wird die Energie des Teilchensystems kleiner und die Energie des Strahlungsfeldes größer:

$$W_{\nu'} - W_\nu = W_n - W_{n'} = \hbar\omega_0 \, .$$

Umgekehrt wird bei der *Absorption* eines Photons mit der Energie $W_0 = \hbar\omega_0$ die Energie des Teilchensystems größer und die Energie des Strahlungsfeldes kleiner:

$$W_\nu - W_{\nu'} = W_{n'} - W_n = \hbar\omega_0 \, .$$

Unsere Berechnung bezog sich auf das Schrödinger-Bild, in dem die Wellenfunktionen die Zeit enthalten, die Operatoren aber nicht explizit von der Zeit abhängen. In unseren Gleichungen werden wir deswegen Operatoren für das Teilchensystem und das Strahlungsfeld und auch für die Wechselwirkung benutzen, die nicht explizit von der Zeit abhängen.

Die Rate bei Strahlungsübergängen könnte auch auf eine andere Weise ermittelt werden. Die Operatoren des Teilchensystems könnten zeitunabhängig und die Operatoren des Strahlungsfeldes zeitabhängig gehalten werden. Der erste Teil würde für das Schrödinger-Bild, der zweite Teil dagegen für das Heisenberg-Bild charakteristisch sein. Dieses *Wechselwirkungsbild* führt zu denselben Ergebnissen.

4.13 Matrixelemente für Strahlungsübergänge

Man muß die Matrixelemente des elektrischen Dipolmoments kennen, um die Übergangsrate zu ermitteln.

Nachdem wir die allgemeine Gleichung für die Rate ausgeführt haben, untersuchen wir die Matrixelemente H_W, die die Strahlungsübergänge vermitteln. Zu diesem Zweck müssen wir den Wechselwirkungsoperator $\hat{H}_W$ betrachten. Wir wollen die Strahlungsübergänge in der einfachsten Weise erfassen. In der Maxwell-Elektrodynamik besitzt ein aus geladenen Teilchen zusammengesetztes neutrales System im elektrischen Feld die zusätzliche Energie (**3**.1.12a)

$$W = -\mu_y E \, , \tag{1}$$

μ_y ist die Komponente des *elektrischen Dipolmomentes* des Teilchensystems in Richtung der Feldstärke E entlang der y-Achse. Man nimmt gewöhnlich an, daß die positive Ladung e_0 vom Rumpf des Atoms mit dem Schwerpunkt im Kern, den wir in den Koordinatenursprung stellen, und die zweite vom Elektron mit der Ladung $-e_0$ bei der Koordinate y verkörpert wird. Dann ist die Energie des Dipols gleich $W = e_0 y E$.

Beim Übergang in die Quantenheorie werden die dynamischen Veränderlichen μ, y und E durch die entsprechenden Operatoren ersetzt:

$$\hat{H}_W = -\hat{\mu}_y \hat{E} = e_0 \hat{y} \hat{E} \, . \tag{2}$$

Oft wird der Operator der Wechselwirkung in erster Näherung nach (**3**.1.11) mit

$$\hat{H}_W = -\frac{e}{m} \hat{p} \hat{A} = \frac{e_0}{m} \hat{p} \hat{A}$$

angegeben. Dabei ist $\hat{p}$ der Operator des Teilchenimpulses und $\hat{A}$ der Operator der Komponente des Vektorpotentials in der Richtung des Impulses. Beide Operatoren führen zu den gleichen Ergebnissen. Wir gehen von der Gleichung (2) aus, weil uns die Feldstärke vertrauter ist als das Vektorpotential.

Die Zeitabhängigkeit wird im Schrödinger-Bild von der Wellenfunktion übernommen. Deswegen müssen wir die zeitunabhängigen Operatoren berücksichtigen. Der zeitunabhängige Operator der elektrischen Feldstärke lautet (3.3):

$$\hat{E} = \frac{1}{i} \sqrt{\frac{\hbar \omega}{2 \varepsilon_0 V}} [\hat{a} \exp ikx - \hat{a}^\dagger \exp(-ikx)] \, .$$

Wir beschränken uns zunächst auf den eindimensionalen Fall mit einer linear polarisierten Welle mit der elektrischen Feldstärke in Richtung der y-Achse. Weiterhin nehmen wir an, daß die Wellenlänge $\lambda = 2\pi/k$ groß gegenüber den Abmessungen des Teilchensystems ist. Das trifft z.B. bei sichtbarem Licht und Atomen immer zu. In der *Dipolnäherung* entwickelt man

$$\exp(\pm ikx) = 1 \pm ikx + \ldots$$

und begnügt sich mit dem ersten Glied. In dieser Näherung läßt sich das Matrixelement leicht errechnen, da sich die Integrationen über die Koordinate y und die Feldveränderliche q separieren lassen:

$$H_{\nu' n' \nu n} = \int u_{\nu'}^*(y)\hat{\mu}_y u_\nu(y)dy \int i\sqrt{\frac{\hbar\omega}{2\varepsilon_0 V}} u_{n'}^*(q)(\hat{a} - \hat{a}^\dagger)u_n(q)dq \,. \quad (3)$$

Das erste Integral bezeichnen wir als das *Matrixelement des Dipolmoments* und berechnen es von Fall zu Fall für bestimmte Teilchensysteme:

$$(\mu_y)_{\nu' \nu} = \int u_{\nu'}^*(y)\hat{\mu}_y u_\nu(y)dy = -e_0 \int y u_{\nu'}^*(y)u_\nu(y)dy \,. \quad (4)$$

Das zweite Integral ist ein bereits vertrautes Matrixelement (**2**.10.2). Trotzdem führen wir die Rechnung durch:

$$\int u_{n'}^*(q)(\hat{a}-\hat{a}^\dagger)u_n(q)dq = \sqrt{n}\int u_{n'}^*(q)u_{n-1}(q)dq - \sqrt{n+1}\int u_{n'}^*(q)u_{n+1}(q)dq$$

$$= \sqrt{n}\delta_{n'\, n-1} - \sqrt{n+1}\delta_{n'\, n+1} \,.$$

Dabei berücksichtigten wir, daß die Eigenfunktionen des harmonischen Oszillators orthonormiert sind.

Bei der Emission bei $n' = n + 1$ ist das Matrixelement

$$H_{\nu'\, n+1\, \nu n} = (\mu)_{\nu' \nu}\, i\sqrt{\frac{\hbar\omega_0(n+1)}{2\varepsilon_0 V}} \quad (5)$$

maßgebend. Bei der Absorption bei $n' = n + 1$ zählt nur das Matrixelement

$$H_{\nu'\, n-1\, \nu n} = (\mu)_{\nu' \nu}\, i\sqrt{\frac{\hbar\omega_0 n}{2\varepsilon_0 V}} \,. \quad (6)$$

4.14 Spontane und stimulierte Emission und Absorption

Um einen Überblick über die Strahlungsübergänge zu erhalten, werden spontane Emission und Absorption sowie stimulierte Emission genauer untersucht.

Mit den Matrixelementen (13.5) und (13.6) berechnen wir die Rate bei Strahlungsübergängen. Dabei müssen wir die *spontane Emission*, die *stimulierte Emission* und die *Absorption* unterscheiden. Bei der spontanen Emission sind im Anfangszustand keine Photonen vorhanden. Das Teilchensystem ist sich selbst überlassen und geht mit der Emission eines Photons aus dem angeregten Zustand in den Grundzustand oder in einen angeregten Zustand mit kleinerer Energie über. Im Anfangszustand ist $n = 0$ und im Endzustand $n' = 1$. Bei der stimulierten Emission und Absorption sind dagegen im Anfangszustand Photonen vorhanden. Bei der stimulierten Emission emittiert das Teilchensystem unter dem Einfluß elektromagnetischer Strahlung ein Photon und geht aus dem angeregten Zustand in den Grundzustand oder angeregten Zustand mit kleinerer Energie über. Im Anfangszustand ist $n \geq 1$ und im Endzustand $n' = n + 1 \geq 2$. Bei der Absorption übernimmt das Teilchensystem die Energie eines Photons und geht aus dem Grundzustand in einen angeregten Zustand über. Im Anfangszustand ist $n \geq 1$ und im Endzustand $n' = n - 1 \geq 0$.

Die Betragsquadrate der Matrixelemente haben die folgende Form:

$$|H_{\nu' 1 \nu 0}|^2 = \frac{\hbar\omega_0}{2\varepsilon_0 V} |(\mu_y)_{\nu' \nu}|^2 \quad \text{bei der spontanen Emission,}$$

$$|H_{\nu' n+1 \nu n}|^2 = \frac{n\hbar\omega_0}{2\varepsilon_0 V} |(\mu_y)_{\nu' \nu}|^2 \quad \text{bei der stimulierten Emission,}$$

$$|H_{\nu' n-1 \nu n}|^2 = \frac{n\hbar\omega_0}{2\varepsilon_0 V} |(\mu_y)_{\nu' \nu}|^2 \quad \text{bei der Absorption.}$$

Bei der stimulierten Emission und Absorption sind die Betragsquadrate gleich und gehen bei $n = 1$ in das Betragsquadrat für die spontane Emission über.

Bei der spontanen Emission ist das Teilchensystem sich selbst überlassen und für die Beobachtung der emittierten Strahlung soll eine genügend große Zeit zur Verfügung stehen.[1] Dabei ist der Endzustand des Strahlungsfeldes nicht scharf bestimmt, nur die Erhaltung der Energie muß gewährleistet sein. Wir müssen alle möglichen Eigenschwingungen im Hohlraum berücksichtigen und über sie summieren. Wenn der Hohlraum sehr groß ist, geht die Summe in das Integral $\int \rho(\omega) d\omega \ldots = \int \hbar^{-1} \rho(\Delta W) d\Delta W \ldots$ über, wobei $\rho(\omega) = \frac{1}{2}\omega^2 V/\pi^2 c^3 \hbar$ gilt. Dabei nahmen wir an, daß das emittierte Licht linear polarisiert ist. Wenn genügend Zeit zur Verfügung steht, hat die Funktion $g(\Delta W)$ ein hohes und schmales Maximum bei der Kreisfrequenz ω_0, im Einklang mit der Energieerhaltung. Dagegen verändert sich die Zustandsdichte nur langsam mit der Kreisfrequenz. Die durchschnittliche Rate für die spontane Emission ist demnach:

[1] Wenn das nicht der Fall ist, werden Abweichungen vom exponentiellen Zerfallsgesetz beobachtet, siehe z.B. A.Peres, *Zeno paradox in quantum theory*, Am.J.Phys. **48** (1980) 931; W.M.Itano, D.J.Heinzen, J.J.Bolinger, D.J.Wineland, *Quantum Zeno effect*, Phys.Rev. A **41** (1990) 2295.

$$\frac{\overline{|c_{\nu' n'}|^2}}{t} = \int_0^\infty \frac{|c_{\nu' n'}|^2}{t} \rho(\Delta W) d\Delta W = \frac{|(\mu_y)_{\nu' \nu}|^2 \omega_0^3}{2\pi\varepsilon_0 c^3 \hbar} \,. \tag{1}$$

Bei einer Gesamtheit von N gleichen Teilchensystemen im ersten angeregten Zustand gibt die durchschnittliche Rate die zeitlich konstante relative Zahl der Systeme an, die durch spontane Emission in den Grundzustand übergehen:

$$-\frac{dN}{N dt} = \frac{\overline{|c_{\nu' n'}|^2}}{t} = \frac{1}{\tau} \,.$$

Die Zahl der Systeme im angeregten Zustand nimmt demnach mit der Zeit exponentiell ab:

$$N(t) = N(t=0) \exp(-t/\tau) \,. \tag{2}$$

Die durchschnittliche Rate gibt den Kehrwert der *Zerfallszeit* τ an. Das gilt bei der spontanen Emission, wenn die Strahlung nicht wiederholt auf die Systeme einwirkt, d.h. wenn man stimulierte Emission und Absorption vernachlässigen kann.

Bisher haben wir uns auf den eindimensionalen Fall beschränkt, wobei das elektrische Feld die Richtung der y-Achse und das magnetische Feld die Richtung der z-Achse hatte. Jedoch ist der dreidimensionale Fall bei der spontanen Emission nicht zu umgehen. Die Verallgemeinerung läßt sich schnell durchführen. Mit dem zusätzlichen Faktor 2 in der Zustandsdichte der elektromagnetischen Strahlung berücksichtigt man die zwei unabhängigen Polarisationen. Damit erhalten wir die durchschnittliche Rate für spontane Emission:

$$\frac{\overline{|c_{\nu' n'}|^2}}{t} = \frac{\omega_0^3}{3\pi\varepsilon_0 \hbar c^3} [|(\mu_x)_{\nu' \nu}|^2 + |(\mu_y)_{\nu' \nu}|^2 + |(\mu_z)_{\nu' \nu}|^2] \,. \tag{3}$$

Schließlich befassen wir uns noch mit der spontanen Emission für den besonderen Fall, daß sich das Teilchensystem als ein harmonischer Oszillator beschreiben läßt, z.B. für ein harmonisch gebundenes Elektron. Bei der spontanen Emission geht das Teilchensystem aus dem ersten angeregten Zustand des harmonischen Oszillators $\nu = 1$ in den Grundzustand $\nu' = 0$ über. Das Strahlungsfeld geht dabei aus dem Grundzustand $n = 0$ in den ersten angeregten Zustand $n' = 1$ über, d.h. ein Photon wird ausgestrahlt. Das Matrixelement des Dipolmomentes ist mit dem Matrixelement der Koordinate, das wir früher mit $x_{n' n}$ bezeichneten gegeben. In die letzte Gleichung setzen wir $(\mu_y)_{\nu' \nu} = -e_0 y_{\nu' \nu}$, also $(\mu_y)_{01} = -e_0\sqrt{\hbar/2m\omega}$ nach (**2**.10.2a). Wir nehmen an, daß von allen drei Komponenten nur $(\mu_y)_{\nu' \nu}$ von Null verschieden ist. Die durchschnittliche Rate für spontane Emission ergibt sich dann zu:

$$\frac{\overline{|c_{01}|^2}}{t} = \frac{\omega_0^3}{3\pi\varepsilon_0 \hbar c^3} \cdot \frac{e_0^2 \hbar}{2m\omega} = \frac{e_0^2 \omega_0^2}{6\pi\varepsilon_0 m c^3} \,. \tag{4}$$

Dabei ist m die Masse des Elektrons. Wegen der Energieerhaltung muß die klassische Kreisfrequenz des harmonischen Oszillators im Teilchensystem der Kreisfrequenz ω_0 der elektromagnetischen Strahlung gleich sein.

Die Rate für ein Teilchensystem, das man als einen harmonischen Oszillator beschreibt (4), stimmt überein mit dem Kehrwert der klassischen Zerfallszeit (3.5.2). Dabei wurde (4) für den dreidimensionalen Fall berechnet, in dem wir den Mittelwert über die Beiträge in drei Richtungen berücksichtigten und dann zwei von den Beiträgen gleich Null setzten. Auch die klassische Gleichung für den ausgestrahlten Energiefluß erhielten wir für einen in einer vorgeschriebenen Richtung schwingenden Dipol nach der Integration über den Raumwinkel.

Die Rate bei der stimulierten Emission und Absorption kann nach zwei Gesichtspunkten berechnet werden. Wenn man sich mit Laserlicht beschäftigt, wird der Unterschied von der stimulierten Emission und Absorption gegenüber der spontanen Emission hervorgehoben. Dagegen wird die Ähnlichkeit aller drei Prozesse in den Vordergrund gestellt, wenn man sich mit thermischem Licht beschäftigt. Im ersten Fall geht man davon aus, daß das Teilchensystem einer monochromatischen elektromagnetischen Strahlung ausgesetzt ist, die den Übergang aus einem bestimmten Anfangszustand in einen bestimmten Endzustand verursacht. Die Rate erhalten wir in diesem Falle, wenn wir einfach das Betragsquadrat des Matrixelementes in die entsprechende Gleichung einsetzen:

$$\frac{|c_{\nu' n'}|^2}{t} = \frac{\pi n \omega}{\varepsilon_0 V} g(\hbar\Delta\omega) |(\mu_y)_{\nu' \nu}|^2 \,. \tag{5}$$

Dabei bestimmt die Differenz der Photonenenergie $\hbar\omega$ und der Energie des Übergangs $\hbar\omega_0$, also $\Delta W = \hbar\omega - \hbar\omega_0 = \hbar\Delta\omega$, über die Funktion $g(\hbar\Delta\omega)$ die Rate. Die Spaltfunktion $g(\hbar\Delta\omega)$ enthält die Zeit, die in diesem Falle im allgemeinen nicht als unbegrenzt angenommen werden kann. In die Funktion $g(\hbar\Delta\omega)$ wird dabei die für die Messung zur Verfügung stehende Zeit eingesetzt. Bei der Beobachtung der stimulierten Emission und der Absorption ist dies gewöhnlich die Zerfallszeit für die spontane Emission, in der im Durchschnitt das Teilchensystem aus dem angeregten Zustand in einen Zustand mit niedrigerer Energie übergeht.

Wir haben die Spaltfunktion $g(\Delta W)$ (12.9) im Rahmen der zeitabhängigen Störungstheorie erhalten. Eine Fourier-Transformation zeigt dagegen, daß mit einer Strahlung mit exponentiell abfallender Amplitude (2) $g(\hbar\Delta\omega)$ in Form einer Lorentz-Funktion einhergeht.

Bei der stimulierten Strahlung ist die Phasendifferenz zwischen der am Anfang vorhandenen Strahlung und der stimuliert emittierten gleich Null und somit scharf bestimmt. Die Phase ist völlig unbestimmt, wenn die Photonenzahl bestimmt ist. Im allgemeinen ist es zwar möglich die Photonenzahl in der Strahlung zu bestimmen, die aus zwei Teilen mit bestimmter Phasendifferenz und völlig unbestimmter Phase zusammengesetzt wird. Jedoch ist es dann nicht möglich zu entscheiden, welche Photonen zu dem ersten und welche zu dem zweiten Teil der Strahlung gehören.

Im zweiten Fall geht man vom thermischen Licht aus und betrachtet nicht den Übergang aus einem gegebenen Zustand in einen anderen gegebenen Zustand bei der stimulierten Emission und Absorption. Wenn man die durchschnittliche Zahl der Photonen $\overline{n}$ einführt, folgt die durchschnittliche Rate als:[2]

$$\left\{\begin{matrix} \overline{n}+1 \\ \overline{n} \end{matrix}\right\} \frac{\omega_0^3 |(\mu_y)_{a'\,a}|^2}{2\pi\varepsilon_0 c^3 \hbar} \,.$$

Die obere Zeile bezieht sich auf die Emission, und zwar die durchschnittliche Photonenzahl $\overline{n}$ auf die stimulierte und 1 auf die spontane, die untere auf Absorption.

R.P.Feynman führt einfallsreich die durchschnittliche Übergangswahrscheinlichkeit pro Zeiteinheit als

$$\left\{\begin{matrix} \overline{n}+1 \\ \overline{n} \end{matrix}\right\} |A|^2$$

ein.[3] Dabei geht er nicht näher auf die Amplitude A ein und gibt nur an, daß der Energiefluß durch den Photonenfluß gemessen wird.

A.Beiser kommt zum selben Schluß, vergißt aber nicht zu betonen, daß die mittlere Photonenzahl $\overline{n} = 1/[\exp(\hbar\omega/k_B T) - 1]$ in allen praktisch interessanten Fällen, mit der Ausnahme des Laserlichtes, äußerst klein ist.[4] Auf thermisches Licht bezieht sich auch die Symmetrie der Ausdrücke für das Feld und für ein Teilchensystem, das als ein harmonischer Oszillator beschrieben werden kann.[5]

4.15 Halbklassische Näherung

Die halbklassische Näherung für die spontane Emission vermittelt eine Beziehung zu den entsprechenden Gleichungen der Maxwell-Elektrodynamik.

In der *halbklassischen Näherung* wird im allgemeinen das Teilchensystem im Rahmen der Quantenmechanik und die elektromagnetischen Wellen im Rahmen de Maxwell-Elektrodynamik behandelt. Das Teilchensystem wird in der Zwei-Zustands-Näherung beschrieben und der Übergang des Teilchensystems aus dem angeregten Zustand in den Grundzustand mit der zusammengesetzten Wellenfunktion

[2] R.B.Leighton, *Principles of Modern Physics*, McGraw-Hill, New York 1959, S.228.

[3] R.P.Feynman, R.B.Leighton, M.Sands, *Vorlesungen über Physik*, Band III, *Quantenmechanik*, R.Oldenbourg, München und Addison-Wesley, Reading, Mass. 1971, S.4-8.

[4] A.Beiser, *Concepts of Modern Physics*, McGraw-Hill, New York 1967, S.262.

[5] J.Strnad, *Quantenelektrodynamik für Anfänger, Strahlungsübergänge in der Quantenelektrodynamik für Anfänger*, Physik und Didaktik **11** (1983) 198, 270

$$\Psi_b(y,t) = c_1(t)u_1(y)\exp(-iW_1t/\hbar) + c_2(t)u_2(y)\exp(-iW_2t/\hbar)$$

simuliert. Größen mit dem Index 1 beziehen sich auf den Grundzustand und Größen mit dem Index 2 auf den ersten angeregten Zustand. Die Koeffizienten c_1 und c_2 werden als reell angenommen und verändern sich nur langsam mit der Zeit, so daß sie während des Zeitintervalls $2\pi\hbar/W_1$ und $2\pi\hbar/W_2$ als konstant gelten können. Die zusammengesetzte Wellenfunktion ist normiert, so daß $c_1^2 + c_2^2 = 1$ gilt, und die Eigenfunktionen u_1 und u_2 sind orthonormiert. Wir berechnen den Erwartungswert der Energie

$$W_{bb} = c_1^2 W_1 + c_2^2 W_2$$

und des elektrischen Dipolmomentes:

$$\mu_{bb} = -e_0 \int \Psi_b^* \hat{y} \Psi_b dy = -2e_0 c_1 c_2 y_{12} \cos\omega_{12} t \,.$$

Dabei führten wir die Bezeichnungen

$$\omega_{12} = \frac{W_2 - W_1}{\hbar} \qquad \text{und} \qquad y_{12} = \int u_1^* y u_2 dy$$

ein. Der Vergleich von entsprechenden klassischen und quantenmechanischen Gleichungen zwingt uns ω_{12} der klassischen Kreisfrequenz ω und $2c_1c_2y_{12}$ der klassischen Amplitude y_0 gleichzusetzen. Somit gelangen wir zur Gleichung:

$$\frac{dc_1^2}{c_1^2 c_2^2} = \frac{dt}{\tau} \qquad \text{mit} \qquad \frac{1}{\tau} = \frac{\omega_{12}^3 e_0^2 y_{12}^2}{3\pi\varepsilon_0 c^3 \hbar} \,.$$

Wir können die Differentialgleichung näherungsweise für sehr kleine Zeiten $t \ll \tau$ lösen. Dann ist das System mit großer Wahrscheinlichkeit noch im angeregten Zustand und $c_1 \ll 1$ und $c_2 \approx 1$. Es folgt:

$$c_1^2 = \exp(t/\tau) - 1 \approx t/\tau + \mathcal{O}(t^2/\tau^2) \,.$$

Dabei gibt $\mathcal{O}$ die niedrigste vernachlässigte Potenz an.

Wenn man auf die Näherung verzichtet, bekommt man aber

$$c_1^2 = \frac{1}{\exp[-(t-t^*)/\tau] + 1}$$

mit der Zeit $t^* = \tau \ln[c_2^2(t=0)/c_1^2(t=0)]$, die den Zeitpunkt angibt, in dem das Produkt $c_1^2 c_2^2$ den Maximalwert $\frac{1}{4}$ erreicht.

Nicht die Näherung, wohl aber die genaue Lösung macht auf eine Unzulänglichkeit der halbklassischen Berechnung aufmerksam. Wenn das System am Anfang im angeregten Zustand ist und $c_1(t = 0) = 0$ und $c_2(t = 0) = 1$ ist, kommt es überhaupt nicht zum Übergang. Wenn es nicht zur spontanen Emission kommt, kann der angeregte Zustand eine scharf bestimmte Energie haben, so daß man dabei auf keinen Widerspruch stößt. Man muß jedoch die Quantentheorie zu Rate ziehen und sich auf die Vakuumschwankungen berufen, um erklären zu können, wie ein spontaner Übergang zustandekommt. Die Vakuumschwankungen genügen, das System nur schwach zu stören, dann beschreibt die halbklassische Näherung auf die angegebene Weise den weiteren Verlauf des Übergangs.

Bei der stimulierten Emission und Absorption gibt es in der halbklassischen Näherung keine Schwierigkeiten dieser Art. Man muß sich aber anderer Kunstgriffe bedienen, um zu zeigen, daß die Rate der Photonenzahl im Anfangszustand proportional ist.

4.16 Einstein-Koeffizienten

Einstein-Koeffizienten verbinden die Übergangsraten für spontane und stimulierte Emission und Absorption.

Wir betrachten eine Gesamtheit von Atomen in der Zwei-Zustands-Näherung im thermischen Gleichgewicht mit der Strahlung im Hohlraum. Die Energie des ersten Zustandes W_1 soll kleiner als die Energie W_2 des zweiten Zustandes sein. Ein Atom im ersten Zustand kann ein Photon mit der Energie $\hbar\omega_{12} = \hbar\omega_0 = W_2 - W_1$ absorbieren und in den zweiten Zustand übergehen. Ein Atom im zweiten Zustand kann ein Photon der gleichen Energie spontan oder stimuliert emittieren und in den ersten Zustand übergehen.

Die Zahl der Atome, die pro Zeiteinheit absorbieren oder emittieren, ist von der Spektraldichte $u(\omega)$ der Strahlung im Hohlraum abhängig. Der Zustand der elektromagnetischen Strahlung im Hohlraum ist nicht scharf bestimmt, so daß man alle möglichen Zustände berücksichtigen und über sie summieren muß. Wenn der Hohlraum sehr groß ist, kann man die Summe durch ein Integral ersetzen. Die Rate für stimulierte Emission und Absorption ist noch der Funktion $g(\hbar\Delta\omega)$ proportional, die bei $\Delta\omega = \omega - \omega_0$ ein ausgeprägtes Maximum aufweist. Die Spektraldichte $u(\omega)$ ändert sich mit der Kreisfrequenz nur langsam, so daß man von der Kreisfrequenz ω_0 ausgehen kann. In der Zeiteinheit absorbieren

$$B_{12}N_1 \int_0^\infty u(\omega)g(\hbar\Delta\omega)d\omega = B_{12}N_1 u(\omega_0)$$

Atome und emittieren

$$B_{21}N_2 \int_0^\infty u(\omega)g(\hbar\Delta\omega)d\omega = B_{21}N_2u(\omega_0)$$

Atome. Dabei ist N_1 die Zahl der Atome im ersten Zustand und N_2 die Zahl der Atome in zweiten Zustand. In der Zeiteinheit emittieren noch spontan

$$A_{21}N_2 = \frac{N_2}{\tau}$$

Atome. A_{21}, B_{12} und B_{21} sind die *Einstein-Koeffizienten.*

Im thermischen Gleichgewicht müssen sich Übergänge aus dem ersten in den zweiten Zustand durch Absorption und Übergänge aus dem zweiten Zustand in den ersten durch spontane und stimulierte Emission die Waage halten und gleichzeitig mit der Strahlung im Gleichgewicht sein:

$$N_1B_{12}u(\omega_0) = N_2A_{21} + N_2B_{21}u(\omega_0) .$$

Nach dem Boltzmann-Gesetz muß

$$\frac{N_1}{N_2} = \frac{const.\exp\left(-W_1/k_BT\right)}{const.\exp\left(-W_2/k_BT\right)} = \exp\frac{W_2 - W_1}{k_BT} = \exp\frac{\hbar\omega_o}{k_BT}$$

gelten, wenn wir annehmen, daß beide Zustände nicht entartet sind.

Wenn das nicht der Fall wäre, müßte man

$$\frac{N_1}{N_2} = \frac{const.g_1\exp\left(-W_1/k_BT\right)}{const.g_2\exp\left(-W_2/k_BT\right)}$$

setzen, wobei g_1 und g_2 die Entartungsgrade der beiden Zustände wären, also die Zahl der Zustände mit verschiedenen Eigenfunktionen, die zu den Eigenwerten W_1 und W_2 gehören würden.

Für die Spektraldichte folgt:

$$u(\omega_0) = \frac{A_{21}}{B_{12}\exp\left(\hbar\omega_0/k_BT\right) - B_{21}} .$$

Der Vergleich mit der Gleichung für die Spektraldichte zeigt sogleich, daß:

$$B_{12} = B_{21} \qquad \text{und} \qquad \frac{A_{21}}{B_{21}} = \frac{\hbar\omega_0^3}{\pi^2c^3}$$

sein muß.

Nun kann man das Verhältnis der spontanen und der stimulierten Strahlung ermitteln:

$$\frac{N_2 A_{21}}{N_2 B_{21} u(\omega_0)} = \exp\left(\frac{\hbar\omega_0}{k_B T}\right) - 1 \ .$$

Nimmt man an, daß die Sonne wie ein schwarzer Körper bei der Temperatur $T = 6000$ K strahlt, beläuft sich dieses Verhältnis für violettes Licht mit der Wellenlänge von 400 nm zu ungefähr 400 und für rotes Licht mit der Wellenlänge von 700 nm zu ungefähr 30. Dieser Schluß gilt nicht nur für die Strahlung des schwarzen Körpers, sondern für jede Strahlung, die bei statistischer Anregung der Atome zustande kommt. Bei üblichen Lichtquellen ist also die stimulierte Emission gegenüber der spontanen vernachlässigbar. Ist das der Fall, halten sich spontane Emission und Absorption die Waage: $N_2 A_{21} \approx N_1 B_{12} u(\omega_0)$.

Die Ausdrücke, die der stimulierten Emission und Absorption entsprechen, enthalten die Spektraldichte bei der entsprechenden Kreisfrequenz $u(\omega_0)$. Man kann ihren Beitrag gegenüber der spontanen Emission vergrößern, indem man die Spektraldichte bei dieser Kreisfrequenz anwachsen läßt. Das kann man erreichen, wenn man die Strahlung in einem optischen Resonator zwischen zwei Spiegeln einschließt. Es entsteht eine stehende Welle mit der Wellenlänge $\lambda_0 = 2\pi c/\omega_0$, wenn der Abstand zwischen den Spiegeln L ein Vielfaches der halben Wellenlänge ist (**3**.2.4b):

$$L = \mathcal{N} \cdot \tfrac{1}{2}\lambda_0 \ . \qquad (1)$$

Erreicht man eine genügend große Spektraldichte $u(\omega_0)$, ist die spontane Emission vernachlässigbar und es halten sich Absorption und stimulierte Emission die Waage, was zu $N_1 \approx N_2$ führt.

Die Absorption kann man unterdrücken, indem man die Zahl der Atome im höheren Zustand N_2 über die Zahl der Atome im niedrigeren Zustand N_1 anwachsen läßt. Diese *Inversion* oder *Überbesetzung* ist nicht im thermischen Gleichgewicht zu erreichen, in dem immer $N_1 < N_2$ ist. Man muß demzufolge auf die Atome von außen einwirken und noch einen oder zwei zusätzliche Zustände einbeziehen. Tut man das, bekommt man eine Quelle der stimulierten Strahlung, einen Lichtoszillator, *Laser* (**L**ight **A**mplification by **S**timulated **E**mission of **R**adiation, Lichtverstärkung durch stimulierte Emission der Strahlung).

Die Koeffizienten wurden von Albert Einstein eingeführt.[1] Einstein vertrat nach 1905 verschiedene Ansichten über die Quantisierung der Strahlung. In den Jahren 1914–1916 leitete er von der Quantisierung der Energie von Atomen ausgehend die Strahlungsformel von Planck her. Er benutzte ein Zwei-Zustands-Modell für Atome und die Statistik von Boltzmann, ähnlich wie wir es taten. Um die Strahlungsformel zu bekommen, mußte er die stimulierte Strahlung einführen.

[1] A.Einstein, *Strahlungs-Emission und Absorption nach der Quantentheorie*, Verh. d. D. Phys. Ges. **18** (1916) 318; *Zur Quantentheorie der Strahlung*, Phys.Z. **18** (1917) 121

4.17 Spontane Emission

Eine eingehender Diskussion der spontanen Emission verweist auf tiefliegende Probleme bei Strahlungsübergängen.

Wir kommen auf die spontane Emission zurück, die sich nicht völlig in der halbklassischen Näherung erklären läßt. In der Maxwell-Elektrodynamik nimmt man an, daß der schwingende Dipol Energie ausstrahlt, weil beschleunigte Ladungen strahlen. Die pro Zeiteinheit ausgestrahlte Energie wird dem Energiefluß gleichgesetzt und auf diese Weise die Zerfallszeit ermittelt. Das führt aber dazu, daß man in die Newton-Bewegungsgleichung die Kraft des eigenen Feldes auf die schwingende Ladung berücksichtigen muß in der Form

$$e_0 E_R = \frac{e_0^2}{6\pi\varepsilon_0 c^3}\frac{d^3y}{dt^3} - e_0 K\frac{d^2y}{dt^2},$$

wenn man das gleiche Ergebnis erhalten will (s.Ende des Abschnitts 3.5). Für eine in der Richtung der y-Achse schwingende Punktladung liegt auch die Kraft auf dieser Achse. K ist eine Konstante. Daß der angegebene Ansatz richtig ausgewählt wurde, kann man nachprüfen, indem man den ausgestrahlten Energiefluß ermittelt. Für die schwingende Ladung nehmen wir:

$$y = y_0\cos\omega_0 t,\ v = \frac{dy}{dt} = -\omega_0 y_0 \sin\omega_0 t,$$
$$\frac{d^2y}{dt^2} = -\omega_0^2\cos\omega_0 t,\ \frac{d^3y}{dt^3} = \omega_0^3 y_0\sin\omega_0 t\,.$$

Das wird in die Bewegungsgleichung eingesetzt:

$$e_0 E\frac{dy}{dt} = -\frac{e_0^2\omega_0^3 y_0^2}{6\pi\varepsilon_0 c^3}\sin^2\omega_0 t - e_0 K\omega_0^4 y_0^2 \sin\omega_0 t\cos\omega_0 t\,.$$

Die zeitliche Mittelung ergibt in der Tat den bekannten Energiefluß eines schwingenden Dipols:

$$-\frac{e_0^2\omega_0^4 y_0^2}{12\pi\varepsilon_0 c^3}\,.$$

Das elektrische Feld mit der Feldstärke E_R wird das *Reaktionsstrahlungsfeld* genannt. In der Maxwell-Elektrodynamik muß man also zur Erklärung der spontanen Emission das Reaktionsstrahlungsfeld heranziehen.

Wenn man in der Quantentheorie dieses Feld berücksichtigt, kann man die Rate berechnen. Wir wollen diese Rechnung nicht im Detail verfolgen, sondern begnügen uns mit dem Schluß: das Ergebnis erreicht nur die Hälfte unseres berechneten Wertes. Dabei denkt man unwillkürlich an die Energie des Grundzustandes $\frac{1}{2}\hbar\omega_0$, die Vakuumschwankungen, die den Übergang anfachen. Wenn sich das strahlende Atom in einem sehr großen Hohlraum befindet, müssen wir das kontinuierliche Spektrum berücksichtigen, bei welchem dem Intervall der Kreisfrequenz $d\omega$ die Energie

$$\tfrac{1}{2}\hbar\omega_0\rho(\omega_0)d\omega = \tfrac{1}{2}\hbar\omega_0\tfrac{V\omega_0^2}{\pi^2c^3}d\omega = \tfrac{V\hbar\omega_0^3}{2\pi^2c^3}d\omega$$

zukommt. Erinnern wir uns an die Beziehung zwischen den Einstein-Koeffizienten für spontane und stimulierte Emission:

$$\frac{1}{\tau} = A_{21} = B_{21}\frac{\hbar\omega_0^3}{\pi^2c^3} .$$

Die Energiedichte der Vakuumschwankungen entspricht der Hälfte des Bruches auf der linken Seite der letzten Gleichung. Das bedeutet, daß man die Hälfte der Übergangswahrscheinlichkeit bekommt, wenn man die Energiedichte der Vakuumschwankungen mit dem Koeffizienten für stimulierte Emission multipliziert. Für diesen Teil kann man sagen, daß er auf die stimulierte Emission, verursacht durch die Vakuumschwankungen, zurückzuführen ist. Die andere Hälfte trägt das Reaktionsfeld bei.

Wir müssen noch erklären, warum es keine Absorption gibt, die durch die Vakuumschwankungen verursacht wäre. Die Koeffizienten für die stimulierte Emission und die Absorption, B_{21} und B_{12} sind nämlich gleich, wenn man von der Entartung absieht. Deswegen würde man annehmen, daß das Strahlungsfeld der Vakuumschwankungen zur Absorption führen kann, wenn es zur stimulierten Emission kommt. Eine mögliche Erklärung lautet folgendermaßen: Im angeregten Zustand addieren sich die Beiträge des Reaktionsfeldes und der Vakuumschwankungen:

$$\frac{1}{\tau} = \tfrac{1}{2}A_{21} + \tfrac{1}{2}A_{21} = A_{21} .$$

Im Grundzustand werden sie dagegen subtrahiert:

$$\tfrac{1}{2}A_{21} - \tfrac{1}{2}A_{21} = 0 .$$

Alle Einzelheiten sind dabei noch nicht geklärt.[1]

[1] P.W.Milloni, *Why spontaneous emission*, Am.J.Phys. **52** (1984) 340.

4.18 Gibt es eine Photonen-Wellenfunktion?

Die Frage nach einer Photonen-Wellenfunktion drängt sich auf, weil man oft die Behauptung hört, daß sich Elektronen wie Licht oder wie Photonen verhalten.

Die Frage kann man nach einer allgemeinen Überlegung von L.D.Landau und R.Peierls aus dem Jahre 1930 mit nein beantworten.[1] Licht bzw. Photonen muß man in einer relativistischen Theorie beschreiben. Wenn es eine Photonen-Wellenfunktion gäbe, müßte sich die aus ihr gebildete Wahrscheinlichkeitsdichte wie die zeitliche Komponente eines Vierervektors transformieren, nicht wie ein Skalar. Das bedeutet, daß die Transformationsgleichung die Form der Lorentz-Transformation für die Zeit haben müßte. Monochromatische ebene Wellen muß man am gegebenen Ort mit dem Wellenvektor und der zu ihm senkrechten Polarisationsrichtung beschreiben. Zusammen mit der Amplitude und Phase erfordert dies sechs Angaben, die zu einem schiefsymmetrischen Tensor (zweiten Ranges) zusammengesetzt werden können. Aus einem solchen Tensor kann man aber keinen Tensor ungeraden Ranges bilden, in unserem Falle einen Vierervektor oder Tensor ersten Ranges mit vier Komponenten.

Man könnte meinen, daß sich nach einer solchen klaren Aussage jede weitere Diskussion erübrigt. Die Behandlung der Interferenz beim Doppelspaltexperiment führte jedoch zu einem Ergebnis, das wir die Wahrscheinlichkeitsdichte für Photonen in einer gewissen Analogie zu der für Elektronen sehen können. Deswegen lohnt es sich der Frage weiter nachzugehen.

Nehmen wir an, wir haben es bei einem Experiment nur mit einem Photon zu tun. Es befinden sich in einer Lichtquelle nur sehr wenige Atome im angeregten Zustand und die Emission erfolgt so selten, daß im Durchschnitt weniger als ein Photon in der Meßanordnung vorhanden ist. Beim Messen mit einem idealen Photonendetektor ist der Erwartungswert des Operators $\hat{E}^-\hat{E}^+$ maßgebend, der in unserem Falle zu dem Erwartungswert $\langle 1|\hat{E}^-\hat{E}^+|1\rangle$ führt. Diesen kann man umformen, indem man einen vollständigen Satz von Eigenfunktionen zwischen die Operatoren $\hat{E}^-$ und $\hat{E}^+$ einbaut. Wenn man es höchstens mit einem Photon zu tun hat, kommt nur das Matrixelement zwischen dem Vakuum und dem Zustand mit einem Photon zur Geltung:

$$\langle 1|\hat{E}^-\hat{E}^+|1\rangle = \langle 1|\hat{E}^-|0\rangle\langle 0|\hat{E}^+|1\rangle = |\langle 0|\hat{E}^+|1\rangle|^2 \,.$$

Die Erwartungswerte $\langle 1|\hat{E}^\pm|1\rangle$ sind nämlich gleich Null. Mit diesem Schritt sind wir einen Teil des Weges bei der Energiemessung in umgekehrter Richtung gegangen.

[1] L.Landau, R.Peierls, *Erweiterung des Unbestimmtheitsprinzips für die relativistische Quantentheorie*, Z.Phys. **69** (1931) 56

Das mit $\sqrt{2\varepsilon_0 V}$ multiplizierte Matrixelement $\langle 0|\hat{E}^+|1\rangle$ kann man unter besonderen Bedingungen als die Photonen-Wellenfunktion auffassen. Es soll dabei betont werden, daß das Matrixelement komplex ist und nicht unmittelbar beobachtet oder gemessen werden kann. Das bedeutet, um es nochmals zu sagen, daß es nicht möglich ist zu gegebener Zeit am bestimmten Ort die Feldstärke anzugeben.[2] Das Ergebnis ist nach L.Landau und R.Peierls auch nicht Lorentz-kovariant. Der Ausdruck $\sqrt{2\varepsilon_0 V}\langle 0|\hat{E}^+|1\rangle$ führt zu:

$$2\varepsilon_0 V|\langle 0|\hat{E}^+|1\rangle|^2 = \hbar\omega \; .$$

Das gibt die Energie des Photons wieder und man sollte dabei eigentlich von der *Energiewahrscheinlichkeitsdichte* sprechen. Beim Elektron ist es anders, die Wahrscheinlichkeitsdichte ist zu Eins normiert.

Man muß bedenken, daß sich Elektronen in zwei wesentlichen Zügen von Photonen unterscheiden. Licht verbreitet sich immer mit der Lichtgeschwindigkeit und demgemäß haben Photonen Ruheenergie und Ruhemasse Null. Man wendet fast gar keine Energie auf, um ein Photon mit sehr kleiner Kreisfrequenz zu erzeugen. Das hat zur Folge, daß im Prinzip die Zahl der Photonen im abgeschlossenen System nicht vorgegeben werden kann. Außerdem gilt für Photonen nicht das Pauli-Prinzip, das für Elektronen gilt. In einem System können zwei Elektronen nicht im selben Zustand sein, wogegen das für viele Photonen möglich ist. Das ist die Folge des unterschiedlichen Spins: das Elektron hat Spin $\frac{1}{2}$, ist ein Fermion und gehorcht der Fermi-Dirac-Statistik, das Photon hat Spin 1, ist ein Boson und gehorcht der Bose-Einstein-Statistik.

Betrachten wir von der Zeit $t = 0$ an ein Atom im ersten angeregten Zustand. Im Wechselwirkung-Bild tritt im Übergangsmatrixelement der zeitunabhängige Operator $\hat{E}^+$ der elektrischen Feldstärke auf. Der zum Feld gehörende Teil ist dann bei der Bedingung $x < ct$ zu

$$\sqrt{\omega}\exp i(kx - \omega t) = \sqrt{ck}\exp i(kx - \omega t)$$

proportional. Das gilt für den Einmoden-Fall. Wie wir schon mehrmals betonten, entspricht aber dem angeregten Zustand u.a. keine scharf bestimmte Energie. Wir müssen deswegen auf den Vielmoden-Fall zurückgreifen und eine Summation über verschiedene Moden des Einmoden-Ergebnisses durchführen. Nehmen wir das Volumen des Hohlraumes V als genügend groß an, so entsteht aus dem diskreten Spektrum ein kontinuierliches und wird aus der Summe ein Integral über k. Wenn wir ein Gauß-Spektrum, proportional zu $\exp\left[-\frac{1}{2}(k - k_0)^2/\kappa^2\right]$ annehmen, dann ist das Matrixelement $\langle 0|\hat{E}^+|1\rangle$ zu:

[2] G.Henderson, *Quantum dynamics and a semiclassical description of the photon*, Am.J.Phys. **48** (1980) 604,
J.Strnad, *Photons in introductory quantum physics*, Am.J.Phys. **54** (1986) 650
siehe auch D.G.C.Jones, *Two slit interference-classical and quantum pictures*, Eur.J.Phys. **15** (1994) 170

$$\frac{1}{r}\exp\left[-\tfrac{1}{2}\kappa^2(r-ct)^2\right]\exp ik_0(r-ct) \qquad r < ct$$

proportional. Wir ersetzten dabei x mit der Entfernung r vom Atom und berücksichtigten mit r im Nenner die sphärische Symmetrie.

Die Energiewahrscheinlichkeitsdichte ist zu $|\langle 1|\hat{E}^+|1\rangle|^2$ und somit zu

$$\frac{1}{r^2}\exp\left[-\kappa^2(r-ct)^2\right] \qquad r < ct$$

proportional. Sie klingt ab mit κ^{-1} in der Entfernung und mit $(\kappa c)^{-1}$ in der Zeit. Diese Energiewahrscheinlichkeitsdichte darf man sich als eine zum Atom konzentrische Schale mit der Dicke $\approx \kappa^{-1}$ vorstellen, die sich mit der Geschwindigkeit c aufbläht (Bild 4.4). Größenordnungsmäßig gibt man $(\kappa c)^{-1}$ mit 10^{-8} s und κ^{-1} mit einigen Metern an.

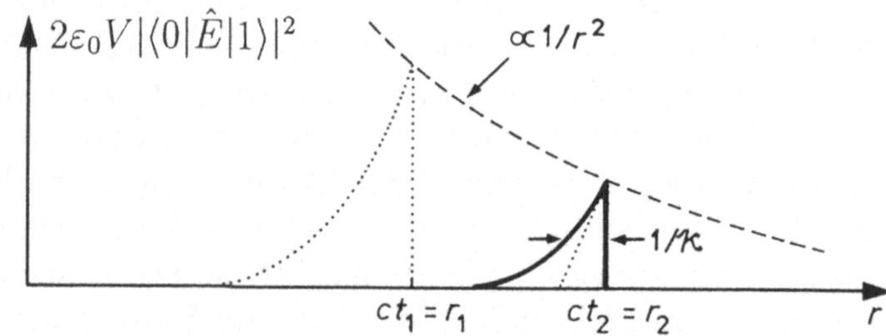

Bild 4.4 Die angenäherte Abhängigkeit des Betragsquadrats der „Photonenwellenfunktion“ für einen früheren (punktiert) und späteren (ausgezogen) Zeitpunkt.

Das Ansprechen eines Detektors auf ein Photon wird auf die gleiche Weise beschrieben wie das Ansprechen eines Detektors auf ein Elektron. Im Augenblick, in dem der Detektor auf das Photon anspricht, fällt die Energiewahrscheinlichkeitsdichte in sich zusammen. Es kommt zur *Reduktion*: aus Wahrscheinlichkeit wird Gewißheit.

Unsere Betrachtung hat gezeigt, daß sich unter besonderen Bedingungen näherungsweise eine Photon-Wellenfunktion aufstellen läßt, die man sich im Raum vorstellen kann. Die Ortsunschärfe entspricht dabei der Kohärenzlänge κ^{-1} und nicht etwa der Wellenlänge λ_0.

Die Überlegung wollen wir mit der Frage abschließen, ob die Behauptung zutrifft, daß die Wellengleichung im Schrödinger-Bild die Bewegungsgleichung des Photons ist. Diese Wellengleichung wird meist für das Vektorpotential angegeben. Wir gehen aber von der Wellengleichung für die Feldstärke in einer Dimension aus:

$$\frac{\partial^2 E}{\partial x^2} = c^{-2}\frac{\partial^2 E}{\partial t^2}\ .$$

Für eine monochromatische Welle kann man $E \propto \exp(-i\omega t)$ ansetzen und nur eine Ableitung nach der Zeit von beiden ausführen:

$$\frac{\partial^2 E}{\partial x^2} = -\frac{i\omega}{c^2}\frac{\partial E}{\partial t} .$$

Diese Gleichung kann man formal als eine Schrödinger-Gleichung[3]

$$-\frac{\hbar^2}{m^*}\frac{\partial^2 E}{\partial x^2} = i\hbar\frac{\partial E}{\partial t}$$

auffassen, wenn man vom üblichen Faktor $\frac{1}{2}$ auf der linken Seite absieht und dem Photon formal eine Masse $m^* = \hbar\omega/c^2$ zuschreibt. Diese Gleichung gilt nur für monochromatische Strahlung. Die *effektive Masse* m^* hängt dabei von der Kreisfrequenz ab. Wenn die elektrische Feldstärke E oder das Vektorpotential A als Photonen-Wellenfunktion aufgefaßt wird, kann sich die Energiewahrscheinlichkeitsdichte nicht im Raum und mit der Zeit ändern. Das Photon kann dabei nicht lokalisiert werden.

Die Photonen-Wellenfunktion diskutierten E.C.G.Sudarshan und T.Rothman im Bezug auf die Behandlung des Doppelspaltexperiments in Lehrbüchern.[4] Sie betonten, daß die Interferenz zwischen kohärenten Zuständen erfolgt und nicht zwischen Anzahlzuständen. Zwei von den angesprochenen Autoren wiesen in ihrer Erwiderung auf die Schwierigkeiten bei der Behandlung in Lehrbüchern hin.[5]

> Es macht keinen Unterschied, ob man ρ als das Quadrat der elektrischen Feldstärke oder die Photonenwahrscheinlichkeitsdichte aufnimmt.
>
> E.M.Purcell, *The question of correlations between photons*, Nature **178** (1956) 1449

> Das Interferenzbild hängt von der Zahl der Photonen ab, die mit dem Film wechselwirken, nicht von dem Photonenstrom. Auch wenn die Feldstärke so klein ist, daß im gegebenen Zeitintervall nur ein Photon den Schirm trifft, sagt die Wellentheorie das zutreffende durchschnittliche Interferenzmuster voraus. Deswegen muß E^2 proportional sein zu der Wahrscheinlichkeit, daß ein Photon im Volumenelement anwesend ist, nicht aber zu der Anzahl der Photonen im Volumenelement. In Punkten des Filmes, in denen E^2 gleich Null ist, werden nie Photonen beobachtet, mit großer Wahrscheinlichkeit werden sie aber in Punkten beobachtet, in denen E^2 groß ist.
>
> P.A.Tipler, *Foundations of Modern Physics*, Worth Publishers, New York 1969, S.208

[3]R.A.Young, *Thinking of the photon as a quantum mechanical particle*, Am.J.Phys. **44** (1976) 1043

[4]E.C.G.Sudarshan, T.Rothman, *The two-slit interferometer reexamined*, Am.J.Phys. **59** (1991) 592

[5]E.Merzbacher, D.Park, *Comment on „The two-slit interferometer reexamined“*, Am.J.Phys. **60** (1992) 946

4.19 Photonen und Elektronen

Elektronen müssen im Rahmen der relativistischen Quantenmechanik mit der Dirac-Gleichung beschrieben werden. Komplizierte mathematische Ausdrücke werden durch Feynman-Graphen dargestellt.

Die Quantenelektrodynamik im Sinne einer Photonen und Elektronen umfassenden Theorie wird als alltägliches Werkzeug in der Hochenergiephysik beim Studium von Teilchen mit Ladung und/oder magnetischem Moment und der Wechselwirkung zwischen ihnen benötigt. Wir wollen nicht in diesen Teil der Theorie vordringen, sondern versuchen, nur mit einigen Bemerkungen zu zeigen, welche Schritte zu ihr führen. Der erste Schritt ist die Quantisierung des Teilchenfeldes. Ähnlich wie wir früher das elektromagnetische Feld quantisierten, z.B. über das Vektorpotential $A(x, t)$, quantisieren wir jetzt die Wellenfunktion z.B. des Elektrons $\Psi(x, t)$. Wir führen zu diesem Zweck die Teilchenzahlrepresentation mit den Erzeugungs- und Vernichtungsoperatoren ein. Für den Vernichtungsoperator $\hat{b}_r$ und den Erzeugungsoperator $\hat{b}_r^\dagger$ gilt aber jetzt eine andere Vertauschungsbeziehung:

$$\hat{b}_r\hat{b}_r^\dagger + \hat{b}_r^\dagger\hat{b}_r = 1 \ .$$

Dieser Operator mit dem Pluszeichen wird der *Antikommutator* genannt. Man kann sich leicht überzeugen, daß in diesem Falle der Anzahloperator $\hat{n}_r = \hat{b}_r^\dagger\hat{b}_r$ und sein Quadrat $\hat{n}_r^2 = \hat{b}_r^\dagger\hat{b}_r\hat{b}_r^\dagger\hat{b}_r$ zum gleichen Ergebnis führen. Daraus folgt, daß der Anzahloperator nur die beiden Eigenwerte 0 oder 1 haben kann. Diese Vertauschungsbeziehung berücksichtigt deswegen das Pauli-Prinzip und ist für die Beschreibung von Teilchen mit Spin $\frac{1}{2}$, z.B. Elektronen, zu gebrauchen. Der Index r bezieht sich auf Elektronen mit gegebenem Impuls und gegebener magnetischer Quantenzahl $\frac{1}{2}$ oder $-\frac{1}{2}$.

Die Schrödinger-Gleichung $\hat{H} = i\hbar\partial/\partial t$, ist nicht im Einkleng mit der speziellen Relativitätstheorie. Iin ihr ist der Hamilton-Operator $\hat{H} = \hat{T} + \hat{V} = \frac{1}{2}\hat{p}^2/m + V(x)$ der Newton-Mechanik entnommen. Eine relativistische Gleichung bekommen wir, wenn wir die bekannte relativistische Beziehung $W^2 = c^2p^2 + m^2c^4$ in die Operatorgleichung übersetzen

$$\hat{H}^2 = c^2\hat{p}^2 + m^2c^4$$

oder

$$-\hbar^2\frac{\partial^2\Psi}{\partial t^2} = -c^2\hbar^2\frac{\partial^2\Psi}{x^2} + m^2c^4\Psi \ ,$$

wenn wir die von rechts mit der Wellenfunktion $\Psi = \Psi(x, t)$ multiplizieren. Diese *Klein-Gordon-Gleichung* gibt die Wellengleichung, wenn in sie für die Masse der Teilchen $m = 0$ eingesetzt wird. Mit der Klein-Gordon-Gleichung beschreibt man Teilchen mit Masse, die so wie Photonen ganzzahligen Spin haben, z.B. Pionen. Mit ihr kann man nicht Elektronen mit Spin $\frac{1}{2}$ beschreiben.

Versuchen wir die Gleichung zu *linearisieren*, das heißt so zu schreiben, daß auf der einen Seite der Operator $\hat{H} = i\hbar\partial\, /\partial t$ auftritt. Auf der anderen Seite muß dann ein Operator $\alpha c\hat{p} + \beta mc^2$ auftreten, für den die Gleichung

$$(\alpha c\hat{p} + \beta mc^2)(\alpha c\hat{p} + \beta mc^2) = c^2\hat{p}^2 + m^2c^4$$

gilt. Die aus ihr folgenden Bedingungen

$$\alpha^2 = 1 \qquad \beta^2 = 1 \qquad \alpha\beta + \alpha\beta = 1$$

können nicht mit Zahlen erfüllt werden. Dies gelingt jedoch mit Matrizen:

$$\alpha = \begin{pmatrix} 0 & -1 \\ 1 & 0 \end{pmatrix} \qquad \beta = \begin{pmatrix} 0 & 1 \\ 1 & 0 \end{pmatrix} .$$

Das führt zu einer beträchtlichen Komplikation. Man muß die Wellenfunktion als einen Spaltenvektor mit zwei Komponenten einführen. Die eine entspricht der magnetischen Quantenzahl $\frac{1}{2}$ die andere der magnetischen Quantenzahl $-\frac{1}{2}$. Doch sind wir damit noch nicht am Ende. Eine relativistische Wellenfunktion muß vier Komponenten haben, von denen zwei ein Elektron und die weiteren zwei sein Antiteilchen, das Positron, beschreiben. Dem Elektron und dem Positron entspricht dann ein Paar von Komponenten, die zu den magnetischen Quantenzahlen $\frac{1}{2}$ und $-\frac{1}{2}$ gehören.

Wir haben nur die eindimensionale Gleichung angegeben. Ihre dreidimensionale Verallgemeinerung, die *Dirac-Gleichung*, lautet:

$$c\frac{\hbar}{i}\left(\alpha_x\frac{\partial\Psi}{\partial x} + \alpha_y\frac{\partial\Psi}{\partial y} + \alpha_z\frac{\partial\Psi}{\partial z}\right) + \beta mc^2 = i\hbar\frac{\partial\Psi}{\partial t}$$

Dabei sind die *Dirac-Matrizen*:

$$\alpha_x = \begin{pmatrix} 0 & 0 & 0 & -1 \\ 0 & 0 & -1 & 0 \\ 0 & 1 & 0 & 0 \\ 1 & 0 & 0 & 0 \end{pmatrix}, \qquad \alpha_y = \begin{pmatrix} 0 & 0 & 0 & i \\ 0 & 0 & -i & 0 \\ 0 & -i & 0 & 0 \\ i & 0 & 0 & 0 \end{pmatrix}$$

$$\alpha_z = \begin{pmatrix} 0 & 0 & -1 & 0 \\ 0 & 0 & 0 & 1 \\ 1 & 0 & 0 & 0 \\ 0 & -1 & 0 & 0 \end{pmatrix} \quad \text{und} \quad \beta = \begin{pmatrix} 0 & 0 & 1 & 0 \\ 0 & 0 & 0 & 1 \\ 1 & 0 & 0 & 0 \\ 0 & 1 & 0 & 0 \end{pmatrix} .$$

Die Dirac-Gleichung beschreibt in einer natürlichen Weise Elektronen und ihre Antiteilchen.

Die Rate haben wir in der niedrigsten Näherung mit dem Übergangsmatrixelement:

$$H_I = \langle n'|\hat{H}_I|n\rangle$$

ausgedrückt, in dem mit n der Anfangszustand und mit n' der Endzustand bezeichnet wird. Die goldene Regel der Quantenmechanik bleibt auch in höheren Näherungen bestehen, wenn man das Matrixelement im Rahmen der *Störungstheorie* mit einer Art von Reihe, die an die Taylor-Reihe bei Funktionen erinnert, ausdrückt:

$$H_I = \langle n'|\hat{h}_I|n\rangle + \sum_m \frac{\langle n'|\hat{H}_I|m\rangle\langle m|\hat{H}_I|n\rangle}{W_n - W_n + i\eta}$$

$$+ \sum_m \sum_{m'} \frac{\langle n'|\hat{H}_I|m\rangle\langle m|\hat{H}_I|m'\rangle\langle m'|\hat{H}_I|n\rangle}{(W_n - W_m + i\eta)(W_n - W_{m'} + i\eta)} + \ldots .$$

Dabei bezeichnet $|m\rangle\langle m|$ einen vollständigen Satz von Eigenzuständen, über die summiert wird. $\hat{H}_I$ ist der für den Übergang verantwortliche Teil des Hamilton-Operators und η eine positive Konstante, die im Endresultat gleich Null gesetzt wird. Es wäre schwierig eine solche Reihe von Matrixelementen im Rahmen der speziellen Relativitätstheorie, also für Elektronen mit vierkomponentigem quantisiertem Dirac-Feld, auszuwerten.

Das sehr komplizierte Rechnen wird durch *Feynman-Graphen* beträchtlich erleichtert, die raum-zeitlich die einzelnen Glieder der Reihe darstellen. Dabei darf man die Bilder nicht als eine regelrechte Veranschaulichung auffassen, sondern nur als Stenogramme von Vorschriften zur Berechnung der Glieder. Sie sind nicht an die Feldquantisierung gebunden und können ohne sie eingeführt werden.[1] Auf die horizontale Achse tragen wir die Größe ct auf, und auf die vertikale stellvertretend für den dreidimensionalen Raum die Koordinate x. Gerade Linien mit Pfeilen in der Zeitrichtung entsprechen Elektronen, gerade Linien mit Pfeilen in der entgegengesetzten Richtung Positronen und wellenförmige Linien Photonen. Die Behandlung von Positronen als Elektronen, die sich in der Zeit rückwärts bewegen, führt zu einer beträchtlichen Vereinfachung.

Die Linien treffen sich im *Vertex*. Eine Elektronenlinie wird im Vertex fortgesetzt als eine solche in der gleichen Richtung oder als eine Positronenlinie in der umgekehrten Richtung. Eine Photonenlinie kann im Vertex enden. Wir geben einige Beispiele für einfache Feynman-Graphen (Bild 4.5 und 4.6).

Bisher haben wir uns vorgestellt, daß die Störung einen sprunghaften Übergang aus dem Anfangszustand in den Endzustand hervorruft. Nun erscheint es vorteilhaft sich vorzustellen, daß die Störung einen stetigen Übergang aus dem Anfangszustand Ψ_n in den Endzustand $\Psi_{n'}$ verursacht. Das Matrixelement

[1] F.Penzlin, *Die Methode der Feynmanschen Graphen*, Fortschr.d.Phys. **25** (1962) 358

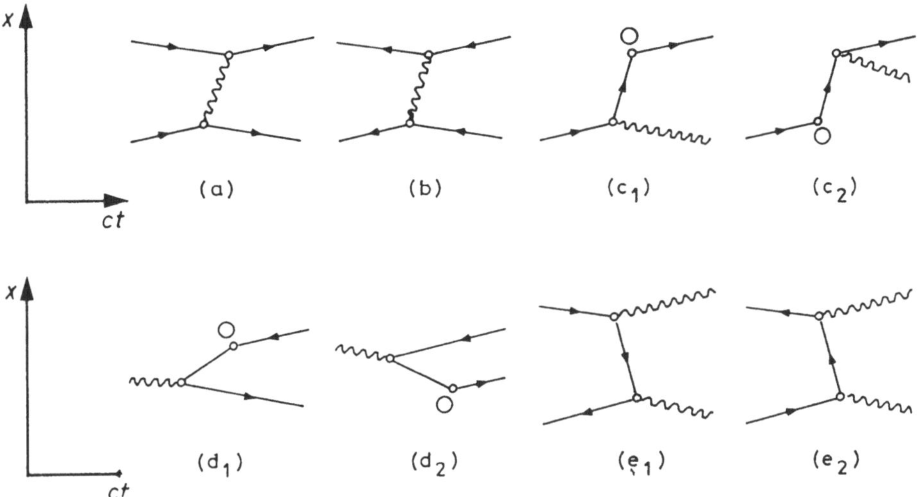

Bild 4.5 Feynman-Graphen für Prozesse erster Ordnung: (a) Streuung von Elektronen an Elektronen, (b) Streuung von Positronen an Positronen, (c_1) und (c_2) Bremsstrahlung, (d_1) und (d_2) Paarbildung, (e_1) und (e_2) Annihilation. Mit dem Kreis bezeichnet man das statische Feld eines geladenen Teilchens, das mit dem Potential beschrieben wird.

$$\langle n'|\hat{H}_I|n\rangle = \int \Psi_{n'}^* \hat{H}_I \Psi_n d^3r \ ,$$

das die Wahrscheinlichkeitsamplitude, diejenige Größe, deren Betragsquadrat die Wahrscheinlichkeit für den Übergang aus dem Anfangszustand in den Endzustand angibt, denke man sich aus drei Teilen zusammengesetzt. Ψ_n ist die Amplitude, daß das System in den Anfangszustand im Punkt 1 gelangt, $\hat{H}_I$ die Amplitude, mit der die Störung auf das System wirkt, und $\Psi_{n'}^*$ die Amplitude, daß das System in den Endzustand im Punkt 2 gelangt.[2]

Das neue Bild ermöglicht auch die Angabe von Ausdrücken für Prozesse höherer Ordnung. Das System gelangt in einen Punkt, in dem auf ihn die Störung wirkt und ihn in einen anderen Zustand versetzt. Dann gelangt das System in einen anderen Punkt, in dem wiederum die Störung auf ihn wirkt und so weiter. Die Ordnung des Prozesses, die im allgemeinen mit der Zahl der Photonenlinien im Graphen gegeben ist, fällt mit der Zahl der Störungswirkungen zusammen. Es gibt Photonenlinien, die zwischen zwei Vertices verlaufen. In diesem Falle kann man zwar formal annehmen, daß Energie und Impuls erhalten bleiben, doch gilt die Gleichung $W^2 = c^2p^2 + m^2c^4$ nicht. Wir sprechen dann von *virtuellen Photonen.*

[2] W.Heitler, *The Quantum Theory of Radiation*, Clarendon Press, Oxford 1957, S.211; D.Marcuse, *Engineering Quantum Electrodynamics*, Hartcourt, Brace and World, New York 1970; E.G.Harris, *A Pedestrian Approach to Quantum Field Theory*, Wiley-Interscience, New York 1958

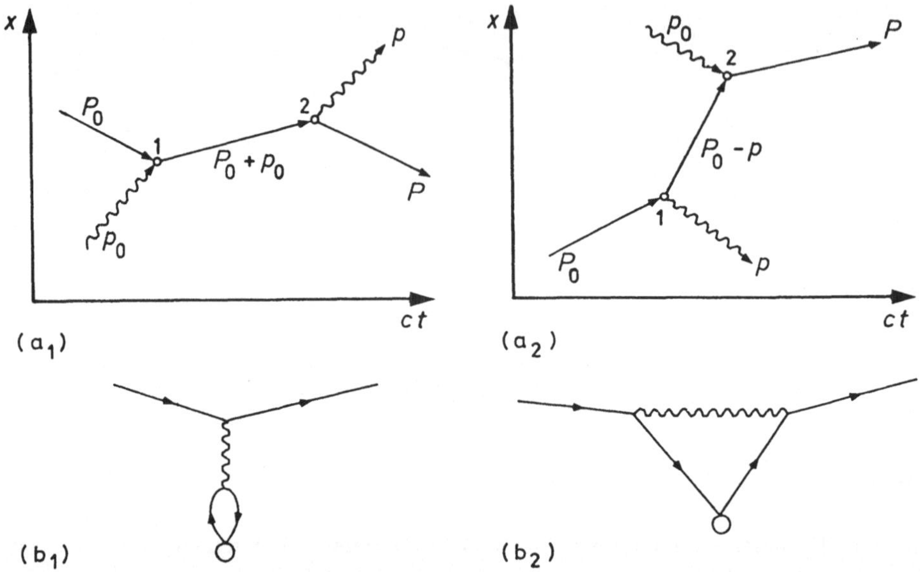

Bild 4.6 Feynman-Graphen für Prozesse zweiter Ordnung: (a_1) und (a_2) Compton-Effekt, (b_1) und (b_2) Lamb-Verschiebung. Der Graph (A_1) wird auf folgende Weise erklärt: zum Punkt 1 gelangen ein Photon mit dem Impuls P_0 und ein Elektron mit dem Impuls p_0, im Punkt 1 wird das Photon vom Elektron absorbiert, zum Punkt gelangt das Elektron mit dem Impuls $P_0 + p_0$, im Punkt 2 emittiert das Elektron ein Photon mit dem Impuls p und behält selbst den Impuls P. Im Graphen (a_2) emittiert ein Elektron mit dem Impuls P_0 im Punkt 1, ein Photon mit dem Impuls P und gelangt mit dem Impuls $P_0 - p$ zum Punkt 2, in dem ein Photon mit dem Impuls p_0 absorbiert wird. Bei der Ermittlung des Matrixelementes für den Übergang beim Compton-Effekt werden alle Amplituden für die Prozesse im ersten Graphen miteinander multipliziert und dann auch die Amplitude für Prozesse im zweiten Graphen, dann addiert man beide Beiträge und integriert sie nach den Koordinaten der Punkte 1 und 2. Es wird angenommen, daß das Elektron am Anfang ruht und frei ist.

Die Feynman-Graphen beschreiben nicht echte raumzeitliche Prozesse und Linien in ihnen entsprechen keinen Teilchenbahnen. Mit Hilfe der Graphen kann man aber komplizierte mathematische Ausdrücke handhaben. In Feynmans Worten ist die einzige wahre physikalische Beschreibung diese: man beschreibt die experimentelle Bedeutung der Größen in Gleichungen – oder besser – die Weise auf die man sich der Gleichungen bei der Beschreibung von experimentellen Beobachtungen bedient.

Die Entwicklung der Quantenelektrodynamik begann 1927 als P.A.M.Dirac als erster das elektromagnetische Feld quantisierte.[5] Obwohl die Theorie unbefriedigende Züge aufweist, weil man auf beiden Seiten einiger Gleichungen unendlich große Beiträge subtrahieren muß, stellt sie doch ein widerspruchsfreies System

[5] *Selected Papers on Quantum Electrodynamics*, J.Schwinger (Hrsg.), New York 1958

von Regeln dar, das sehr genaue Voraussagen ermöglicht. Genauere Voraussagen liefert keine andere Theorie. Als Beispiel führen wir den Wert des magnetischem Moments des Elektrons an:[6]. Der niedrigste zusätzliche Beitrag zum magnetischen Moment des Elektrons beläuft sich auf $\alpha/2\pi$, wobei $\alpha = e_0^2/4\pi\varepsilon_0 c\hbar = 1/137\ldots.$ die Feinstrukturkonstante ist. Es wurde

$$\begin{array}{ll} \text{berechnet} & 1{,}001\,159\,652\,38\ \mu_B, \\ \text{gemessen} & 1{,}001\,159\,652\,41\ \mu_B. \end{array}$$

Die wichtigsten Beiträge zur Theorie wurden von Sin Itiro Tomonaga,[7] Julian Schwinger[8] und Richard Feynman[9] geleistet, die für ihre Arbeit in den Jahren 1948 und 1949 mit dem Nobelpreis 1965 geehrt wurden. Freeman Dyson zeigte, daß die Betrachtungsweisen, die von Feynman und Schwinger entwickelt wurden, äquivalent sind.[10]

> Das Büchlein „R.P.Feynman, *QED: The Strange Theory of Light and Matter*, Princeton University Press, Princeton 1986“ ist mit seinen gut 160 Seiten, von einem der Väter der Quantenelektrodynamik für einen breiten Leserkreis geschrieben, sehr interessant. Feynman ... führt das zweite Werkzeug, das in der Physik viel gebraucht wird, ein, seine Feynman-Graphen. Auf eine einfache und intuitive Weise zeigt er, wie man sich diese Graphen „vorstellen“ kann, ohne zu verstehen, was hinter ihnen steckt, damit wir ein Gefühl bekommen, wie man sie verwendet. Vor Jahren hörte ich auf einem Seminar Feynman sagen, daß mancher Physiker die Graphen auf ähnliche Weise befragte, wie unsere Vorfahren das Eingeweide von Tieren ... .
>
> P.Waloschek, *Physics in concert (QED)*
> *The Strange Theory od Light and Matter*
> *By Richard Feynman)*, Nature **320** (1986) 661

[6] H.Grotch, E.Kazes, *Nonrelativistic Quantum Mechanics and the anomalous part of the electron g factor*, Am.J.Phys. **45** (1977) 618

[7] S.I.Tomonaga, *Development of quantum electrodynamics*, Phys.Today **45** (1966) 27 (6)

[8] J.Schwinger, *Relativistic quantum field theory*, Phys.Today **19** (1966) 27 (6)

[9] R.P.Feynman, *The development of the space-time view of quantum electrodynamics*, Nobel-Lectures Physics, 1963-1970, Elsevier, Amsterdam 1972, S.121; auch die beiden anderen Beiträge findet man in diesem Buch.

[10] V.F.Weisskopf, *The development of field theory in the last 50 years*, Phys.Today **34** (1981) 69 (11);

S.Weinberg, *The search for unity. Notes for a history of quantum field theory*, Daedalus **106** (1977) 17;

O.Darrigol, *Les debuts de la theorie quantique des champs (1925-1948).* These pour la doctorat de troisieme cycle presentee a l'Universite de Paris I, Paris 1982 (unveröffentlicht); siehe auch

S.S.Schweber, *QED and the Men Who Made it*, Princeton University Press, Princeton, N.J. 1994

Es scheint, daß man im allgemeinen darin übereinstimmt, daß der wesentliche Bestandteil des Fortschritts die Entscheidung über den Bruch mit der Vergangenheit ist. Ich habe nichts gegen diese Überzeugung, wenn es um die größten Schritte in der Physikgeschichte geht. Es scheint, daß dies für die beiden großen Revolutionen dieses Jahrhunderts gilt, für spezielle Relativitätstheorie und Quantenmechanik. Die Entwicklung der Quantenfeldtheorie in den Dreißiger Jahren ist aber ein ungewöhnliches Gegenbeispiel, in dem der wesentliche Bestandteil des Fortschritts darin lag, daß man sich wieder und wieder überzeugte, daß eine Revolution unnötig ist. Wenn man die Quantenmechanik und Relativitätstheorie mit der großen französischen Revolution von 1789 und der Oktoberrevolution von 1917 vergleicht, dann erinnert die Quantenfeldtheorie mehr an die englische glorreiche Revolution von 1688: die Verhältnisse haben sich soweit geändert, daß sie die alten bleiben konnten.

S.Weinberg[10]

5 Effekte und Experimente

5.1 Laser

Mit den vorausgegangenen Überlegungen ist der Zugang zum Verständnis des Lasers geöffnet.

Wir beschreiben zuerst die Wirkungsweise eines *Drei-Zustands-Lasers*, bei dem drei Zustände mit Energien $W_1 < W_2 < W_3$ maßgebend sind (Bild 5.1). Aus dem Grundzustand W_1 werden Atome durch *Pumpen* in den Zustand W_3 gebracht. Wenn die Wahrscheinlichkeit für die spontane Strahlung im Zustand W_2 sehr hoch ist, gehen die Atome aus dem Zustand W_3 schnell in den Zustand W_2 über. Auf diese Weise wird die Zahl der Atome N_2 in diesem Zustand größer als die Zahl der Atome N_1 im Grundzustand W_1 und es kommt zu einer Überbesetzung.

Im Resonator wird die Strahlung, die von einem spontanen Übergang herrührt, zwischen den Spiegeln hin und her reflektiert und verursacht stimulierte Emission. Es bildet sich eine stehende Welle, deren Amplitude wächst, bis die Verluste der durch den Pumpvorgang zugeführten Energie die Waage halten. Zu den Verlusten gehören die Absorption und Streuung der Strahlung und das ausgestrahlte Laserlicht. Einer von beiden Spiegeln ist nämlich teildurchlässig und der durchgelassene Teil tritt als *Laserstrahl* aus. Der Laser arbeitet *in Pulsen* oder *kontinuierlich*.

Im *Vier-Zustands-Laser* geht der Übergang bei der stimulierten Emission in einen angeregten Zustand W_1 oberhalb des Grundzustandes W_0 (Bild 5.2). Das Pumpen bringt Atome aus dem Grundzustand in den Zustand W_3, aus dem sie spontan schnell in den Zustand W_2 übergehen. Wenn die Wahrscheinlichkeit für spontane Übergänge aus dem Zustand W_1 in den Grundzustand groß ist, gehen Atome aus dem Zustand W_1 schnell in den Grundzustand über. Die Überbesetzung $N_2 > N_1$ ist in diesem Falle leichter zu erreichen, weil die Zahl der Atome N_1 im Zustand W_1 die Zahl der Atome N_0 im Grundzustand W_0 nicht zu übertreffen braucht. Die stimulierte Emission erfolgt auch im Vier-Zustands-Laser beim Übergang zwischen den Zuständen W_2 und W_1.

Als Vertreter der *Festkörperlaser* betrachten wir den *Rubinlaser*. Dabei kommen Einelektronenzustände im Kristall zur Geltung statt der Zustände der Atomen, von denen bisher gesprochen wurde. Wenn dem Aluminium-Oxyd Al_2O_3 in der Schmelze eine kleine Menge von Chrom-Oxyd Cr_2O_3 zugesetzt wird, bekommt man synthetische Rubinkristalle. Wenige Chromione nehmen im Kristall die Stellen der Aluminiumionen ein. Da ihre Konzentration sehr niedrig ist und sie ungeordnet im Kristall verteilt sind, sind im Grundzustand die Valenz-Elektronen gut lokalisiert und die entsprechenden Einelektronenzustände scharf. Aus dem Kristall wird ein Stab geschnitten mit parallelen Stirnflächen, an die Spiegel aufgedampft werden, von denen einer teildurchlässig ist. Um den Stab ist eine Xenonblitzröhre gewunden, durch die ein Kondensator entladen wird (Bild 5.3). Bei Absorption vom grünen Licht mit einer Wellenlänge unter 560 nm gehen Elektronen in ein breites Band von angeregten Zuständen über. Das Pumpen wird vom Licht besorgt und man spricht vom *optischen Pumpen.* Die Zustände im Band beschreiben Elektronen, die nicht an Ionen gebunden sind und sich fast frei im Kristall bewegen. Bei Stößen verlieren sie Energie und gehen schnell in einen scharfen Zustand mit der Energie W_2 über. Wenn die Zahl der Elektronen in diesem Zustand N_2 die Zahl der Elektronen im Grundzustand N_1 übersteigt, stellt sich eine Überbesetzung ein. Es handelt sich also um einen Drei-Zustands-Laser. Ein Elektron geht spontan in den Grundzustand über und löst stimulierte Übergänge aus. Im Kristall bildet sich eine stehende Welle, die noch weitere stimulierte Übergänge auslöst, bis es keine Überbesetzung mehr gibt. Durch den teildurchlässigen Spiegel tritt ein starker Puls dunkelrotes Lichtes aus mit der Wellenlänge von 694,3 nm, die der Energiedifferenz $W_2 - W_1$ entspricht.

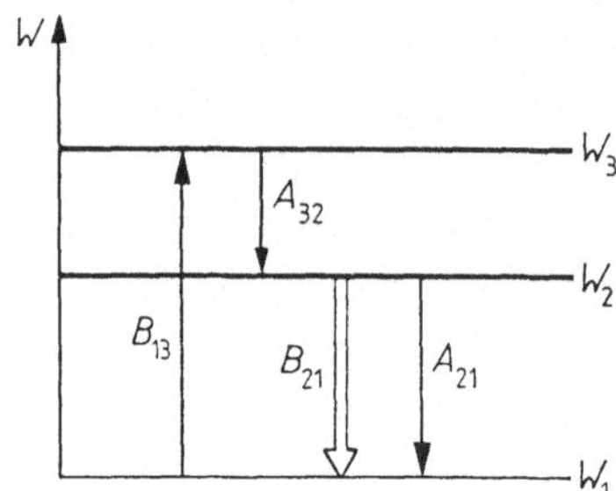

Bild 5.1
Drei-Zustands-Laser. Den Zuständen W_1, W_2 und W_3 entsprechen die Zahlen der Atome N_1, N_2 und N_3. Von den eingezeichneten Einstein-Koeffizienten überwiegt A_{23}, N_3 ist klein gegenüber N_1 und N_2. Im stationären Zustand stellt sich eine Überbesetzung $N_2 > N_1$ ein, wenn $B_{13}u[(W_3 - W_1)/\hbar] > A_{21}$ gilt.

Der *Helium-Neon-Laser* ist ein Vertreter der *Gaslaser* mit kontinuierlichem Betrieb. Ein Glasrohr mit der Länge vom Dezimeter bis einigen Metern enthält ein Gemisch von Helium mit dem Partialdruck von etwa 1 mbar und Neon mit dem Partialdruck von etwa 0,1 mbar. Der Druck des Gemisches übersteigt nicht einige Millibar. Durch das Gemisch fließt ein Gleich- oder Wechselstrom. Heliumatome gehen bei Stößen mit Elektronen in angeregte Zustände mit der Energie etwa 20 eV über. Bei Stößen mit ihnen nehmen Neonatome die Anregungsenergie auf, wobei Heliumatome in den Grundzustand zurückkehren (Bild 5.4). Das Pumpen wird also durch Elektronenstöße besorgt. Es wird eine Überbesetzung der Neonatome im Zustand mit der Energie $W_2 \approx 20$ eV gegenüber dem Zustand mit der Energie $W_1 \approx 18$ eV eingehalten. Somit kommt es zur kontinuierlichen stimulierten Emission mit einer Wellenlänge von 632,8 nm, die der Energiedifferenz von etwa 2 eV entspricht. Neonatome gehen aus dem Zustand W_2 schnell in einen tieferliegenden Zustand mit spontaner Emission über und aus diesem Zustand in den Grundzustand bei Stößen mit der Wand.

Das Gasentladungsrohr befindet sich zwischen zwei sphärischen Spiegeln mit gemeinsamem Brennpunkt, von denen einer teildurchlässig ist. Es ist leichter einen Resonator mit sphärischen Spiegeln als mit parallelen ebenen Spiegeln herzustellen. Zwischen den Spiegeln bildet sich eine stehende Welle. Die Stirnflächen des Gasentladungsrohres können unter dem Brewster-Winkel geneigt werden; dann liegt die elektrische Feldstärke in der stehenden Welle in der Einfallsebene. Nur diese Polarisation wird von den Stirnflächen durchgelassen. In diesem Falle strahlt der Laser linear polarisiertes Licht aus.

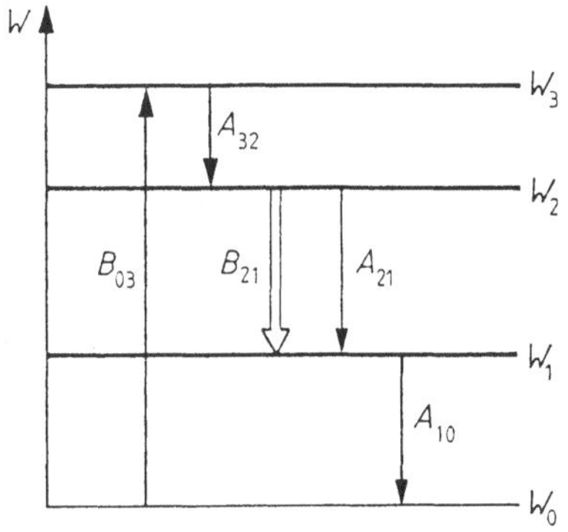

Bild 5.2
Vier-Zustands-Laser. Den Zuständen W_0, W_1, W_2 und W_3 entsprechen die Zahlen der Atome N_0, N_1, N_2 und N_3. Von den eingezeichneten Einstein-Koeffizienten überwiegen A_{32} und A_{10}. N_3 und N_1 sind klein gegenüber N_2 und N_0. Im stationären Zustand wird die Überbesetzung $N_2 > N_0$ erreicht, wenn $u[(W_3 - W_0)/\hbar]B_{03}N_0 > A_{21}N_2$ gilt.

Es gibt mehr als tausend verschiedene Laser. Zu den Gaslasern gehören noch *Ionenlaser*, z.B. der Argonlaser, und *Moleküllaser*, z.B. der Kohlenstoffdioxyd-Laser. Zu den Festkörperlasern gehört noch der Neodym-Laser mit Neodym-Ionen im Glas oder Ytrium-Aluminium-Granat. Es gibt auch *Halbleiterlaser* und *Flüßigkeitslaser*. Zu den letzteren gehören *Farbstofflaser*, in denen das aktive Medium die Lösung eines organischen Farbstoffes ist, in der man, z.B. durch Temperaturänderung, erreichen kann, daß sich die Wellenlänge der stimulierten Strahlung kontinuierlich ändert.

Laserlicht hat einige hervorragende Eigenschaften gegenüber dem Licht aus üblichen Quellen. In Glühbirnen strahlen erhitzte Metallfäden Licht mit einem kontinuierlichen Spektrum aus, das an das Spektrum des schwarzen Körpers erinnert.

In Gasentladungslampen emittieren spontan einzelne Atome Wellenzüge, deren Phase und Richtung unabhängig voneinander sind. Die Spektralunschärfe würde die natürliche Halbwertsbreite $\delta\omega = \omega_{1/2} = 1/\tau$ angeben, wenn die Spektrallinie nicht infolge des Dopplereffektes und der Stöße zwischen Atomen meist stark verbreitet sein würde. Das Laserlicht ist dagegen aus stimuliert emittierten Wellenzügen mit gleicher Phase und Richtung zusammengesetzt. Der Phasenunterschied der elektrischen Feldstärke in zwei Raumpunkten zum gleichen Zeitpunkt bleibt über beträchtliche Entfernungen konstant. Dasselbe gilt auch für den Phasenunterschied im

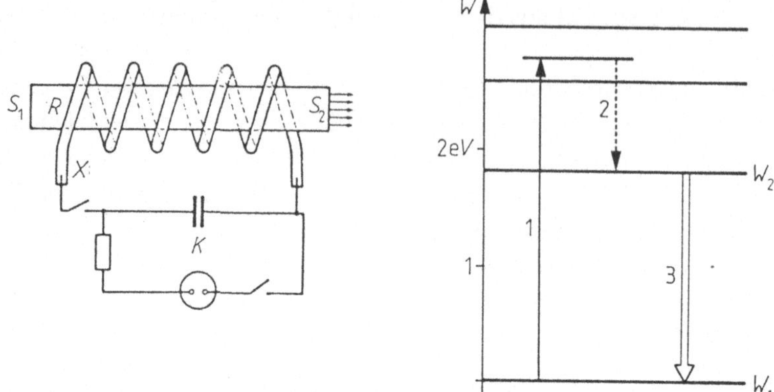

Bild 5.3 Der Rubinlaser und die Einelektronenzustände der Valenzelektronen des dreiwertigen Chromions. R zylindrischer Stab aus synthetischem Rubin, S_1 Spiegel, S_2 teildurchlässiger Spiegel, durch den ein Puls dunkelrotes Lichtes austritt, X Xenonblitzröhre, K Kondensator und Stromquelle. - 1 Übergang aus dem Grundzustand W_1 in den angeregten Zustand W_3 durch optisches Pumpen mit grünem Licht. 2 Aus den Band von Zuständen geht das Elektron bei Stößen im Kristall schnell in den scharfen Zustand W_2 über und es bildet sich eine Überbesetzung gegenüber dem Grundzustand W_1. 3 Das Elektron geht stimuliert in den Grundzustand über. Es wird ein Puls dunkelrotes Lichtes mit der Wellenlänge 694,3 nm ausgestrahlt. - Einfachheitshalber haben wir ein höherliegendes Band von Zuständen, in die das Elektron bei Absorption vom violetten Licht mit der Wellenlänge unter 410 nm übergehen kann, verschwiegen. Auch in diesem Fall folgt schnell der Übergang in den Zustand W_2.

gegebenen Raumpunkt zu verschiedenen Zeitpunkten über beträchtliche Zeitspannen. Deswegen nennt man Laserlicht *kohärent*, im Gegensatz zum *inkohärenten* Licht aus üblichen Quellen.

Das elektrische Feld im Laserstrahl kann man in guter Näherung mit einer ebenen Welle beschreiben. Die Abweichung von der Parallelität kann unter 10^{-3} eines Winkelgrades liegen. Im Brennpunkt einer Sammellinse kann man den Strahl mit einem Durchmesser unter 1 μm erhalten. Durch ein Fernrohr kann man einen Laserstrahl bis zum Reflektor leiten, der von Astronautem auf dem Mond aufgestellt wurde. Mit der Messung der Laufzeit von Laserpulsen wurde seine Entfernung auf etwa 15 cm genau gemessen. Auch in der Geodäsie kann man die Entfernung auf ähnliche Weise sehr genau bestimmen. Der Laserstrahl wird oft auch als Referenzlinie benutzt. Die Spektralbreite des Laserlichtes kann die natürliche Halbwertsbreite der Spektrallinie weit unterschreiten. Mit Kunstgriffen, mit denen man sich vergewissert, daß sich die Mode, d.h. $\mathcal{N}$ (**4**,16.1), nicht ändert, kann man $\delta\omega < 1$ s^{-1} erreichen.

Helium-Neon-Laser erreichen gewöhnlich nur eine Leistung von einigen Milliwatt. Die Energieflußdichte ist aber wegen der geringen Spektralbreite beträchtlich. Besonders hohe Werte kann die Energieflußdichte in Pulsen erreichen. Mit Rubin-

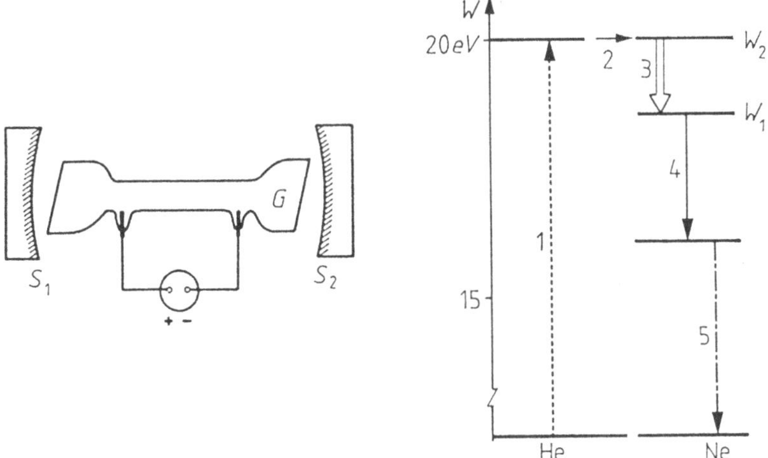

Bild 5.4 Der Helium-Neon-Laser und die Zustände der Heliumatome (links) und der Neonatome (rechts). G Gasentladungsrohr, S_1 sphärischer Spiegel und S_2 teildurchlässiger sphärischer Spiegel, durch den ein Strahl rotes Lichtes austritt. - 1 Übergang des Heliumatoms aus dem Grundzustand in den angeregten Zustand beim Elektronenstoß. 2 Beim Stoß mit dem Heliumatom übernimmt das Neonatom seine Anregungsenergie und geht in den angeregten Zustand W_2 über. 3 Übergang des Neonatoms mit stimulierter Emission von rotem Licht mit der Wellenlänge 632,8 nm. 4 Übergang des Neonatoms mit spontaner Emission, 5 Übergang des Neonatoms beim Stoß mit der Wand. - Einfachheitshalber wurde ein tieferliegender Zustand des Heliumatoms und zwei tieferliegende Zustände des Neonatoms verschwiegen. Ihnen ist es zu verdanken, daß Neonatome auch infrarotes Licht mit den Wellenlängen 3,39 μm und 1,15 μm stimuliert emittieren.

lasern kommt man zu 10^7 W/m^2 und mit besonderen Kunstgriffen über 10^{10} W/m^2. Neodym-Laser, die zu diesem Zweck gebaut wurden, erreichen bei einer Pulsdauer von 1 ns und Energie pro Puls von 100 kJ einen Energiefluß um 10^{14} W. In solchen Strahlen erreicht die elektrische Feldstärke Werte, die für das Innere von Atomen charakteristisch sind.

Mit Laserstrahlen kann man Metalle schmelzen oder verdampfen und somit Bauteile schneiden, Löcher bohren usw. Laser haben sich auch in der Medizin bewährt. In der physikalischen Forschung, insbesondere in der Spektroskopie ermöglichen sie Experimente, die ohne Laser unmöglich wären oder viel länger dauern würden. Mit sehr leistungsfähigen Lasern versucht man zur kontrollierten Kernfusion vorzustoßen. Laserlicht hat eine wachsende Rolle in der Nachrichtenübertragung, wenn man den breiten Spektralbereich berücksichtigt, der Übertragungsbandbreiten ermöglicht, die in der Hochfrequenztechnik bei weitem nicht erreicht werden können.

Der Laser wird oft mit einem Hochfrequenz-Oszillator, in dem man ein verstärkendes Element, eine selektive Vorrichtung und einen Rückkopplungsweg wahrnehmen kann, vergliechen. Die spontane Emission entspricht dem Rauschen. Der erste Laser wurde erst 43 Jahre nach der Entdeckung der stimulierten Emission von A.Einstein gebaut. Diese wurde erstmals 1928 von R.W.Ladenburg und H.Kopfermann indirekt über die negative Dispersion beobachtet. Die unmittelbare Beobachtung von E.M.Purcell und R.V.Pound folgte 1950, nachdem sie durch Drehung des Magnetfeldes eine Überbesetzung der Kernspinzustände erreichten. Der Durchbruch gelang 1954 C.H.Townes und Mitarbeitern mit dem *Maser* (Microwave Amplification by Stimulated Emission of Radiation).

Der Grundzustand der Ammoniakmoleküle ist in zwei Zustände mit der Energiedifferenz von etwa 10^{-4} eV gespalten. Aus einem Strahl blendete man mit einer elektrischen Quadrupollinse Ammoniakmoleküle im höheren Zustand aus und führte sie in einen Resonator. Wenn man Mikrowellen mit der Frequenz 23,87 GHz, die der Energiedifferenz entspricht, in den Resonator einspeist, rufen sie stimulierte Emission hervor und verstärkte Mikrowellen traten aus dem Resonator aus. Wenn man den Ausgang an den Eingang koppelte, erhielt man einen Mikrowellenoszillator.

Dasselbe Prinzip versuchte man im infraroten und optischen Bereich anzuwenden - für „infrarote und optische Maser". Theoretisch wurde dies 1958 von A.L.Schawlow und C.H.Townes für Kalium-Dampf vorbereitet. Im selben Jahre schlugen A.M.Prohorov und R.H.Dicke unabhängig voneinandere parallele Spiegel als optischen Resonator vor. T.Maiman entwarf 1961 die Theorie des Rubinlasers und konstruierte mit Mitarbeitern den ersten Rubinlaser. Er führte nach dem Vorbild von Maser den Namen Laser ein, obwohl es sich nicht um einen Lichtverstärker handelte. Im selben Jahr konstruierte A.Javan mit Mitarbeitern den Helium-Neon-Laser und L.F.Johnson und K.Nassau den Neodym-Laser. Es folgten 1963 der Halbleiterlaser von R.Hall und der Kohlendioxyd-Laser von C.K.N.Patel und 1966 der Farbstofflaser von P.P.Sorokin und J.R.Laubard. 1976 konstruierte man einen Laser mit freien Elektronen für den infraroten Bereich und 1985 erreichte man mit ihm einerseits den Millimeterbereich und andererseits den Nanometerbereich. Es sei nur bemerkt, daß in ihm ein Elektronenstrahl im Vakuum durch eine periodische Anordnung von Magneten geführt wird. Die Elektronen werden senkrecht zur Bewegungsrichtung hin und her abgelenkt und emittieren Synchrotronstrahlung, deren Wellenlänge vom Abstand der Magneten und der Elektronengeschwindigkeit abhängt.[1]

[1] Das Wesentliche über die ersten Laser mit den Originalarbeiten enthält das Büchlein L.Allen, *Essentials of Lasers*, Pergamon, Oxford 1969.

5.2 Intensitätsmessung

Die Messung der Strahlungsintensität kann erst im Rahmen der Quantentheorie übersichtlich erfaßt werden.

Anordnungen zur Messung der Intensität der elektromagnetischen Strahlung nutzen die Absorption aus. Das gilt für Photovervielfacher, Halbleiterdetektoren, photographische Platten usw. Wir nehmen an, daß der Teil der Meßanordnung, der auf die Strahlung anspricht, klein ist. Die Strahlung wechselwirkt mit der Meßanordnung und gibt ihr einen Teil seiner Energie ab. In der Dipolnäherung wird die Rate mit dem Wechselwirkungsoperator $\hat{H}_W$ berechnet. Im Teil, der die Wirkung des Feldes beschreibt, enthält er den Operator der elektrischen Feldstärke. Um die Diskussion allgemein zu halten, behandeln wir den zeitabhängigen Operator:

$$\hat{E} = i\sqrt{\frac{\hbar\omega}{2\varepsilon_0 V}}\{\hat{a}\exp i(kx - \omega t) - \hat{a}^\dagger \exp[-i(kx - \omega t)]\} \ .$$

Nun lassen sich die für die Intensitätsmessung in Frage kommenden Gleichungen vereinfachen, wenn wir den Operator $\hat{E}$ in zwei Teile spalten:

$$\hat{E} = \hat{E}^+ + \hat{E}^- \ .$$

Der erste Teil (E-Plus)

$$\hat{E}^+ = i\sqrt{\frac{\hbar\omega}{2\varepsilon V}}\hat{a}\exp i(kx - \omega t)$$

entspricht *positiven Frequenzen* und der zweite Teil (E-Minus)

$$\hat{E}^- = i\sqrt{\frac{\hbar\omega}{2\varepsilon_0 v}}\hat{a}^\dagger \exp[-i(kx - \omega t)]$$

negativen Frequenzen. Diese Teile sind keine selbstadjungierten Operatoren, aber sie sind zueinander adjungiert:

$$\hat{E}^{+*} = \hat{E}^- \qquad \text{und} \qquad \hat{E}^{-*} = \hat{E}^+ \ .$$

Wenn man die Matrixelemente des einen Operators an der Hauptdiagonale spiegelt und komplex konjugiert nimmt, bekommt man die Matrixelemente des anderen Operators.

Bei der Messung wird der Strahlung Energie entzogen. Das bedeutet, daß die Zahl der Photonen im Anfangszustand n größer ist als die Zahl der Photonen im Endzustand n'. In diesem Falle kommt nur der Teil des Operators $\hat{E}$ mit positiven Frequenzen $\hat{E}^+$, der den Vernichtungsoperator enthält, zur Geltung. Der Teil mit negativen Frequenzen $\hat{E}^-$, der den Erzeugungsoperator enthält, kann weggelassen werden. In der Rate tritt das Betragsquadrat des Matrixelementes

$$|\langle n'|\hat{E}^+|n\rangle|^2 = \langle n|\hat{E}^-|n'\rangle\langle n'|\hat{E}^+|n\rangle$$

auf. Schließlich muß man über alle Endzustände summieren, also über alle n', die den Endzustand des Feldes angeben:

$$\sum_{n'}\langle n|\hat{E}^-|n'\rangle\langle n'|\hat{E}^+|n\rangle = \frac{\hbar\omega}{2\varepsilon_0 V}\langle n|\hat{a}^\dagger\hat{a}|n\rangle = \frac{\hbar\omega}{2\varepsilon_0 V}n\,.$$

Dabei haben wir berücksichtigt, daß die Summation von $|n'\rangle\langle n'|$ über alle Zustände eines vollständigen Satzes das Ergebnis nicht beeinträchtigt; es gilt nämlich

$$\sum_{n'}|n'\rangle\langle n'| = 1.$$

Sollte es sich um einen Anfangszustand mit nicht scharf bestimmter Photonenzahl handeln, muß die mittlere Zahl $\overline{n}$ statt n gesetzt werden. Wir haben zwar nicht das vollständige Matrixelement H_W angegeben, aber im anderen Teil tritt die Zahl der Photonen im Endzustand n' nicht auf. Wir haben auch die Gleichung

$$\hat{E}^-\hat{E}^+ = \frac{\hbar\omega}{2\varepsilon_0 V}\hat{a}^\dagger\hat{a} = \frac{\hbar\omega}{2\varepsilon_0 V}\hat{n}$$

berücksichtigt, in der der Teilchenzahloperator $\hat{a}^\dagger\hat{a} = \hat{n}$ auftritt. In der Größe $n\hbar\omega/2\varepsilon_0 V$ erkennen wir die Energiedichte $n\hbar\omega/V$, so daß die Intensität mit

$$j = c\frac{n\hbar\omega}{V} = 2\varepsilon_0 c\langle n|\hat{E}^-\hat{E}^+|n\rangle$$

angegeben werden kann.

Wir sind zu dem Ergebnis gelangt, daß die Meßanordnung die Photonenzahl pro Zeiteinheit mißt, so daß die Auslenkung des Zeigers oder das numerisch angegebene Ergebnis der Dichte des Photonenflußes proportional ist. Dieses Ergebnis ist dem Erwartungswert des Operators $\hat{E}^-\hat{E}^+$ im Anfangszustand proportional. Man beachte, daß dabei keine Nullpunktsenergie auftritt, wie beim Erwartungswert des Operators $\hat{E}^2$. Sollte das Strahlungsfeld nicht in einem reinen Zustand sein, so muß der Erwartungswert mit der Spurbildung

$$\langle\hat{E}^-\hat{E}^+\rangle = \mathrm{Sp}(\hat{\rho}\hat{E}^-\hat{E}^+)$$

berechnet werden, also gilt dann: $j = 2\varepsilon_0 c\mathrm{Sp}(\hat{\rho}\hat{E}^-\hat{E}^+)$.

5.3 Interferenz

Aus den Gleichungen für den Doppelspalt geht hervor, was die Quantentheorie liefert: der „Wellencharakter" wird nicht betroffen. Ein Photon interferiert gleichsam mit sich selbst.

Nun sind wir in der Lage, die *Interferenz* mit Photonen zu beschreiben. Nehmen wir eine monochromatische Lichtquelle, etwa einen beleuchteten Spalt. Ein entfernter Schirm hat zwei gleiche, sehr schmale parallele Spalte und auf dem letzten sehr entfernten Schirm bewegt sich ein kleiner Halbleiterdetektor oder es ist auf ihm eine photographische Platte angebracht. Das Licht hat von der Quelle bis zum ersten oder zweiten Spalt den gleichen Weg x_0. Der beobachtete Punkt am letzten Schirm ist vom ersten Spalt in Entfernung x_1 und vom zweiten Spalt in Entfernung x_2.

Das Licht gelangt zum Detektor durch den ersten und durch den zweiten Spalt. Der Operator der elektrischen Feldstärke muß demzufolge beide Möglichkeiten enthalten

$$\begin{aligned}\hat{E}^+ &= \tfrac{1}{2}i\sqrt{\tfrac{\hbar\omega}{2\varepsilon_0 V}}\hat{a}\{\exp i[k(x_0+x_1)-\omega t] + \exp i[k(x_0+x_2)-\omega t]\}\\ &= \tfrac{1}{2}i\sqrt{\tfrac{\hbar\omega}{2\varepsilon_0 V}}\hat{a}\exp\left[ik(x_0-\omega t)\right]\cdot(\exp ikx_1 + \exp ikx_2)\end{aligned}$$

und

$$\begin{aligned}\hat{E}^- &= \tfrac{1}{2}i\sqrt{\tfrac{\hbar\omega}{2\varepsilon_0 V}}\hat{a}^\dagger\{\exp\{-i[k(x_0+x_1)-\omega t]\} + \exp\{-i[k(x_0+x_2)-\omega t]\}\}\\ &= \tfrac{1}{2}i\sqrt{\tfrac{\hbar\omega}{2\varepsilon_0 V}}\hat{a}^\dagger\exp\left[-ik(x_0-\omega t)\right]\cdot\left[\exp\left(-ikx_1\right) + \exp\left(-ikx_2\right)\right].\end{aligned}$$

Der Halbleiterdetektor oder die photographische Platte gibt den Erwartungswert

$$\begin{aligned}\langle n|\hat{E}^-\hat{E}^+|n\rangle &= \frac{1}{4}\cdot\frac{\hbar\omega}{2\varepsilon_0 V}\{\exp\left[ik(x_2-x_1)\right]+2+\exp\left[-ik(x_2-x_1)\right]\}\langle n|\hat{a}^\dagger\hat{a}|n\rangle\\ &= \frac{\hbar\omega}{2\varepsilon_0 V}\{\tfrac{1}{2}\exp\left[\tfrac{1}{2}ik(x_2-x_1)\right] + \tfrac{1}{2}\exp\left[-\tfrac{1}{2}ik(x_2-x_1)\right]\}^2 n\\ &= \frac{n\hbar\omega}{2\varepsilon_0 V}\cos^2\left[\tfrac{1}{2}k(x_2-x_1)\right]\end{aligned}$$

an. Das Endergebnis

$$j = 2\varepsilon_0 c\langle n|\hat{E}^-\hat{E}^+|n\rangle = c\frac{n\hbar\omega}{V}\cos^2\frac{\pi b\sin\vartheta}{\lambda} \tag{1}$$

ist vom Young-Experiment bekannt (Bild 5.5). Dabei ist ϑ der Streuwinkel und b der Abstand der Spalte. Die Beugungsmaxima entsprechen nach $\pi b\sin\vartheta = \mathcal{N}\pi\lambda$ der Gleichung $b\sin\vartheta = \mathcal{N}\lambda$ mit $\mathcal{N} - 0, 1, 2...$ Bei Spalten mit endlicher Breite verwischt sich das Interferenzbild bei größeren Streuwinkeln.

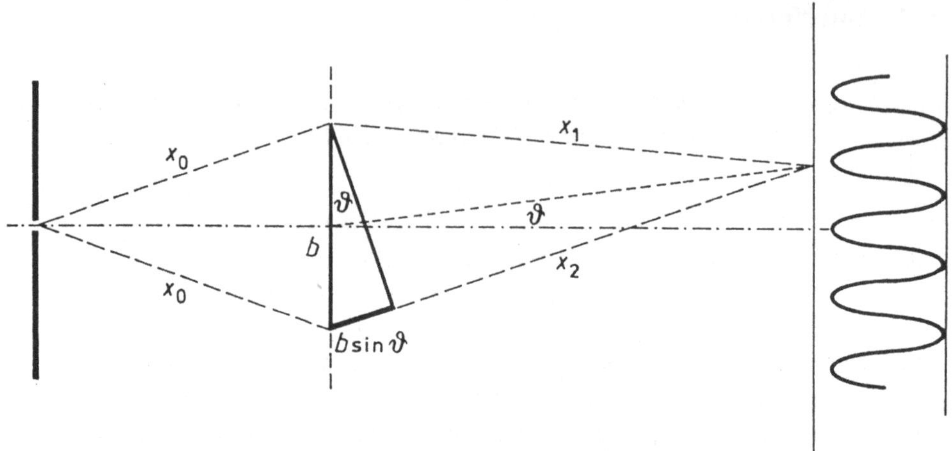

Bild 5.5 Das Young-Doppelspaltexperiment. Im schematischen Bild ist die Entfernung der Spalten b stark übertrieben.

Wir haben mit Anzahlzuständen gerechnet, als ob bei Interferenzexperimenten mit Licht die Zahl der Photonen bestimmt sein würde. Das ist aber keineswegs der Fall und streng genommen ist die Rechnung gegenstandslos. Ihr Ergebnis ist jedoch brauchbar. Wir machen Interferenzexperimente nämlich mit Lichtstrahlen, die mit kohärenten Zuständen beschrieben werden können. Deshalb sollte man die Rechnung wiederholen, indem man Anzahlzustände durch kohärente Zustände ersetzt. Sie verläuft aber wie früher, nur im Endergebnis tritt die mittlere Photonenzahl $\overline{n} = \langle\alpha|\hat{n}|\alpha\rangle = |\alpha|^2$ statt der Photonenzahl n auf. Dasselbe gilt für monochromatisches thermisches Licht, wie man leicht einsieht:

$$\begin{aligned}\langle \hat{E}^- \hat{E}^+ \rangle &= \mathrm{Sp}(\hat{\rho}\hat{E}^-\hat{E}^+) = \frac{\hbar\omega}{2\varepsilon_0 V}\mathrm{Sp}(\hat{\rho}\hat{n}) \\ &= \frac{\hbar\omega}{2\varepsilon_0 V}\sum_n [1 - \exp(-\hbar\omega/k_B T)]n\exp(-n\hbar\omega/k_B T) = \frac{\hbar\omega}{2\varepsilon_0 V}\overline{n}\,.\end{aligned}$$

Die Matrizen der Operatoren $\hat{\rho}$ und $\hat{n}$ sind diagonal mit Elementen

$$\rho_{nn} = [1 - \exp(-\hbar\omega k_B T)]\exp(n\hbar\omega/k_B T) \quad \text{und} \quad n_{nn} = n$$

und die angegebene Summe definiert eben die mittlere Photonenzahl.

Experimente, bei denen Interferenzbilder mit einem Halbleiterdetektor oder Photovervielfacher erstellt werden, haben eine besondere Bedeutung auch deswegen, weil Interferenzexperimente mit Elektronen, bei denen man einzelne Elektronen mit einem Detektor, nicht mit der Photoplatte oder Fluoreszenzschirm, registrieren würde, zur Zeit schwer durchführbar sind. Der Photovervielfacher liefert im

Endergebnis ein ähnliches Interferenzbild wie die Photoplatte. Das gilt auch, wenn die Intensität des Lichtes so klein ist, daß zu gegebener Zeit im Durchschnitt nur ein Photon zwischen der Quelle und der Meßanordnung vorhanden ist. Dann muß man $\overline{n} = 1$ setzen. Ein Photon interferiert dann gleichsam mit sich selbst. Diese Behauptung trifft zu bei allen Interferenzexperimenten.

> Jedes Photon interferiert nur mit sich selbst. Niemals kommt es zur Interferenz zweier verschiedener Photonen.
>
> P.A.M.Dirac, *The Principles of Quantum Mechanics*, Clarendon Press, Oxford 1959, S.9

> Diese Behauptung hat viel Verwirrung verursacht. Wir wissen, daß Interferenz bei Radiosendern beobachtet wird und daß das auch für Laser gilt. Wenn wir uns vorstellen, daß jeder Sender seine Photonen emittiert, widerspricht das Diracs Behauptung. Die Schwierigkeit aber verschwindet, wenn uns bewußt wird, daß beide Sender an das universelle Strahlungsfeld gekoppelt sind. Ein Photon ist einfach ein gegebener Energiezustand einer dieser Eigenschwingungen.
>
> M.Sargent III, M.O.Scully, W.E.Lamb,Jr., *Laser Physics*, Addison-Wesley, Reading, Mass. 1974, S.228

> Indem der erste Teil Diracs Behauptung zweifelsohne die zutreffende quantenmechanische Deutung der üblichen Interferenzexperimente vermittelt, kann der zweite Teil nicht als eine allgemeine Regel angenommen werden, derzufolge unabhängige Photonen, d.h. Photonen aus unabhängigen Quellen, nicht interferieren würden. Gewiß hatte Dirac recht im Bezug auf die Experimentiertechnik, die der Forscher in der Optik in der damaligen Zeit zur Verfügung hatte. Einerseits gab es nur thermische Lichtquellen (aus unabhängigen „elementaren" Strahlern) und andererseits konnte man nur stationäre Interferenzmuster (auf der photographischen Platte oder mit dem Auge) beobachten, die die inhomogene Verteilung der Lichtintensität zeigten. Unter solchen Bedingungen können wir nur die Interferenz des Photons mit sich selbst beobachten, d.h. es können nur Lichtstrahlen interferieren, die aus einem gemeinsamen Primärstrahl entstehen (so, daß der Strahl mittels eines halbdurchlässigen Spiegels oder einfach mit Öffnungen im Schirm geteilt wird). In der Zwischenzeit hatten sich Lichtquellen und Meßvorrichtungen weiterentwickelt. Erstens wurde der Laser erfunden, die wunderbare Lichtquelle, die (erstmal in der Geschichte der Optik) eine kohärente Strahlung ermöglichte und zweitens ermöglichten schnelle Meßvorrichtungen, daß man Korrelationseffekte in optischen Feldern beobachtete.
>
> M.Paul, *Interference between independent photons*, Rev.Mod.Phys. **58** (1986) 209

Ihre Behauptung, das [Experiment] zeige, daß „zwei verschiedene Photonen im Gegensatz zu Diracs Standpunkt interferieren können", trifft aber nicht zu. Sie vergessen, daß man zwei Photonen im denselben Zustand nicht unterscheiden kann. Es ist nicht angebracht zu sagen, ein Photon kam vom Laser A und das andere vom Laser B. Wenn sie sich vereinen, verlieren sie ihre Indentität: ein Photon ist lediglich ein Quant des zusammengesetzten Feldes. [...] Ein Photon, herausgelöst aus dem Licht von einem Stern, wird durch seine Absorption definiert. Bis dahin hat es die gleiche Identität, wie das Maß Whisky, das aus der Meßvorrichtung des Barmanns ausgeschüttet wird.

P.R.Wallace, *Comment on „Interference fringes between two separate Lasers", by F.Louradour, F.Reynaud, B.Colombeau, and C.Froehly [Am.J.Phys. 61 (3), 242-245 (1993)]*, Am.J.Phys. **62** (1994) 950

G.I.Taylor hat schon vor einiger Zeit Interferenzexperimente mit sehr schwachen Quellen angestellt.[2] Er photographierte den Schatten einer Nadel. Ein schmaler Spalt, vor die Gasflamme gestellt, diente als Quelle. Das Licht wurde noch zusätzlich mit einer verrußten Glasplatte abgeschwächt. Das längste Experiment dauerte 2000 Stunden, ungefähr drei Monate. Bei diesem Experiment und bei anderen ähnlichen wurde das übliche Interferenzbild beobachtet.

Später wurden ähnliche Experimente mehrmals wiederholt.[3] Wir erwähnen das Demonstrationsexperiment von S.Parker.[4] In seiner ersten Fassung war das Interferenzbild noch so schwach, daß man es nicht beobachten konnte, wenn die Augen nicht an das Dunkel gewöhnt waren. Bei der zweiten Fassung war es schon besser. Das Interferenzbild beim Doppelspaltexperiment an zwei 0.044 mm breiten Spalten im Abstand von 0.176 mm war klar zu erkennen. Nehmen wir an, daß das Auge in 1/30 s 10^5 Photonen registriert. Licht braucht für einen 30 cm langen Weg 1 μs, so daß in der Vorrichtung im Durchschnitt nur $30 \cdot 10^5\ \mathrm{s}^{-1} \cdot 10^{-9}\ \mathrm{s} = 0.003$ eines Photons anwesend war. Später werden wir noch einsehen, daß derartige Abschätzungen nur mit Vorbehalt zu betrachten sind.

Dabei stellt sich die Frage: Durch welchen der beiden Spalte beim Doppelspaltexperiment geht ein Photon, das zum Interferenzbild beiträgt? Die Frage scheint berechtigt zu sein, da man ja ein Photon nicht teilen kann und somit ein Photon nicht teilweise durch den einen und teilweise durch den anderen Spalt gehen kann.

Im Gedankenexperiment bringen wir hinter jeden Spalt einen sehr dünnen Detektor. Dann zählen wir Koinzidenzen des Detektors, mit dem man den Schirm abtastet, und einen von den Detektoren hinter den Spalten, also Ereignisse, bei denen beide Detektoren innerhalb einer sehr kurzen Zeitspanne ansprechen. Auf diese Weise

[2] G.I.Taylor, *Interference fringes with feeble light*, Proc.Cam.Phil.Soc. **15** (1909) 114.

[3] L.Janossy, Zs.Naray, *Investigation into interference phenomena at extremely low light intensities by means of a large Michelson interferometer*, Nuovo Cim.Suppl. **9** (1958).

[4] S.Parker, *A single-photon double-slit experiment*, Am.J.Phys. **39** (1971) 420; *Single-photon double-slit interference - a demonstration*, Am.J.Phys. **40** (1970) 1003.

könnte man die anfangs gestellte Frage beantworten. Jedoch würde man beim Experiment feststellen, daß das Interferenzbild verloren ginge. Entweder beobachtet man das Interferenzbild und kann auf die Frage nicht antworten oder man beantwortet die Frage und kann das Interferenzbild nicht beobachten. Die Beobachtung beeinträchtigt wesentlich den Ausgang des Experiments. Es ist nicht möglich ein Photon, das zum Interferenzbild beiträgt, einem der beiden Spalten zuzuordnen.

Wir haben an dieser Stelle die Frage aufgegriffen, um eine verwandte Frage zu behandeln. Sind Interferenzexperimente mit zwei unabhängigen Lasern möglich? Die Erfahrung zeigt, daß bei Experimenten mit zwei unabhängigen thermischen Lichtquellen kein Interferenzbild beobachtet werden kann. Bei Experimenten mit zwei kohärenten Quellen können aber Interferenzbilder beobachtet werden. Bei solchen Experimenten fragt man sich: Aus welchem Laser stammt ein Photon, das zum Interferenzbild beiträgt? Die Antwort lautet ähnlich wie bei der früheren Frage. Wir müssen das ganze Strahlungsfeld quantisieren, also zugleich das Feld des ersten und das Feld des zweiten Lasers. Dann entspricht der erste Laser dem ersten Spalt und der zweite Laser dem zweiten Spalt. Es gibt wiederum zwei Möglichkeiten. Wenn man die Frage beantworten kann, aus welchem Laser ein Photon stammt, kann man kein Interferenzbild beobachten und umgekehrt, wenn man das Interferenzbild beobachtet, kann man nicht die Frage beantworten, aus welchem Laser ein Photon stammt. Es ist nicht möglich ein Photon, das zum Interferenzbild beiträgt, einem der beiden Laser zuzuschreiben. In Verlegenheit gerät man, wenn man sich vorstellt, daß jede Quelle ihre eigenen Photonen ausstrahlt. Man soll bedenken, daß beide Quellen an ein gemeinsames Strahlungsfeld gekoppelt sind und ein Photon einem Eigenzustand dieses Feldes entspricht.

Am Anfang waren Interferenzexperimente mit unabhängigen Lasern anspruchsvoll. Das erste derartige Experiment machten 1962 A.Javan und seine Mitarbeiter.[5] Sie benutzten zur Beobachtung der zeitlichen Schwebung das infrarote Licht zweier kontinuierlicher Helium-Neon-Laser mit der Wellenlänge 1.153 μm oder der Frequenz $2.6 \cdot 10^{14}$ s^{-1}. Die Strahlen beider Laser wurden mittels Spiegel auf einen Photovervielfacher geführt (Bild 5.6). Da es noch keine stabilisierten Laser gab, bemühte man sich nur, daß jeder möglichst nur eine Eigenfrequenz ausstrahlte. Die Resonatorlänge beider Laser war absichtlich verschieden, so daß sich die Eigenfrequenzen ν_1 und ν_2 um ein wenig unterscheideten. Das Signal des Photovervielfachers wurde nach Frequenz analysiert. Eine sehr schmale Linie bei der Frequenz $5 \cdot 10^6$ s^{-1} bestätigte eindeutig die Schwebung mit der Differenzfrequenz beider Laser $|\nu_2 - \nu_1|$ und somit die Interferenz in einer zeitlichen Betrachtungsweise. Die Amplitude der Schwebung war am größten, wenn beide Laser parallel polarisiert waren. Die Schwebung verschwand, wenn man einen der Laser um 90° drehte, so daß die Laserstrahlen senkrecht zueinander polarisiert waren.

[5] A.Javan, E.A.Ballik, W.L.Bond, *Frequency characteristics of a continuous-wave He-Ne optical maser*, J.Opt.Soc.Am. **52** (1962) 96.

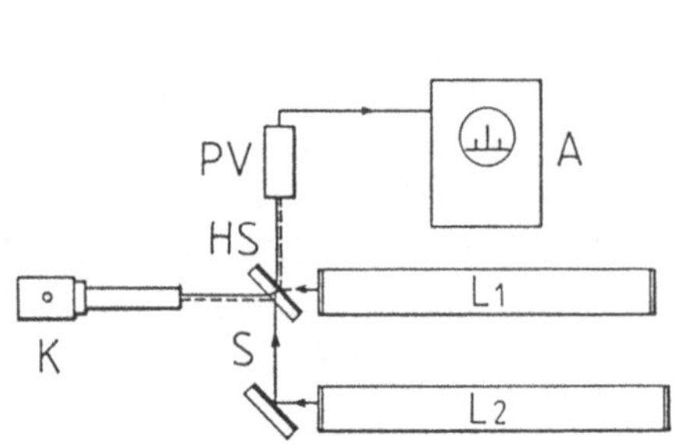

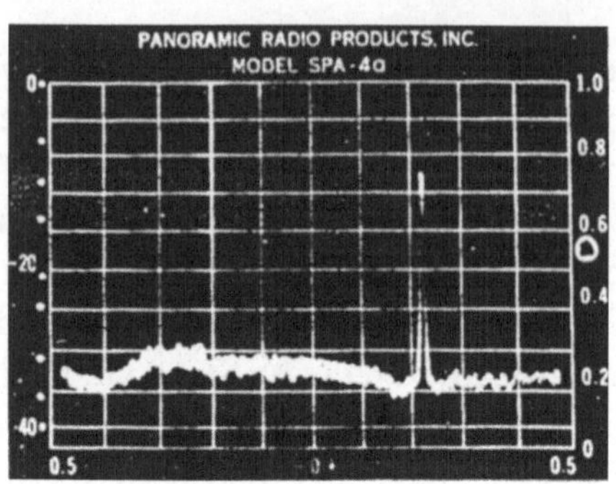

Bild 5.6 *Zeitliche* Interferenz zweier Laser. Halbdurchlässiger Spiegel (HS), Spiegel (S) und Autokolimator (K) leiteten die Strahlen zweier kontinuierlicher He-Ne Laser (L_1 und L_2) auf den Photovervielfacher (PV), dessen Signal im Spektralanalysator (A) analysiert wurde (links). Im Spektrum beobachtete man eine ausgeprägte Linie, die der Schwebung mit der Differenzfrequenz $\nu_2 - \nu_1$ um 5 MHz entsprach (rechts). Nach A.Javan, E.A.Ballik und W.L.Bond.[5]

1963 photographierten G.Magyar und L.Mandel ein räumliches Interferenzbild.[6] Sie benutzten die Pulse zweier Rubinlaser mit der Wellenänge 694.3 nm. Die Laser wurden optisch gepumpt mit Lampen, die aus gemeinsamer Quelle gespeist wurden. Ihre Strahlen wurden mit halbdurchlässigen Spiegeln durch einen Polarisator auf die Photokathode einer elektronischen Bildröhre geleitet (Bild 5.7). Die Schwierigkeit lag darin, daß die 0.5 μs dauernden Pulse beider Laser länger als die Kohärenzzeit 25 ns waren und außerdem nur selten gleichzeitig eintrafen. Deswegen wurde ein Teil der Strahlen dazu benutzt, über Detektoren und Koinzidenzeinheit den Verschluß des Photoapparats auszulösen und es wurde die Belichtungszeit auf nur 40 ns herabgesetzt. Trotzdem konnte man auf Photographien Interferenzstreifen mit dem Kontrast von 0.15 erkennen und somit die Interferenz in einer räumlichen Beobachtungsweise belegen.

Das Interferenzbild zweier stabilisierter Laser kann unmittelbar auf dem Schirm beobachtet werden. F.Louradour, F.Reynaud, B.Colombeau und C.Froehly[7] benutzten zwei stabilisierte Farbstofflaser, die von einem stabilisierten Pikosekunden Nd/YAG Laser gepumpt wurden (Bild 5.8). Mit Thermoregulation erreichte man, daß die Wellenlänge beider Laser gleich 568 nm war. Ihre Pulse waren gleichzeitig und dauerten nur 20 ps, was die Kohärenzzeit nicht übertraf. Die Interferenzstreifen mit einem Kontrast von 70 % wurden auf dem Schirm photographiert.

Jedes Paar von Pulsen gab ein Interferenzbild, die Streifen waren aber vom Bild zum Bild verstellt. Der gemessene Abstand der Streifen $z = 0.95$ mm stimmte mit

[6] G.Magyar, L.Mandel, *Interference fringes produced by superposition of two independent maser light beams*, Nature **198** (1963) 255.

[7] F.Louradour, F.Reynaud, B.Colombeau, C.Froehly, *Interference fringes between two separate lasers*, Am.J.Phys. **61** (1993) 242

dem berechneten überein. Wenn man in Gleichung (1) $\sin\vartheta = z/R$ setzt, wird das Argument der Cosinusfunktion gleich $\pi bz/\lambda R$. Dabei ist b der Abstand beider Eintrittspalte, R ihre Entfernung vom Schirm und z die Entfernung auf dem Schirm. Der zweite Interferenzstreifen ist dann im Abstand $z = \lambda R/b$ vom ersten bei $z = 0$. Mit $R = 19.2$ m, $b = 11.5$ mm und $\lambda = 568$ nm folgt $z = 0.95$ mm.

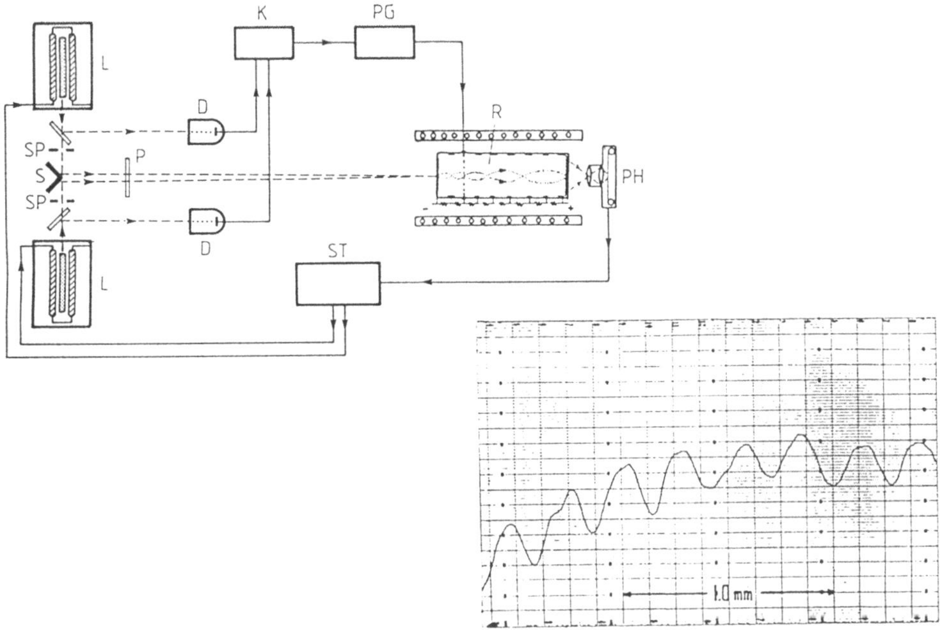

Bild 5.7 *Räumliche* Interferenz zweier Laser. Halbdurchlässige Spiegel (S) leiteten die Strahlen zweier gepulster Rubidiumlaser (L) durch Spalte (SP) auf Detektoren (D), die die Lampen, die getriggerte Elektronenbildröhre (R) und den Photoapparat (PH) steuerten; Koinzidenzeinheit (K), Polarisator (P), Pulsgenerator (PG), Spannung und Trigger (ST) (oben). Die Belichtungskurve der 40 ns belichteten Photographie waren Interferenzstreifen im Abstand von 2.77 mm mit dem Kontrast von 15 % zu erkennen (unten). Nach G.Magyar und L.Mandel.[6]

An dieser Stelle soll noch von einem Experiment berichtet werden, mit dem man die Interferenz von zwei unabhängigen Lasern zeigen kann.[8] Das Ergebnis des Experiments richtet sich vom didaktischen Standpunkt gegen die naive Vorstellung, daß Photonen Gebilde sind, deren Lebenslauf von der Emission bis zur Absorption verfolgt werden kann.

Die Behauptung, daß ein Photon nur mit sich selbst interferieren kann, wurde manchmal mit der Behauptung gleichgesetzt, daß es nur Experimente gibt, bei denen sich das Ergebnis nicht wesentlich ändert, wenn zwei gleiche Quellen gleichzeitig oder nacheinander strahlen. Beide Behauptungen sind nicht äquivalent. Es

[8] I.Verovnik, A.Likar, *A fluctuation interferometer*, Am.J.Phys. **56** (1988) 231; I.Verovnik, A.Likar, J.Strnad, *Interferenz zweier Laser. Ein neuartiges Schulexperiment*, Praxis d.Naturw.Phys. **41** (1992) 20 (3)

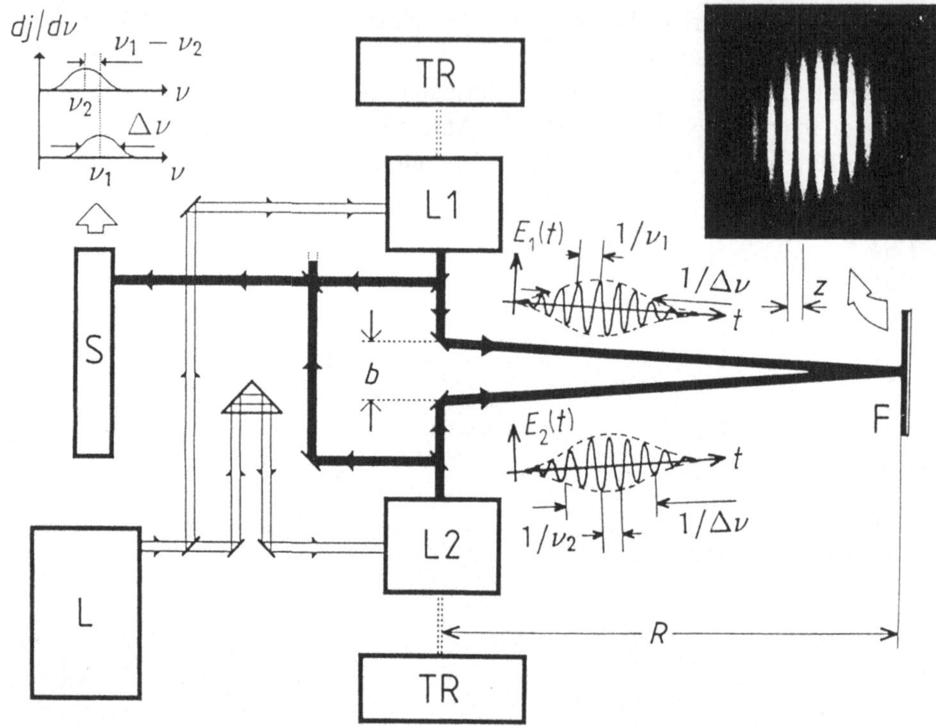

Bild 5.8 Interferenz zweier Laser: das Experiment von F.Louradour und Mitarbeitern: Nd/YAG Laser (L), Farbstofflaser (L_1 und L_2), Temperaturregelung (TR), Spektroskop (S) und photographischer Film (F). Nach F.Louradour, F.Reynaud, B.Colombeau und C.Froehly.[7]

Ergebnis wesentlich ändert, wenn zwei gleiche Quellen gleichzeitig oder nacheinander strahlen. Das Experiment, das wir beschreiben wollen, belegt auf die einfachste Weise diese Behauptung. Man beobachtet die Summe der Signale zweier Detektoren. Damit erzielt man eine beträchtliche Vereinfachung der Anordnung gegenüber Experimenten, bei denen man das Produkt zweier Signale beobachten muß. Solche Experimente werden später diskutiert werden. Das Ergebnis unseres Experiments kann völlig klassisch erklärt werden. Zwei Laser 1 und 2 und zwei Detektoren I und II sind symmetrisch angeordnet, so daß $r_{1I} = r_{2II}$ und $r_{1II} = r_{2I}$ gilt. Außerdem ist $\rho = r_{2I} - r_{1I} = -(r_{2II} - r_{1II})$ sehr klein gegenüber $R = \frac{1}{2}(r_{1I} + r_{2I}) = \frac{1}{2}(r_{1II} + r_{2II})$ (Bild 5.9). Die Verzögerung δt der Welle aus dem Laser 1 hinter der Welle aus dem Laser 2 bestimmt die Phasenverschiebung $\delta = \omega\delta t$. Das resultierende elektrische Feld im Detektor I beträgt dann

$$E_I = E_{1I} + E_{2I} = E_0 \exp i(kr_{1I} - \omega t + \tfrac{1}{2}\delta) + E_0 \exp i(kr_{2I} - \omega t - \tfrac{1}{2}\delta)$$

und die entsprechende Intensität:

$$I_I \propto E_I^* E_I = 2E_0^2[1 + \cos(k\rho + \delta)]\ .$$

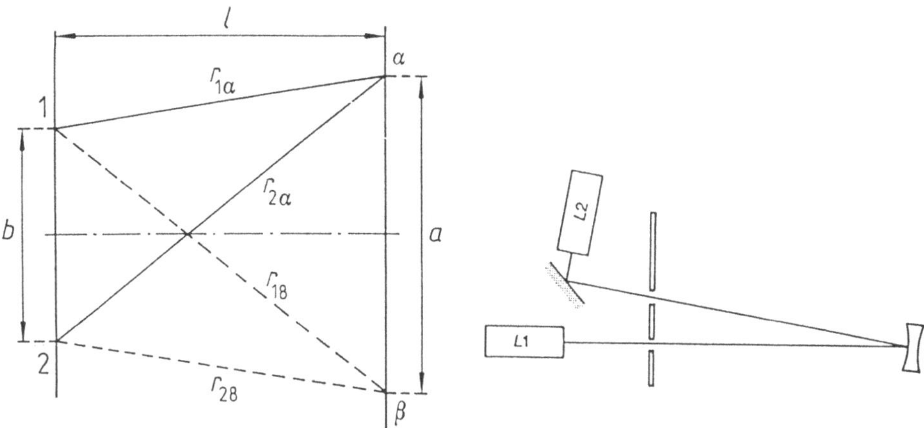

Bild 5.9 Symmetrische Anordnung von Quellen 1 und 2 und Detektoren α und β. Bei $a/l \ll 1$ und $b/l \ll 1$ gilt $\rho = r_{2\alpha} - r_{1\alpha} = [(\frac{1}{2}a + \frac{1}{2}b)^2 + l^2]^{1/2} - [(\frac{1}{2}a - \frac{1}{2}b)^2 + l^2]^{1/2} = [(a+b)^2 - (a-b)^2]/8l = \frac{1}{2}ab/l$ (links). Zusammensetzung beider Laserstrahlen durch Einstrittsspalte im Abstand $b = 3$ mm (rechts).

Das Feld im Detektor II erhält man, wenn man den Index I durch dem Index II ersetzt und das Vorzeichen von $\rho = r_{2I} - r_{1I} = -(r_{2II} - r_{1II})$ ändert. Die entsprechende Intensität ist dann:

$$I_{II} \propto E_{II}^* E_{II} = 2E_0^2[1 + \cos(k\rho - \delta)] \, .$$

Die Summe beider Intensitäten ergibt:

$$I_I + I_{II} \propto 1 + \cos k\rho \cos \delta \, .$$

Wenn sich die Phasendifferenz δ in einer Zeit, die größer ist als die Ansprechzeit der Detektoren, ändert, schwankt die Summe der Intensitäten. Das erste Glied entspricht dem konstanten Teil des Durchschnittswertes, das zweite den Schwankungen, wobei $|\cos k\rho|$ der Schwankungsamplitude proportional ist.

Man benutzt zwei gleiche Helium-Neon Laser mit polarisierten Strahlen und einer Leistung von 1 mW. Die Laserstrahlen werden gegeneinander leicht geneigt durch zwei Eintrittspalte mit einer Konkavlinse zusammengeführt. Dann treten sie durch einen Empfängerspalt und werden schließlich optisch statt elektrisch mit einer Photodiode summiert. Somit erübrigt sich der zweite Detektor, was als eine weitere Vereinfachung des Experiments aufgefaßt werden kann.

Mit einem Kunstgriff erreicht man, daß die Eigenfrequenzen beider Laser zeitweilig zusammenfallen. Man läßt einen der Laser ununterbrochen laufen, während man den zweiten für 15 Minuten zum Abkühlen ausschaltet und ihn dann wieder einschaltet. Indem sich der zweite Laser warmläuft und sich sein Resonator ausdehnt, durchlaufen seine Eigenfrequenzen die Eigenfrequenzen des ersten Lasers. Wenn

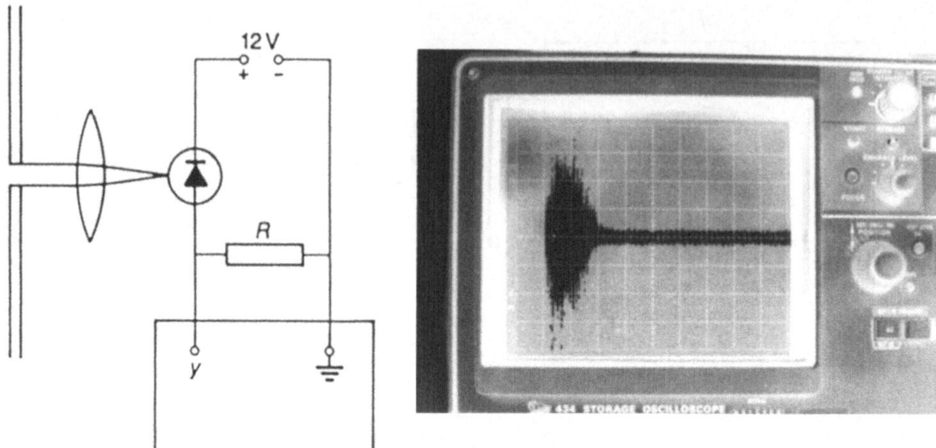

Bild 5.10 Der Detektor mit einem 1 mm breiten Empfängerspalt zur Beobachtung der Schwankungen. Es wurden eine Photodiode RCA Si pin C-30381 und ein Widerstand R von 560 kΩ benutzt (links). Eine Schwankung auf dem Schirm eines Speicheroszillographen. Ein Skalenteil auf der horizontalen Achse entspricht 200 ms und auf der vertikalen Achse 2 mV (rechts). Nach I.Verovnik und A.Likar.[8]

die Eigenfrequenzen zusammenfallen, ensteht eine Schwankung, die auf dem Oszillographenschirm beobachtet werden kann (Bild 5.10). Der Frequenzbereich des Oszillographen braucht 1 MHz nicht zu übersteigen. Wenn man einen der Laser um 90° dreht, so daß beide Strahlen senkrecht zueinander polarisiert sind, verschwinden die Schwankungen. Das geschieht auch, wenn man einen der Strahlen abschwächt. Damit ist die Behauptung, daß sich das Ergebnis beim Experiment ändert, wenn zwei gleiche Laser gleichzeitig oder hintereinander strahlen, unmittelbar belegt. Wenn man den Empfängerspalt mit zwei Empfängerspalten im veränderlichen Abstand ersetzt und die Schwankungsamplitude bestimmt, kann man sogar die berechnete Abhängigkeit von $|\cos k\rho|$ verfolgen. Mit $\rho = r_{2I} - r_{1I} = \frac{1}{2}ab/l$ erhält man die Bedingung für Maxima $ab/l = \mathcal{N}\pi$. Dabei müssen der Abstand a der Empfängerspalte und der Abstand b der Eintrittsspalte groß gegenüber der Entfernung $l \simeq R$ beider Spaltebenen sein.

5.4 Photoionisation

Da der Photoeffekt ungerechtfertigterweise als ein „experimentum crucis“ für die Teilchenvorstellung des Lichtes angesehen wird, ist es angebracht, diesen Effekt vor dem Hintergrund unserer bisherigen Überlegungen zu sehen. Seine Behandlung in der Festkörperphysik ist jedoch sehr aufwendig. Zu seiner prinzipiellen Deutung beschränken wir uns daher auf den Photoeffekt am Wasserstoffatom.

Stellvertretend für den *Photoeffekt am Festkörper* rechnen wir den *Photoeffekt am Atom* durch. Im einfachsten Fall wird ein Wasserstoffatom im Grundzustand von einem Photon ionisiert.[1] Das freigesetzte Elektron hat den Impuls $\hbar\mathbf{q}$. Diese Bezeichnung wird eingeführt, weil **k** bereits für das elektromagnetische Feld vergeben ist. Die Energieerhaltung fordert:

$$\hbar\omega = W_R + \frac{\hbar^2 q^2}{2m} \ .$$

Dabei ist $W_R = \hbar^2/2ma^2 = 13.6$ eV die Ionisationsenergie des Wasserstoffs mit der Elektronenmasse m und dem Bohr-Radius $a = 4\pi\varepsilon_0\hbar^2/me_0^2 = 0.053$ nm. Das Wasserstoffatom im Grundzustand beschreiben wir mit der Wellenfunktion

$$u_i = \frac{1}{\sqrt{\pi a^3}} \exp(-r/a)$$

und das freigesetzte Elektron mit einer ebenen Wellenfunktion:

$$u_f = \frac{1}{\sqrt{V}} \exp i\mathbf{qr} \ .$$

Die ebene Wellenfunktion stellt eine Näherung dar, die wir gebrauchen dürfen, wenn die kinetische Energie des freigesetzten Elektrons $\frac{1}{2}\hbar^2 q^2/m$ groß gegenüber der Ionisationsenergie ist, also wenn $q \gg 1/a$ gilt. Dann ist auch die Energie des Photons groß gegenüber der Ionisationsenergie: $\hbar\omega \gg W_R$. Andererseits muß die Wellenlänge der Strahlung groß gegenüber dem Atom sein und $1/k \gg a$ gelten, wenn die Dipolnäherung anwendbar sein soll. Der daraus folgenden Bedingung $1/k \gg a \gg q$ genügt z.B. ein Photon mit der Energie 1200 eV. Die zugehörige Wellenlänge 1 nm ist in der Tat groß gegenüber dem Bohr-Radius.

Die Berechnung des Matrixelements ist langwierig und erfordert einige mathematische Kunstgriffe.

Anders als bisher nehmen wir an, daß die elektrische Feldstärke die Richtung der x-Achse hat und daß das Photon in der Richtung der z-Achse einfällt (Bild 5.11). Dann hat der Teil des Matrixelementes, der sich auf das Elektron bezieht, die Form:

$$\int_0^\infty u_f^* x u_i d^3r = \frac{1}{\sqrt{\pi a^3 V}} \int_0^\infty \exp(-i\mathbf{qr}) \exp(\ r/a) d^3r \ .$$

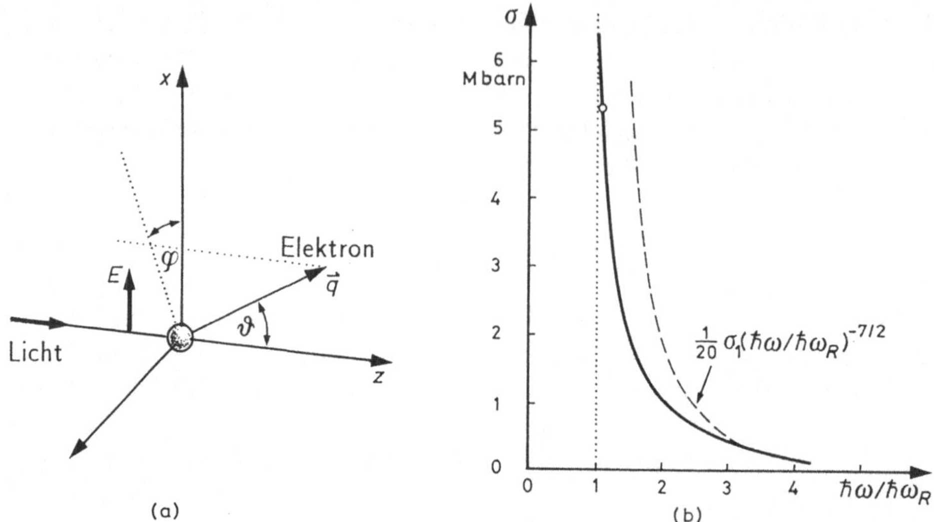

Bild 5.11 Ionisation des Wasserstoffatoms mit Licht (links) und der zugehörige Querschnitt mit einer verbesserten Theorie (ausgezogene Kurve) - die *K-Kante des atomaren Wasserstoffs* (rechts). Die Einheit 1 Mbarn entspricht 10^{-4} nm^2. Die Messung, die den Punkt ergab, war sehr anspruchsvoll (J.D.E.Beynon, R.B.Cairn, *An experimental determination of the photoabsorption cross section of atomic hydrogen*, Proc.Phys.Soc. **86** (1965) 1342). Gestrichelt ist das um den Faktor 20 verkleinerte Ergebnis unserer Näherung eingezeichnet, die für $\hbar\omega/\hbar\omega R > 90$ brauchbar ist. Siehe auch G.V.Marr, *Photoionization Processes in Gases*, Academic Press, New York 1967, S.110.

In Polarkoordinaten sei die Richtung des freigesetzten Elektrons $\mathbf{q}/q$ mit den Winkeln ϑ und φ gegeben und die Richtung von $\mathbf{r}/r$ mit den Winkeln θ und ϕ. Dann ist $d^3r = r^2 dr \sin\theta d\theta d\phi = r^2 dr d\Omega'$ und $x = r\cos\phi\sin\theta$ und wird über θ und ϕ integriert. Wir entwickeln $\exp i\mathbf{qr}$ nach Kugelfunktionen:[2]

$$\exp i\mathbf{qr} = 4\pi \sum_{l=0}^{\infty} \sum_{m=-l}^{l} i^l j_l(qr) Y_{lm}(\vartheta,\varphi) Y_{lm}(\theta,\phi)$$

und drücken auch $\cos\phi\sin\theta$ mit Kugelfunktionen aus:

$$\cos\phi\sin\theta = \sqrt{\frac{2\pi}{3}}[Y^*_{1-1}(\theta,\phi) + Y^*_{11}(\theta,\phi)]\ .$$

Wenn man die Orthogonalität der Kugelfunktionen

[1]R.Loudon, *The Quantum Theory of Light*, Clarendon Press, Oxford 1973, S.206, A.S.Davydov, *Quantum Mechanics*, Pergamon Press, Oxford 1976
H.A.Bethe, R.W.Jackiw, *Intermediate Quantum Mechanics*, W.A.Benjamin, Reading, Mass. 1973, S.222

[2]P.H.Morse, H.Feshbach, *Methods of Theoretical Physics*, McGraw-Hill, New York 1953, S.1466

$$\int Y_{l'm'}(\vartheta,\varphi)Y_{lm}(\vartheta,\varphi)d\Omega' = \delta_{l'l}\delta_{m'm}$$

in Betracht zieht, bekommt man:

$$\begin{aligned}
&\int u_f^* x u_i d^3r \\
&= -4\pi \frac{1}{\sqrt{\pi a^3 V}} \sqrt{\frac{2\pi}{3}} \int_0^\infty dr \exp(-r/a) r^3 \sum_l \sum_m (-i)^l j_l(qr) Y_{lm}(\vartheta,\varphi) \\
&\quad \cdot \int Y_{lm}(\theta,\phi)[Y^*_{1\,-1}(\theta,\phi) + Y^*_{11}(\theta,\phi)]d\Omega' \\
&= -4\pi i \frac{1}{\sqrt{\pi a^3 V}} \int_0^\infty dr \exp(-r/a) r^3 j_1(qr) \sqrt{\frac{2\pi}{3}} [Y_{1\,-1}(\vartheta,\varphi) + Y_{11}(\vartheta,\varphi)] \\
&= -4\pi i \frac{1}{\sqrt{\pi a^3 V}} \cos\phi \sin\theta \int_0^\infty \exp(-r/a) r^3 j_1(qr) dr \;.
\end{aligned}$$

Mit:[3]

$$\int_0^\infty \exp(-r/a) r^3 j_1(qr) dr = a^4 \int_0^\infty u^3 \exp(-u) j_1(qau) du = a^4 \frac{8aq}{(a^2q^2+1)^3}$$

gelangt man zu:

$$\int u_f^* x u_i d^3r = -32i\sqrt{\frac{\pi}{Va^5}} \frac{q}{(q^2+a^{-2})^3} = -32i\sqrt{\frac{\pi}{a^5 V q^5}} \cos\varphi \sin\vartheta \;.$$

Zuletzt haben wir berücksichtigt, daß $q \gg 1/a$ ist. Nun muß man den Teil des Matrixelementes $\frac{1}{2}\hbar\omega n/\varepsilon_0 V$, der sich auf das Feld bezieht, mit dem Betragsquadrat

$$|e_0 \int u_f^* x u_i d^3r|^2 = 2^{10} \frac{\pi e_0^2}{V a^5 q^{10}} \cos^2\varphi \sin^2\vartheta$$

und mit der δ-Funktion multiplizieren und über alle möglichen Werte von $\mathbf{q}$ summieren. Wenn das Volumen V über alle Grenzen wächst, wird die Summation über $\mathbf{q}$ durch das Integral

$$\int \frac{V}{(2\pi)^3} d^3q \ldots = \int \frac{1}{(2\pi)^3} V q^2 dq d\Omega \;\ldots .$$

[3] I.S.Gradshteyn, I.M.Ryzhik, *Tables of Integrals, Series, and Products*, Academic Press, London 1980

ersetzt. Dabei ist $d\Omega = \sin\vartheta d\vartheta d\varphi$ das Raumwinkelelement. Wir berücksichtigten dabei, daß man beim Elektron keine Polarisation angeben kann, weil wir seinen Spin nicht in Betracht gezogen haben. So bekommt man die Rate:

$$\frac{1}{\tau} = \int \frac{1}{(2\pi)^3} V q^2 dq \sin\vartheta d\vartheta d\varphi \frac{2^{10}\pi e_0^2}{a^5 q^{10}} \frac{\hbar\omega n}{2\varepsilon_0 V} \cos^2\varphi \sin^2\varphi \delta\left(\omega - \frac{\hbar q^2}{2m}\right) .$$

Dabei haben wir in der δ-Funktion $\hbar/2ma^2$ gegenüber $\hbar q^2/2m$ vernachlässigt. Wir integrieren zuerst über q und berücksichtigen die Eigenschaft der δ-Funktion:

$$\delta\left[\omega - \left(\sqrt{\frac{\hbar}{2m}}q\right)^2\right] = \frac{1}{2}\frac{1}{\sqrt{\hbar\omega/2m}}\frac{1}{\sqrt{\omega}}\left[\delta\left(\sqrt{\frac{2m\omega}{\hbar}} - q\right) + \delta\left(\sqrt{\frac{2m\omega}{\hbar}} + q\right)\right] .$$

Schließlich folgt:

$$\frac{1}{\tau} = \int d\Omega \sqrt{\frac{2m}{\hbar}} \frac{8e_0^2 n\hbar^3}{\pi\varepsilon_0 m^4 V a^5 \omega^{7/2}} \cos^2\varphi \sin^2\vartheta .$$

Man pflegt bei Reaktionen, zu denen auch die Ionisation des Wasserstoffatoms gehört, nicht die Rate anzugeben, sondern den Wirkungsquerschnitt. Dieser wird als der Quotient der absorbierten Intensität $\hbar\omega/\tau$ und der einfallenden Intensität $cn\hbar\omega/V$ eingeführt:

$$\sigma = \frac{\hbar\omega}{\tau} : \frac{n\hbar\omega}{V} = \int d\Omega \sqrt{\frac{2m}{\hbar}} \frac{8e_0^2\hbar^3}{\pi\varepsilon_0 c m^4 a^5 \omega^{7/2}} \cos^2\varphi \sin^2\vartheta .$$

Der differentielle Wirkungsquerschnitt gibt den Anteil des Wirkungsquerschnitts $d\sigma$ pro Raumwinkelelement $d\Omega$ um die Richtung des ausgestoßenen Elektrons an, die mit den Winkeln ϑ, φ bestimmt wird. Jetzt kommt uns zugute, daß wir über den Raumwinkel noch nicht integriert haben. Der differentielle Wirkungsquerschnitt ist gleich dem Ausdruck unter dem Integral:

$$\frac{d\sigma}{d\Omega} = \sqrt{\frac{2m}{\hbar}} \frac{8e_0^2\hbar^3}{\pi\varepsilon_0 c m^4 a^5 \omega^{7/2}} \cos^2\varphi \sin^2\vartheta .$$

Charakteristisch für ihn ist, daß er mit wachsender Frequenz stark abnimmt. Elektronen werden in der Richtung der z-Achse ($\vartheta = 0$), also in der Einfallsrichtung des Lichtes, und in der Richtung der y-Achse, also senkrecht zu der elektrischen Feldstärke ($\vartheta = \frac{1}{2}\pi, \varphi = \frac{1}{2}\pi$), nicht emittiert. Die meisten Elektronen werden in der Richtung der x-Achse ($\vartheta = \frac{1}{2}\pi, \varphi = 0$), also in der Richtung der elektrischen Feldstärke, emittiert. Dieses Ergebnis kann man leicht klassisch verstehen: in der Richtung der elektrischen Feldstärke wirkt auf das Elektron die Coulomb-Kraft. Dies gilt auch für den Photoeffekt, bei dem Elektronen nicht aus einem Atom, sondern aus einem Kristall ausgestoßen werden.

Den Gesamtwirkungsquerschnitt bekommt man, wenn man die Integration über den Raumwinkel ausführt:

$$\int \cos^2\varphi \sin^2\vartheta d\Omega = \int_0^{2\pi} \cos^2\varphi d\varphi \int_{-\pi}^{\pi} \sin^2\vartheta \sin\vartheta d\vartheta = \frac{4}{3}\pi \; .$$

Somit ist der Querschnitt:

$$\sigma = \frac{32 e_0^2 \hbar^3}{3\varepsilon_0 c m^4 a^5 \omega^{7/2}} \sqrt{\frac{2m}{\hbar}} = \sigma_i \left(\frac{\omega_R}{\omega}\right)^{7/2} \; .$$

Dabei ist:

$$\hbar\omega_R = \frac{\hbar^2}{2ma^2} \qquad \text{und} \qquad \sigma_i = \frac{2^{13}\pi^2\varepsilon_0\hbar^3}{3cm^2e_0^2} = 0.043 \text{ nm}^2 \; .$$

Dieses Ergebnis gilt näherungsweise bei Photonenenergien, die groß gegenüber W_R = 13.6 eV sind. Bei einer Energie unmittelbar über W_R muß man die ausgestoßenen Elektronen mit Wellenfunktionen im Coulomb-Feld des Protons statt mit ebenen Wellenfunktionen beschreiben. Das führt zu einer anspruchsvolleren Berechnung und gibt einen kleineren Wirkungsquerschnitt. Uns ging es aber nicht um das genaue Ergebnis, sondern nur darum, seinen Charakter und noch mehr die nötigen Schritte in der Berechnung kennenzulernen.

5.5 Casimir-Kraft

Die Casimir-Kraft ist einer von den wenigen sehr kleinen Effekten der Vakuumschwingungen, der unmittelbar statisch gemessen werden kann.

Die unbegrenzte Nullpunktsenergie hat keinen Einfluß auf Messungen, bei denen Energiedifferenzen maßgebend sind. Es gibt aber dennoch eine makroskopisch meßbare Auswirkung der Nullpunktsenergie. Wir untersuchen diesen sehr kleinen Effekt, der charakteristisch für die Quantentheorie erscheint. Zwischen zwei parallelen neutralen Metallplatten wirkt als Folge der Nullpunktsenergie eine sehr kleine Anziehungskraft.

Zunächst betrachten wir einen kastenförmigen Hohlraum mit einer dünnen Trennwand in zwei verschiedenen Lagen (Bild 5.12) und berechnen die Energiedifferenz:

$$\Delta W = W(d) + W(L-d) - 2W(\tfrac{1}{2}L) \; .$$

Dabei ist $W(d)$ die Energie im Teil des Hohlraumes mit den Kanten d, L und L. Zu ihr tragen bei alle Energien im Grundzustand $\frac{1}{2}\hbar\omega_r = \frac{1}{2}\hbar c k_r$:

$$W(d) = \hbar c \sum_{n} \sum_{n_y} \sum_{n_z} k_{n\,n_y\,n_z} \exp\left(-\frac{\alpha}{\pi} k_{n\,n_y\,n_z}\right) .$$

Der Betrag des Wellenvektors

$$k_{n\,n_y\,n_z} = \pi \sqrt{\left(\frac{n}{d}\right)^2 + \left(\frac{n_y}{L}\right)^2 + \left(\frac{n_z}{L}\right)^2}$$

bezieht sich auf die Eigenschwingung, die durch die drei Zahlen $n = n_x \geq 1, n_y \geq 0$, $n_z \geq 0$ bestimmt ist. Wir haben mit einem zusätzlichen Faktor 2 berücksichtigt, daß es nur eine Eigenschwingung für $n = 0$ gibt, aber je zwei für $n \neq 0$. Der Faktor α im Exponenten soll nur die Konvergenz sichern. Physikalisch bedeutet er, daß für elektromagnetische Wellen mit hohen Frequenzen das Metall durchlässig wird. Nachträglich wird erst der Grenzübergang $\alpha \to 0$ und dann noch der Grenzübergang $L \to \infty$ gemacht.

Die Summation über n_y und n_z kann wegen der Größe von L durch Integration ersetzt werden. Statt der kartesischen Koordinaten y und z führen wir Polarkoordinaten $r = (y^2 + z^2)^{1/2}$ und φ ein. Das Flächenelement $dydz$ geht dabei in $rdrd\varphi$ über, wobei das Integral über den Polarwinkel φ einen Faktor $\frac{1}{2}\pi$ einbringt. Da n_y

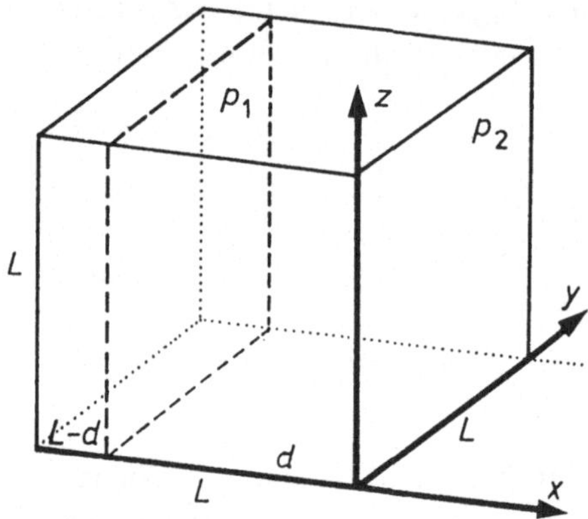

Bild 5.12
Der würfelförmige Hohlraum zur Berechnung der Energie im Grundzustand des elektromagnetischen Feldes wird in zwei quadratische Prismen unterteilt.

und n_z positiv sein müssen, ist nur der erste Quadrant zu berücksichtigen. Nun wird noch eine neue Veränderliche $\rho = r^2$ eingeführt:

$$\begin{aligned} W(d) &= \tfrac{1}{2}\pi^2 \hbar c L^2 \textstyle\sum_{n=1}^{\infty} \int\limits_0^{\infty} r dr \sqrt{(n/d)^2 + r^2} \exp\left[-\alpha\sqrt{(n/d)^2 + r^2}\right] \\ &= \tfrac{1}{4}\pi^2 \hbar c L^2 \textstyle\sum_{n=1}^{\infty} \int\limits_0^{\infty} d\rho \sqrt{(n/d)^2 + \rho} \exp\left[-\alpha\sqrt{(n/d)^2 + \rho}\right] \\ &= \tfrac{1}{4}\pi^2 \hbar c L^2 \textstyle\sum_{n=1}^{\infty} \left(\frac{\partial}{\partial\alpha}\right) \int\limits_0^{\infty} d\rho \exp\left[-\alpha\sqrt{(n/d)^2 + \rho}\right]. \end{aligned}$$

Mit der neuen Veränderlichen $w = \sqrt{(n/d)^2+\rho}$, für die $d\rho = 2w dw$ gilt, gestalten wir das Integral um:

$$\int_0^\infty d\rho \exp[-\alpha\sqrt{(n/d)^2+\rho}] = 2\int_{n/d}^\infty w\, dw \exp(-\alpha w)$$

$$= 2\left(\frac{\partial}{\partial\alpha}\right)\int_{n/d}^\infty dw \exp(-\alpha w) = 2\left(-\frac{\partial}{\partial\alpha}\right)\exp(-\alpha n/d) .$$

Damit gelangen wir zu:

$$W(d) = \tfrac{1}{2}\pi^2\hbar c L^2 \left(\tfrac{\partial^2}{\partial\alpha^2}\right)\alpha^{-1}\textstyle\sum_{n=1}^\infty \exp(-\alpha n/d)$$

$$= \tfrac{1}{2}\pi^2\hbar c L^2 \left(\tfrac{\partial^2}{\partial\alpha^2}\right)\tfrac{d}{\alpha^2}\cdot\tfrac{(\alpha/d)}{\exp(\alpha/d)-1} .$$

Zuletzt haben wir die Summe der geometrischen Reihe ausgewertet. Da wir den Grenzübergang $\alpha \to 0$ zu machen beabsichtigen, entwickeln wir den Bruch:

$$\frac{t}{\exp t - 1} = \sum_{s=0}^\infty B_s\frac{t^s}{s!} = 1 - \tfrac{1}{2}t - \tfrac{1}{12}t^2 - \tfrac{1}{720}t^4 + \mathcal{O}(t^6) .$$

Dabei sind B_s die Bernoulli-Zahlen und gibt $\mathcal{O}$ wiederum die niedrigste vernachlässigte Potenz an.

Somit erhalten wir das Ergebnis in der Form:

$$\frac{W(d)}{\frac{1}{2}\pi^2\hbar c L^2} = d\frac{\partial^2}{\partial\alpha^2}\left(\alpha^{-2} - \tfrac{1}{2}\alpha^{-1}/d - \tfrac{1}{12}d^{-2} - \tfrac{1}{720}\alpha^2/d^3 + \mathcal{O}(\alpha^4)\right)$$
$$= 6d/\alpha^4 - \alpha^3 - \tfrac{1}{360}d^{-3} + \mathcal{O}(\alpha^2) .$$

Jetzt kann man die ursprüngliche Energiedifferenz berechnen:

$$\frac{\Delta W}{\frac{1}{2}\pi^2\hbar c L^2}$$
$$= \frac{6d}{\alpha^4} - \alpha^3 - \frac{1}{360d^3} + \frac{6(L-d)}{\alpha^4} - \alpha^3 - \frac{1}{360(L-d)^3}$$
$$-2\cdot 6\cdot\frac{L}{2\alpha^4} + 2\alpha^3 + \frac{2\cdot 8}{360L^3} + \mathcal{O}(\alpha^2)$$
$$= -\frac{1}{360d^3} - \frac{1}{360(L-d)^3} + \frac{2}{45L^3} + \mathcal{O}(\alpha^2) .$$

Schließlich bleibt nach den Grenzübergängen $\alpha \to 0$ und $L \to \infty$ auf der rechten Seite nur das erste Glied übrig. So ergibt sich:

$$\frac{\Delta W}{L^2} = \frac{V(d)}{L^2} = -\frac{\pi^2 \hbar c}{720 d^3} .$$

Schließlich bekommen wir für die Kraft pro Flächeneinheit:

$$\frac{F}{L^2} = -\frac{\partial V}{L^2 \partial d} = -\frac{\pi^2 \hbar c}{240 d^4} .$$

Weil sich die Energie verringert, wenn man die Entfernung verkleinert, ist die Kraft anziehend.

Die Kraft wird meßbar bei sehr kleinen Plattenentfernungen. Bei einer Entfernung von 0.5 μm ziehen sich Platten mit der Fläche von 1 cm^2 mit einer Kraft von 0.0207 N an. Die Kraft ist für makroskopische Abstände sehr klein, sie kann eben nicht ihren quantenelektrodynamischen Ursprung verleugnen.

Die Casimir-Kraft hat eine lange Geschichte. F.London berechnete die Kraft zwischen zwei neutralen Atomen, die zu r^{-7} proportional ist, wenn r die Entfernung zwischen den Atomen bezeichnet.[1] Diese Kraft kann mit der Nullpunktsenergie zweier harmonischer Oszillatoren ermittelt werden, mit denen man die Atome beschreibt. H.G.B.Casimir und D.Polder haben darauf hingewiesen, daß Londons Berechnung nur für kleine Entfernungen gilt, bei denen man die Retardierung des Feldes vernachlässigen kann.[2] Im allgemeinen muß man diese Retardierung berücksichtigen, was in der Gleichung für die Kraft einen zusätzlichen Faktor hinzufügt. Dieser Faktor geht bei kleinen Entfernungen in 1 über, bei großen dagegen in r^{-1}, so daß bei größeren Entfernungen die Kraft zu r^{-8} proportional wird.

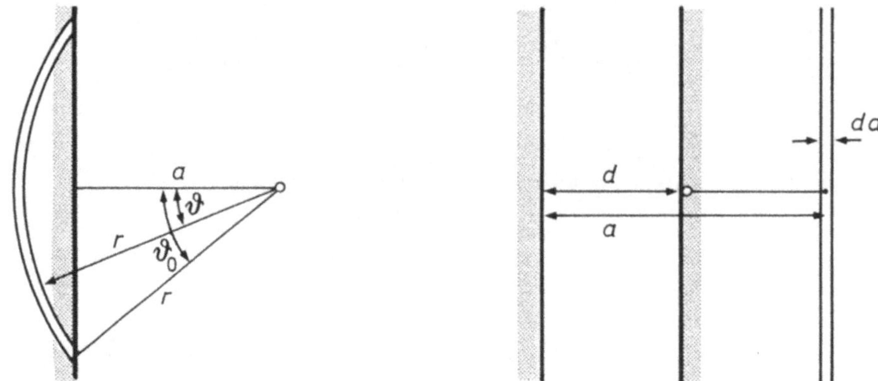

Bild 5.13 Zu der ersten (links) und zweiten Integration (rechts) von Kräften.

[1] F.London, *Zur Theorie und Systematik der Molekularkräfte*, Z.Phys. **63** (1930) 245

[2] H.B.G.Casimir, D.Polder, *The influence of retardation on the London-van der Waals forces*, Phys.Rev. **73** (1948) 360

Aus der Kraft zwischen Atomen kann die Kraft zwischen makroskopischen Körpern ermittelt werden.[3] Nehmen wir an, zwischen zwei Atomen wirkt die Kraft

$$F_1 = -Cr^{-b}$$

mit einer Konstante C, wobei bei kleinen Entfernungen $b = 7$ und bei großen $b = 8$ zu setzen ist. Die potentielle Energie beider Atome ist mit

$$W_{p1} = -\int_r^\infty Cr^{-b}dr = -\frac{C}{b-1}r^{-(b-1)}$$

gegeben. Die potentielle Energie eines Atoms und eines makroskopischen Körpers (Bild 5.13) beläuft sich zu:

$$\begin{aligned} W_p(a) &= -\frac{Cn}{b-1}\int r^{-(b-1)}d^3r = -\frac{Cn}{b-1}\int_a^\infty r^{-(b-1)}r^2dr\int_0^{2\pi}d\varphi\int_0^{\vartheta_o}\sin\vartheta d\vartheta \\ &= \frac{2\pi Cn}{b-1}\int_a^\infty r^{-(b-3)}dr\int_{\cos\vartheta=1}^{a/r}d(\cos\vartheta) \\ &= \frac{2\pi Cn}{b-1}\int_a^\infty r^{-(b-3)}(\frac{a}{r}-1)dr = -\frac{2\pi Cn}{(b-1)(b-3)(b-4)}a^{-(b-4)} . \end{aligned}$$

Dabei ist n die Zahl der Atome pro Volumeneinheit des Körpers.

Im zweiten Schritt berechnen wir die potentielle Energie zweier Körper, zwischen denen es eine Lücke mit der Breite d gibt:

$$\begin{aligned} W_p(d) &= -\int_d^\infty \frac{2\pi Cn}{(b-1)(b-3)(b-4)}a^{-(b-4)}nS\,da \\ &= \frac{2\pi Cn^2S}{(b-1)(b-3)(b-4)(b-5)}a^{-(b-5)} . \end{aligned}$$

Schließlich berechnen wir die Kraft zwischen den Körpern, bezogen auf die Flächeneinheit der Grenzfläche:

$$\frac{F}{S} = -\frac{1}{S}\cdot\frac{\partial W_p}{\partial d} = -\frac{2\pi Cn^2}{(b-1)(b-3)(b-4)}a^{-(b-4)} .$$

[3] H.C.Hamaker, *The London-van der Waals attraction between spherical particles*, Physica **4** (1937) 1058

Bei kleinen Entfernungen ($b = 7$) ist die Kraft zu d^{-3} proportional und bei großen ($b = 8$) zu d^{-4}. Mit einer solchen Berechnung ist es aber kaum möglich, den Proportionalitätskoeffizienten zu ermitteln. Die Kräfte zwischen Atompaaren sind nämlich nicht additiv.[4]

E.M.Lifshitz hat den Ausdruck für die Kraft zwischen zwei dielektrischen Körpern hergeleitet, indem er in den Grundgleichungen die Schwankungen des elektrischen Feldes berücksichtigte.[5] Der Ausdruck für die Kraft muß bei größerer Entfernung mit einer Funktion der Dielektrizitätskonstante multipliziert werden, die bei großer Dielektrizitätskonstante den Wert 1 annimmt, bei kleineren aber kleiner als 1 ist. Den Casimir-Ausdruck gewinnt man für größere Entfernungen im Grenzübergang $\varepsilon \to \infty$.

B.V.Derjagin und I.I.Abrikosova haben die Kraft zwischen Körpern aus Glas gemessen.[6] Später wurde die Kraft von J.A.Kitchener und A.P.Posser mit Körpern aus Borosilikat-Glass,[7] von D.Taylor und R.H.S.Winterton mit Glimmerplättchen[8] und auch von anderen gemessen. Wie es scheint, hat M.J.Sparnaay als einziger mit Metallplatten experimentiert.[9] Dabei mußte er einige Schwierigkeiten bewältigen: es störten Staubteilchen, statische Ladungen, die Spannung zwischen Platten aus gleichem Material und chemisch gebundene Substanzen an der Grenzfläche.
Die Messungen zwischen Körpern aus Glas, Quarz und Aluminium gelangen überhaupt nicht. Bei Platten aus Aluminium gab es gar eine abstoßende Kraft, was auf Teilchen aus Aluminiumoxyd an der Oberfläche zurückgeführt wurde. Mit Platten aus Chromstahl und Chrom konnte aber der Ausdruck von Casimir belegt werden. Die Kraft wurde mittels einer Federwaage und die Entfernung der Platten über die Kapazität des Plattenkondensators gemessen (Bild 5.14). D.Tabor und R.H.S.Winterton konnten zeigen, daß sich die Abhängigkeit der Kraft von der Entfernung in der Nähe von 0.1 μm ändert. Zum gleichen Ergebnis führten noch weitere Messungen anderer Forscher. Die Berechnung von Casimir und Polder wurde vereinfacht von M.Fierz[10], T.H.Boyer[11] und M.Reuter und W.Dittrich.[12] Eine Übersicht wurde von P.W.Milloni und M.-L.Shih gegeben.[13]

---

[4] Yu.B.Barash, V.L.Ginsburg, *Elektromagnitnye fluktuacii i molekuljarnye (van der Waalsovy) sily meschdu telami*, Usp.fiz.nauk **116** (1975) 5

[5] E.M.Lifshitz, *Theory of molecular attractive forces between solid bodies*, Soviet Phys. JETF **2** (1956) 73

[6] B.V.Derjaguin, I.I.Abrikosova, Soviet Phys.JETP **3** (1957) 819

[7] J.A.Kitchener, A.P.Posser, *Direct measurement of the long range van der Waals forces*, Proc.Roy.Soc. A **242** (1957) 403

[8] D.J.Taylor, R.H.S.Winterton, *Surface forces: direct measurement of normal and retarded van der Waals forces*, Nature **219** (1968) 1120

[9] M.J.Sparnaay, *Measurement of attractive forces between flat plates*, Physica **24** (1958) 751

[10] M.Fierz, *Zur Anziehung leitender Ebenen im Vakuum*, Helv.Phys.Acta **33** (1960) 855

[11] T.H.Boyer, *Quantum zero-point energy and long range forces*, Ann.Phys. (N.Y.) **56** (1970) 474

[12] M.Reuter, W.Dittrich, *Regularisation schemes for the Casimir effect*, Eur.J.Phys. **6** (1985) 33

[13] P.W.Milloni, M.-L.Shih, *Casimir forces*, Contemporary Physics **33** (1992) 313; siehe auch

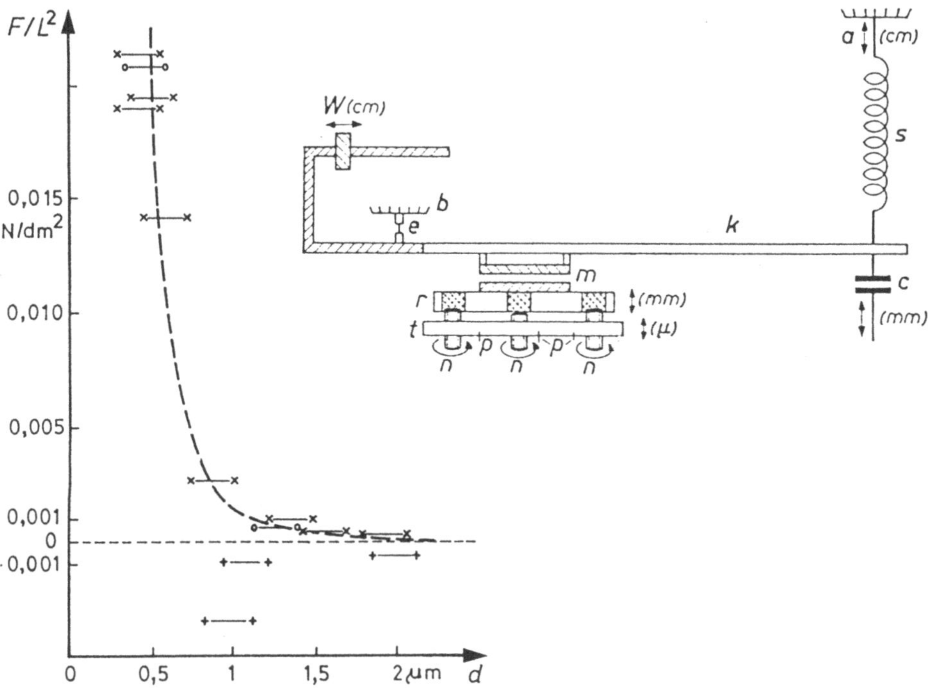

Bild 5.14 Metallplatten zur Messung der Casimir-Kraft mit einem Hebel, Kondensator und Feder (rechts) und die Meßergebnisse (x Chromstahl, o Chrom, + Aluminium, links). Bei Aluminium beobachtete man gar eine abstoßende Kraft. Nach M.J.Sparnaay.[9]

5.6 Lamb-Verschiebung

Die Lamb-Verschiebung kann als eine der Casimir-Kraft entsprechende Strahlungskorrektur aufgefaßt werden.

Die Vakuumschwankungen verursachen die Verschiebung einiger Elektronenzustände im Atom. Obwohl diese *Lamb-Verschiebung* mit der Casimir-Kraft eine gemeinsame Ursache hat, ist die Lage hier andersartig. Wir können die Casimir-Kraft genau ermitteln, das Ergebnis aber nicht einwandfrei mit Messungen belegen. Dagegen müssen wir uns mit einer Abschätzung der Lamb-Verschiebung, die genau gemessen werden kann, begnügen. Eine genaue Behandlung würde die Beschreibung des Elektrons im Rahmen der relativistischen Quantenmechanik oder wenigstens die Einbeziehung seines magnetischen Moments erfordern.[1]

F.S.Levin, D.A.Micha, *Long-Range Casimir Forces: Theory and Recent Experiments on Atomic Systems*, Plenum, New York 1993

[1]H.Grotch, *Lamb shift in nonrelativistic quantum electrodynamics*, Am.J.Phys. **50** (1981) 48; I.J.R.Aitchison, *Nothing's plenty, The vacuum in modern quantum field theory*, Contemp.Phys. **26** (1985) 333

Wir wollen die Lamb-Verschiebung zwischen den Zuständen $2s_{1/2}$ und $2p_{1/2}$ des Wasserstoffatoms erörtern. Beide beziehen sich auf die Hauptquantenzahl $n = 2$. Im Grundzustand $1s_{1/2}$ gibt es keine Verschiebung. Das Symbol s gibt an, daß es sich um einen kugelsymmetrischen Zustand handelt, in dem das Elektron keinen Bahndrehimpuls besitzt, und p, daß es sich um einen nichtsymmetrischen Zustand handelt, in dem das Elektron einen Bahndrehimpuls mit der größten Komponente $\hbar$ besitzt. Die Indizes $1/2$ zeigen, daß der Gesamtdrehimpuls des Elektrons in beiden Zuständen gleich ist; im Zustand $2p_{1/2}$ sind eben der Bahndrehimpuls und der Spin entgegengesetzt.

Wir nehmen zunächst an, daß ein schwingendes elektrisches Feld mit der Feldstärke $E_0 \cos \omega_r t$ auf das Elektron eine Kraft ausübt, die eine erzwungene Schwingung hervorruft:

$$F = -e_0 E_0 \cos \omega_r t = ma = -m\omega_r^2 x_r \ .$$

Dabei ist x_r die entsprechende Verschiebung des Elektrons durch das elektrische Feld. Die Gleichung wird quadriert und der zeitliche Mittelwert berechnet:

$$\tfrac{1}{2} e_0^2 E_0^2 = m^2 \omega_r^4 \overline{x_r^2} \ .$$

Um diese Gleichung anwenden zu können, müssen wir die Amplitude der Feldstärke kennen. Wir nehmen an, daß im Grundzustand des elektromagnetischen Feldes die Gleichung

$$\tfrac{1}{2} \varepsilon_0 E_0^2 V = \tfrac{1}{2} \hbar \omega_r$$

gilt und bekommen damit für den Mittelwert des Quadrats der Elektronenverrückung:

$$\overline{x_r^2} = \frac{e_0^2}{\varepsilon_0} \frac{\hbar \omega_r}{m \omega_r^4} = \frac{e_0^2 \hbar}{2 \varepsilon_0 V m \omega_r^3} \ .$$

Würden wir statt der klassischen Gleichung die quantenelektrodynamische berücksichtigen, müßten wir $2\langle 0|\hat{E}^2|0\rangle = \hbar\omega_r/\varepsilon_0 V$ für E_0^2 einsetzen.

Die bisherige Rechnung bezog sich auf den Einmoden-Fall. Wir haben es aber mit einem Vielmoden-Fall zu tun und müssen $\sum_r \overline{x_r^2}$ über alle Moden berechnen. Wenn sich das Atom im Hohlraum mit einem sehr großen Volumen V befindet, können wir das diskrete Spektrum durch ein kontinuierliches ersetzen und die Summation mit einer Integration über $\rho(\omega) d\omega$, also:

$$\overline{x^2} = \frac{e_0^2 \hbar}{2 \varepsilon_0 c^3 m^2} \int \frac{\omega^2 V d\omega}{\pi^2 c^3 \omega^3} = \frac{e_0^2 \hbar}{2 \pi^2 \varepsilon_0 c^3 m^2} \int \frac{d\omega}{\omega} = \frac{2 \alpha \hbar^2}{\pi m^2 c^2} \int \frac{d\omega}{\omega} \ .$$

Dabei ist $\alpha = e_0^2 / 4\pi\varepsilon_0 c\hbar$ die Feinstrukturkonstante. Das Integral divergiert sowohl an der unteren Grenze 0 wie an der oberen Grenze ∞. Wir führen deshalb die Abschneideparameter $\omega_R = W_R/\hbar$, den Absolutwert der Energie im Grundzustand des Wasserstoffatoms, und ω^*, die Ruheenergie des Elektrons, ein. Somit gelangen wir zu:

$$\overline{x^2} = \frac{2\alpha\hbar^2}{\pi m^2 c^2}\ln\frac{mc^2}{W_R} = \frac{2\alpha\hbar^2}{\pi m^2 c^2}\ln\frac{2}{\alpha^2} .$$

Wir berücksichtigten die Gleichung $W_R = \frac{1}{2}mc^2\alpha^2$.

Wegen der örtlichen Schwankungen des Elektrons, den Mittelwert des Quadrats der Verschiebung haben wir ja schon ermittelt, ändert sich der Eigenwert der Energie. Die Änderung schätzen wir ab mit dem Erwartungswert der Änderung der potentiellen Energie des Elektrons. Für das Potential im Feld einer positiven Punktladung gilt:

$$U(\mathbf{r}+\mathbf{x}) = U(\mathbf{r}) + \nabla U \cdot \mathbf{x} + \tfrac{1}{6}\nabla^2 U \cdot x^2 .$$

Links und rechts wird der zeitliche Mittelwert berechnet und mit $\overline{\mathbf{x}} = 0$ bekommen wir:

$$\delta U = U(\mathbf{r}+\mathbf{x}) - U(\mathbf{r}) = -\frac{e_0}{6\varepsilon_0}\delta^3(r)\overline{x^2} .$$

Aus den Gleichungen $\mathbf{E} = -\mathrm{grad}\, U$ und $\mathrm{div}\,\mathbf{E} = \rho/\varepsilon_0$ folgt $\mathrm{div}\,\mathrm{grad}\, U = \nabla^2 U = -\rho/\varepsilon_0$. Der Ausdruck $\nabla^2 U$ ist gleich Null in allen Punkten, in denen sich keine Ladung befindet. Die Ladungsdichte einer Punktladung wird mit einer dreidimensionalen δ-Funktion beschrieben. Die Änderung der potentiellen Energie des Elektrons ist demnach:

$$\delta W = \int_0^\infty (-e_0\delta U)u^*(r)u(r)d^3r = \frac{e_0^2}{6\varepsilon_0}\overline{x^2}\int_0^\infty \delta^3(r)|u(r)|^2 d^3r = \frac{e_0^2}{6\varepsilon_0}\overline{x^2}|u(0)|^2 .$$

Im Zustand 2s ist die Wellenfunktion im Koordinatenursprung, d.h. an der Stelle des Kerns, von Null verschieden: $u(0) = 1/\sqrt{\pi a^3}$, wenn a der Bohr-Radius ist. Im Zustand 2p ist aber die Wellenfunktion im Koordinatenursprung gleich Null. Das bedeutet, daß der Eigenwert der Energie im Zustand $2s_{1/2}$ um δW höher liegt als im Zustand $2p_{1/2}$. Damit haben wir die Verschiebung berechnet. Den Ausdruck kann man übersichtlicher schreiben:[2]

$$\delta W = \frac{1}{6}\cdot\frac{2\alpha\hbar^2}{\pi m^2c^2}\cdot\frac{e_0^2}{8\pi\varepsilon_0 a^3}\ln\frac{2}{\alpha^2} = \frac{\alpha^5 mc^2}{6\pi}\ln\frac{2}{\alpha^2} = \frac{\alpha^3 W_R}{3\pi}\ln\frac{2}{\alpha^2}.$$

Wir drückten dabei den Bohr-Radius mit der Feinstrukturkonstante aus: $a = \hbar/mc\alpha$

In die Gleichung setzen wir $mc^2 = 0.51$ MeV und $\alpha = 137$ ein und erhalten die Lamb-Verschiebung $\delta W = 6\cdot 10^{-6}$ eV. Dieser Energiedifferenz entspricht die Frequenz:

$$\nu = \frac{\delta W}{h} = 1.4\cdot 10^9\ \mathrm{s}^{-1} = 1400\ \mathrm{MHz} .$$

[2] V.F.Weisskopf, *Teaching of modern physics*, CERN 1984 (unveröffentlichte Vorlesung)

Das ist nur eine Abschätzung für die Verschiebung. Eine bessere Näherung liefert für diese Frequenz 1058 MHz.[3]

Vor dem Jahre 1947 herrschte über die Anordnung der Zustände des Wasserstoffatoms im Detail keine Übereinstimmung. Es scheint, daß einzig R.Pasternack schon im Jahre 1938 behauptete, der Zustand $2s_{1/2}$ liege bei einer höheren Energie als der Zustand $2p_{1/2}$. Entscheidend war das Experiment von W.E.Lamb und R.C.Retherford.[4]

Bei diesem Experiment brachte man Wasserstoffmoleküle im Ofen bei einer Temperatur von 2500 °C zur Dissoziation und richtete einen Strahl von Wasserstoffatomen auf eine Wolframplatte (Bild 5.15). Der Atomstrahl wurde vom Elektronenstrahl getroffen und dabei wurde jedes hundertmillionste Wasserstoffatom in den ersten angeregten Zustand $2s_{1/2}$ gebracht. Dieser Zustand ist metastabil; der Übergang in den Grundzustand $1s_{1/2}$ kann nicht mit elektrischer Dipolstrahlung erfolgen. Die Auswahlregel fordert für einen solchen Übergang nämlich $l \to l \pm 1$. Die Atome werden beim Elektronenstoß nur wenig abgelenkt und bleiben im Strahl, der durch ein Radiofrequenzfeld geführt wird.

Das elektrische Feld könnte nach dem Stark-Effekt wohl den Übergang aus dem metastabilen Zustand in den Grundzustand verursachen. Weil man nur schwer einen Raum mit dem elektrischen Feld Null realisiert, nahm man ein Magnetfeld, senkrecht zum Strahl, zu Hilfe. In ihm kam es wegen des Zeeman-Effektes zur Aufspaltung des Zustandes, wobei die Energiedifferenzen der magnetischen Feldstärke proportional waren. Das Radiofrequenzfeld verursachte dann Übergänge aus dem Zustand $2s_{1/2}$ in die Zustände $2p_{3/2}$ mit m_j $=3/2, 1/2, -1/2$. Bei konstanter Radiofrequenz wurde die magnetische Feldstärke geändert und der Strom der Atome im angeregten Zustand $2s_{1/2}$ gemessen. Diese Atome, nicht aber Atome im Grundzustand, gaben beim Auffallen auf die Wolframplatte ein Elektron ab, so daß man nur den Strom zwischen dieser Platte und der Auffangelektrode zu messen brauchte. Ein Atom, das im Radiofrequenzfeld aus dem Zustand $2s_{1/2}$ in den Zustand $2p_{3/2}$ übergegangen war, ging danach schnell durch elektrische Dipolstrahlung in den Grundzustand über. Also verringerte sich deswegen der Elektronenstrom auf die Auffangelektrode. Schließlich extrapolierte man die Meßergebnisse zur magnetischen Feldstärke 0 und fand, daß der Zustand $2s_{1/2}$ um eine der Frequenz 1000 MHz entsprechenden Energie höher liegt, als man bis dahin annahm. Das zeigte an, daß der Zustand $2s_{1/2}$ um diesen Energiewert höher liegt als der Zustand $2p_{1/2}$.[5]

Später wurde auf ähnliche Weise auch der Übergang aus dem Zustand $2s_{1/2}$ in

[3]B.Davies, *Note on the Lamb shift*, Am.J.Phys. **50** (1982) 331

[4]W.E.Lamb, Jr., R.C.Retherford, *Fine structure of the hydrogen atom by a microwave method*, Phys.Rev. **72** (1947) 241

[5]F.K.Richtmyer, E.H.Kennard, T.Lauritsen, *Introduction to Modern Physics*, McGraw-Hill, New York 1955, S.262

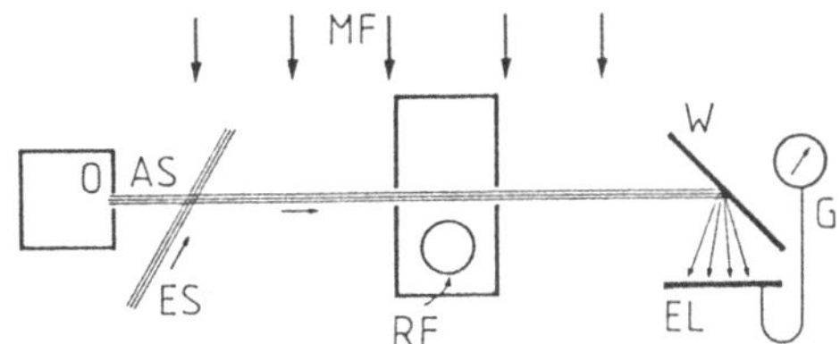

Bild 5.15 Die Messung der Energiedifferenz zwischen den Zuständen $2p_{3/2}$ und $2s_{1/2}$ im Wasserstoffatom: Ofen bei der Temperatur von 2500 °C (O), Atomstrahl (AS), Elektronenstrahl (ES), Magnetfeld (MF), Radiofrequenzoszillator (RF), Wolframplättchen (W), Auffangelektrode für Elektronen (EL), Galvanometer (G). Nach W.E.Lamb, Jr., R.C.Retherford.[4, 5]

den Zustand $2p_{1/2}$ verfolgt und dieser Energiewert direkt vermessen. Dem Übergang $2p_{3/2} \rightarrow 2s_{1/2}$ entspricht eine Frequenz von etwa 10 000 MHz, das sind Mikrowellen mit der Wellenlänge von etwa 3 cm. Dem Übergang $2s_{1/2} \rightarrow 2p_{1/2}$ entspricht dagegen die Frequenz von etwa 1000 MHz, das sind Mikrowellen mit der Wellenlänge von etwa 30 cm. Ende der Vierziger Jahre waren Experimente mit längeren Mikrowellen anspruchsvoller, deswegen folgte die direkte Messung der Übergangsfrequenz 1000 MHz der Lamb-Verschiebung der indirekten Messung mit der zehnmal höheren Frequenz.[6] Bis heute wurde die direkte Messung mehrmals wiederholt und ergab (1057.862 ± 0.020) MHz. Diese Frequenz gibt auch eine genauere Berechnung im Rahmen der Quantentheorie.

Über die Messungen von Lamb und Retherford wurde auf einem Treffen der Physiker auf Shelter Island anfangs 1947 diskutiert. Bei diesem Treffen, das für die Entwicklung der Quantenelektrodynamik sehr bedeutend war, erfuhr Hans Bethe von der gemessenen Verschiebung. Nach einer Rechnung, angeblich im Zuge auf der Heimreise, ergab sich 1040 MHz.[7] Seine Berechnung unterschied sich nicht wesentlich von unserer, nur im Nenner des Logarithmus hatte er 17.8 W_R als den Durchschnittswert der Energiedifferenz $\overline{W_n - W_{n'}}$ für das Wasserstoffatom im angeregten Zustand statt W_R.

5.7 Photonenkorrelationen erster Ordnung

Der Weg zur Erklärung von Effekten, bei denen beträchtliche Abweichungen von klassischen Ergebnissen beobachtet werden, führt über Photonenkorrelationen erster Odnung.

[6] W.E.Lamb, Jr., R.C.Retherford, *Shift of the $2S_{1/2}$ state in hydrogen and deuterium*, Phys.Rev. **75** (1949) 1325

[7] H.A.Bethe, *The electromagnetic shift of energy levels*, Phys.Rev. **72** (1947) 339

Vorerst kommen wir auf die bereits angesprochenen Interferenz zurück. Der Operator der elektrischen Feldstärke

$$\hat{E}^{\pm} = \tfrac{1}{2}\left[\hat{E}^{\pm}(x_1,t) + \hat{E}^{\pm}(x_2,t)\right]$$

wird eingeführt und mit den Operatoren

$$\hat{E}^{+}(x,t) = i\sqrt{\frac{\hbar\omega}{2\varepsilon_0 V}}\exp i(kx-\omega t)\,\hat{a} \quad \text{und}$$
$$\hat{E}^{-}(x,t) = i\sqrt{\frac{\hbar\omega}{2\varepsilon_0 V}}\exp\left[-i(kx-\omega t)\right]\hat{a}^{\dagger}$$

die Intensität auf dem Schirm berechnet:

$$\begin{aligned}\hat{E}^{-}\hat{E}^{+} = \tfrac{1}{4}\Big[&\hat{E}^{-}(x_1,t)\hat{E}^{+}(x_1,t) + \hat{E}^{-}(x_2,t)\hat{E}^{+}(x_2,t)\\ &+ \hat{E}^{-}(x_1,t)\hat{E}^{+}(x_2,t) + \hat{E}^{-}(x_2,t)\hat{E}^{+}(x_1,t)\Big]\ .\end{aligned}$$

Das erste Glied entspricht der Intensität im ersten Teilstrahl, wenn nur der erste Spalt geöffnet wäre, und das zweite der Intensität im zweiten Teilstrahl, wenn nur der zweite Spalt geöffnet wäre. Für die Maxima und Minima, die für die Interferenz charakteristisch sind, sind das dritte und vierte Glied maßgebend.

Schon diese kurze Bestandsaufnahme überzeugt uns, daß es zweckmäßig ist, Produkte von Operatoren $\hat{E}^{-}(x_1,t_1)$ und $\hat{E}^{+}(x_2,t_2)$ zu untersuchen. Bei der Behandlung der Interferenz entsprachen die Koordinaten verschiedenen Wegen in den Teilstrahlen, für die wir annahmen, daß sie näherungsweise parallel verliefen. Nun betrachten wir diese Feldoperatoren ganz allgemein zu gleicher Zeit an verschiedenen Orten oder in verschiedenen Zeitpunkten am gleichen Ort. Zuerst setzen wir den Operator

$$\hat{E}^{-}(x_1,t_1)\hat{E}^{+}(x_2,t_2)$$

zusammen, der in den Intensitätsoperator übergeht, falls $x_1 = x_2$ und $t_1 = t_2$ angenommen wird. Wenn der entsprechende Operator für $x_1 \neq x_2$ oder $t_1 \neq t_2$ keinen Beitrag geben würde, gäbe es keine Interferenz. Der Erwartungswert dieses Operators für einen reinen Zustand oder für ein statistisches Gemisch gibt demnach an, ob man Interferenz beobachten kann oder nicht. Der Erwartungswert hängt noch von der zu $\hat{E}^{-}(x_1,t_1)\hat{E}^{+}(x_1,t_1)$ und $\hat{E}^{-}(x_2,t_2)\hat{E}^{+}(x_2,t_2)$ gehörenden Intensität ab. Deswegen normieren wir den Ausdruck und nehmen außerdem noch seinen Betrag:

$$g_{12}^{(1)} = \frac{|\langle\hat{E}^{-}(x_1,t_1)\hat{E}^{+}(x_2,t_2)\rangle|}{\sqrt{\langle\hat{E}^{-}(x_1,t_1)\hat{E}^{+}(x_1,t_1)\rangle}\,\sqrt{\langle\hat{E}^{-}(x_2,t_2)\hat{E}^{+}(x_2,t_2)\rangle}}\ . \qquad (1)$$

Damit haben wir die *normierte Korrelationsfunktion erster Ordnung* eingeführt. Für reine Zustände wird sie mit Erwartungswerten vom Typ

$$\langle n|\hat{E}^-(x_1,t_1)\hat{E}^+(x_2,t_2)|n\rangle \ ,$$

für statistische Gemische mit Spurbildung, z.B.

$$\mathrm{Sp}[\hat{\rho}\hat{E}^-(x_1,t_1)\hat{E}^+(x_2,t_2)]$$

berechnet.

Als Beispiel berechnen wir diese Korrelationsfunktion für die reinen Zustände: den Anzahlzustand und den kohärenten Zustand. Für den Anzahlzustand haben wir

$$\begin{aligned}&\langle n|\hat{E}^-(x_1,t_1)\hat{E}^+(x_2,t_2)|n\rangle\\&=\frac{\hbar\omega}{2\varepsilon_0 V}\exp\left[-i(kx_1-\omega_1)\right]\langle n|\hat{a}^\dagger\exp i(kx_2-\omega t_2)\hat{a}|n\rangle\\&=\frac{\hbar\omega}{2\varepsilon_0 V}n\exp i[k(x_2-x_1)-\omega(t_2-t_1)] \ ,\end{aligned}$$

denn es gilt $\langle n|\hat{a}^\dagger\hat{a}|n\rangle = \langle n|\hat{n}|n\rangle = n$. Der Betrag ergibt sich zu:

$$|\langle n|\hat{E}^-(x_1,t_1)\hat{E}^+(x_2,t_2)|n\rangle| = \frac{n\hbar\omega}{2\varepsilon_0 V}.$$

Für die Intensität gilt:

$$\langle n|\hat{E}^-(x_1,t_1)\hat{E}^+(x_1,t_1)|n\rangle = \langle n|\hat{E}^-(x_2,t_2)\hat{E}^+(x_2,t_2)|n\rangle = \frac{nh\omega}{2\varepsilon_0 V} \ .$$

Die Korrelationsfunktion für einen Anzahlzustand ist demnach eine Konstante:

$$g_{12}^{(1)} = 1 \ .$$

Das gleiche Ergebnis gilt auch für den kohärenten Zustand, mit dem Unterschied, daß für ihn in der Rechnung die mittlere Photonenzahl $\overline{n}$ statt der Photonenzahl n auftritt

$$\begin{aligned}&\langle\alpha|\hat{E}^-(x_1,t_1)\hat{E}^+(x_2,t_2)|\alpha\rangle\\&=\langle\alpha|\frac{\hbar\omega}{2\varepsilon_0 V}\exp\left[-i(kx_1-\omega_1)\right]\hat{a}^\dagger\exp i(kx_2-\omega t_2)\hat{a}|\alpha\rangle\\&=\frac{\hbar\omega}{2\varepsilon_0 V}\overline{n}\exp i[k(x_2-x_1)-\omega(t_2-t_1)] \ ,\end{aligned}$$

da $\langle\alpha|\hat{a}^\dagger\hat{a}|\alpha\rangle = \alpha^*\alpha = \overline{n}$ gilt. Auch die Intensität drückt sich mit der mittleren Photonenzahl aus

$$\langle\alpha|\hat{E}^-(x_1,t_1)\hat{E}^+(x_1,t_1)|\alpha\rangle = \langle\alpha|\hat{E}^-(x_2,t_2)\hat{E}^+(x_2,t_2)|\alpha\rangle = \frac{\overline{n}\hbar\omega}{2\varepsilon_0 V},$$

so daß das Ergebnis $g_{12}^{(1)} = 1$ bestehen bleibt.

Als nächstes Beispiel folgt das einfachste statistische Gemisch, das monochromatische Licht:

$$\begin{aligned}
&\langle\hat{E}^-(x_1,t_1)\hat{E}^+(x_2,t_2)\rangle = \mathrm{Sp}[\hat{\rho}\hat{E}^-(x_1,t_1)\hat{E}^+(x_2,t_2)] \\
&= \frac{\hbar\omega}{2\varepsilon_0 V}\exp i[k(x_2-x_1)-\omega(t_2-t_1)]\mathrm{Sp}(\hat{\rho}\hat{n}) \\
&= \frac{\hbar\omega}{2\varepsilon_0 V}\overline{n}\exp i[k(x_2-x_1)-\omega(t_2-t_1)]\,.
\end{aligned}$$

$\mathrm{Sp}(\hat{\rho}\hat{n})$ führt wie beim Anzahlzustand oder kohärenten Zustand zu der mittleren Photonenzahl $\overline{n}$. Für die Intensität gilt:

$$\begin{aligned}
&\langle\hat{E}^-(x_1,t_1)\hat{E}^+(x_1,t_1)\rangle = \langle\hat{E}^-(x_2,t_2)\hat{E}^+(x_2,t_2)\rangle \\
&= \mathrm{Sp}[\hat{\rho}\hat{E}^-(x_1,t_1)\hat{E}^+(x_1,t_1)] = \mathrm{Sp}[\hat{\rho}\hat{E}^-(x_2,t_2)\hat{E}^+(x_2,t_2)] \\
&= \frac{\hbar\omega}{2\varepsilon_0 V}\mathrm{Sp}(\hat{\rho}\hat{n}) = \frac{\hbar\omega}{2\varepsilon_0 V}\overline{n}\,.
\end{aligned}$$

Auch in diesem Falle ist die Korrelationsfunktion $g_{12}^{(1)} = 1$.

Der Anzahlzustand, der kohärente Zustand und jedes Gemisch von monochromatischem Licht sind demnach hinsichtlich der Interferenz gleichwertig. Diese Aussage mag überraschen. Man muß aber berücksichtigen, daß sich alle drei Zustände auf streng monochromatisches, zu einer einzigen Eigenschwingung gehörendes Licht, beziehen. Die anschließende Berechnung für den Vielmoden-Fall, also für quasi-monochromatisches chaotisches Licht, wird zeigen, wie das eben angegebene Ergebnis zu verstehen ist.

Wir greifen auf ein statistisches Gemisch mit mehreren Eigenschwingungen zurück. Dabei beschränken wir uns vorerst nur auf zwei Eigenschwingungen und führen Operatoren $\hat{E}^\pm = \hat{E}^\pm_{r1} + \hat{E}^\pm_{r2}$ ein. Der Operator $\hat{E}^-(x_1,t_1)\hat{E}^+(x_2,t_2)$ läßt sich mit ihnen als

$$\hat{E}^-_{r1}(x_1,t_1)\hat{E}^+_{r1}(x_2,t_2) + \hat{E}^-_{r2}(x_1,t_1)\hat{E}^+_{r1}(x_2,t_2) +$$

$$+\hat{E}^-_{r1}(x_1,t_1)\hat{E}^+_{r2}(x_2,t_2) + \hat{E}^-_{r2}(x_1,t_1)\hat{E}^+_{r2}(x_2,t_2)$$

ausdrücken. Bei der Spurbildung kommt zugute, daß Operatoren mit verschiedenen Indizes $r1$ und $r2$ vertauschber sind und daß das auch für Vernichtungs- und Erzeugungsoperatoren mit verschiedenen Indizes gilt.

Mit dem statistischen Operator gelangt man nach einer langwierigen Rechnung zu der Spur:

$$\frac{1}{2\varepsilon_0 V}\sum_{n_{r1}}\sum_{n_{r2}} P_{n_{r1}} P_{n_{r2}} (\hbar\omega_{r1} n_{r1} \exp ik_{r1} X + \hbar\omega_{r2} n_{r2} \exp ik_{r2} X)$$
$$= \frac{1}{2\varepsilon_0 V}(\overline{n_{r1}} c\hbar k_{r1} \exp ik_{r1} X + \overline{n_{r2}} c\hbar k_{r2} \exp ik_{r2} X) \ .$$

Dabei haben wir $X = x_1 - x_2 - c(t_1 - t_2)$ mit $c = \omega_{r1}/k_{r1} = \omega_{r2}/k_{r2}$ eingeführt. Es ergibt sich eine Vielzahl von Matrixelementen, die aber aßerhalb der Hauptdiagonale liegen. Wenn man zu mehreren Eigenschwingungen übergeht und noch die beiden Spuren im Nenner berücksichtigt, die keinen Exponentialfaktor aufweisen, gelangt man zur Korrelationsfunktion:

$$g_{12}^{(1)} = \frac{|\sum_r \overline{n}_r c\hbar k_r \exp ik_r X|}{\sum_r \overline{n}_r c\hbar k_r} = \frac{|\sum_r \overline{n}_r k_r \exp ik_r X|}{\sum_r \overline{n}_r k_r} \ .$$

Beim Übergang zum Hohlraum in der Form eines quadratischen Prismas mit $L_x \rightarrow \infty$ geht das diskrete Spektrum in ein kontinuierliches über und die Summation in eine Integration:

$$g_{12}^{(1)} = \frac{|\int_0^\infty \overline{n}(k) k \exp ikX dk|}{\int_0^\infty \overline{n}(k) k dk} \ .$$

Für eine Spektrallinie mit Gauß-Spektrum, also für quasi-monochromatisches Licht mit

$$\overline{n}(k)k \propto \exp\left[\frac{-(k-k_0)^2}{2K^2}\right],$$

bekommt man schließlich:

$$g_{12}^{(1)} = \exp(-\tfrac{1}{2}\kappa^2 X^2) \ .$$

Es ist bekannt, daß dabei die Linienbreite mit $\delta k = \kappa/\sqrt{2}$ gegeben ist. Die Korrelationsfunktion klingt bei Werten von:

$$\tfrac{1}{2}\kappa^2 X^2 = (\delta k)^2 X^2 > 1 \ ,$$

also bei $X > 1/\delta k$, schnell gegen Null ab. Sollte die Entfernung zweier Punkte $x_1 - x_2$ zu gleicher Zeit mehr als $1/\delta k$ oder die Verzögerung $t_1 - t_2$ im gleichen Punkt mehr als $1/c\delta k$ betragen, geht das Interferenzmuster verloren. Wenn man für die Zerfallszeit bei spontaner Emission $\delta t = 10^{-8}$ s annimmt, ist $\delta x = c\delta t = 3$ m und $\delta k = 1/\delta x = 0.3$ m ^{1}. Aus Gründen, die man nach dieser Berechnung versteht, nennt man $1/\delta k$ vielfach die *Kohärenzlänge* und $1/c\delta k$ die *Kohärenzzeit.*

Abschließend bemerken wir noch, daß es jetzt klar geworden ist, wie begrenzt das Modell des monochromatischen thermischen Lichtes ist. Alle praktischen „monochromatischen" Quellen mit Ausnahme der Laser muß man in dieser Hinsicht als „quasi-monochromatisch" beschreiben. Dies ist der Grund, weshalb wir auf statistische Gemische mit mehreren Eigenschwingungen eingegangen sind.

5.8 Photonenkorrelationen zweiter Ordnung

Im Hinblick auf Experimente sind Photonenkorrelationen zweiter Ordnung von besonderer Bedeutung.

Wir führen die Diskussion aus dem vorangegangenen Abschnitt weiter. Nehmen wir an, wir teilen die Strahlung mit einem halbdurchlässigen Spiegel in zwei Teile und richten den einen auf den ersten Photovervielfacher und den zweiten auf den zweiten Photovervielfacher. Die Photovervielfacher sind an ein Gerät angeschlossen, das verzögerte Koinzidenzen zählt, wobei das Signal des zweiten Photovervielfachers gegenüber dem Signal des ersten um τ verspätet ankommt. Die Anzeige des Koinzidenzgeräts ist mit dem Erwartunsgwert des Operators

$$\hat{E}^-(x,t)\,\hat{E}^+(x,t)\,\hat{E}^-(x,t+\tau)\,\hat{E}^+(x,t+\tau)$$

proportional.

Statt dieses Operators führen wir einen anders geordneten Operator ein, der sich auf verschiedene Zeit- und Raumpunkte bezieht:

$$\hat{E}^-(x_1,t_1)\,\hat{E}^-(x_2,t_2)\,\hat{E}^+(x_2,t_2)\,\hat{E}^+(x_1,t_1)\,.$$

Operatoren mit positiven Frequenzen, die Vernichtungsoperatoren enthalten, stehen rechts von Operatoren mit negativen Frequenzen, die Erzeugungsoperatoren enthalten. In diesem Falle spricht man von *Normalordnung*.

An Hand von Ausführungen des vorangegangenen Abschnittes führen wir die *normierte Korrelationsfunktion zweiter Ordnung*

$$g_{12}^{(2)} = \frac{|\langle \hat{E}^-(x_1,t_1)\,\hat{E}^-(x_2,t_2)\,\hat{E}^+(x_2,t_2)\,\hat{E}^+(x_1,t_1)\rangle|}{\langle \hat{E}^-(x_1,t_1)\,\hat{E}^+(x_1,t_1)\rangle\,\langle \hat{E}^-(x_2,t_2)\,\hat{E}^+(x_2,t_2)\rangle}$$

ein. In der üblichen Ordnung untersuchen wir diese Funktion für den Anzahlzustand und den kohärenten Zustand als Beispiele für reine Zustände und später für monochromatisches thermisches Licht als Beispiel für statistische Gemische. Für den ersten Fall gilt für den Detektor:

$$\left(\frac{\hbar\omega}{\varepsilon_0 V}\right)^2 \langle n|\hat{a}^\dagger\hat{a}^\dagger\hat{a}\hat{a}|n\rangle = \left(\frac{\hbar\omega}{\varepsilon_0 V}\right)^2 (n^2 - n)\,.$$

Das sieht man ein, wenn man direkt die Vernichtungs- und Erzeugungsoperatoren wirken läßt oder wenn man die Vertauschungsbeziehung

$$\hat{a}^\dagger(\hat{a}^\dagger\hat{a})\hat{a} = \hat{a}^\dagger\hat{a}\hat{a}^\dagger\hat{a} - \hat{a}^\dagger\hat{a} = \hat{n}^2 - \hat{n}$$

berücksichtigt. Wir bemerken auch, daß nur der erste Operator auf der rechten Seite stehen würde, wenn man sich nicht für die normale Reihenfolge entscheiden würde.

Die im Nenner stehenden Erwartungswerte ergeben

$$\langle n|\hat{E}^-(x,t)\hat{E}^+(x,t)|n\rangle = \frac{\hbar\omega}{2\varepsilon_0 V} n \,,$$

so daß das Endergebnis

$$g_{12}^{(2)} = \frac{n^2 - n}{n^2} = 1 - \frac{1}{n} \qquad \text{für} \qquad n \geq 2 \quad \text{und}$$

$$g_{12}^{(2)} = 0 \qquad \text{für} \qquad n = 0,\ 1$$

lautet. Jedenfalls merken wir uns, daß in diesem Falle $g_{12}^{(2)} < 1$ ist.

Für den kohärenten Zustand erhalten wir für den Zähler

$$\left(\frac{\hbar\omega}{\varepsilon_0 V}\right)^2 \langle\alpha|\hat{a}^\dagger\hat{a}^\dagger\hat{a}\hat{a}|\alpha\rangle = \left(\frac{\hbar\omega}{\varepsilon_0 V}\right)^2 \overline{n}^2 \,,$$

wenn wir berücksichtigen, daß $\hat{a}^2|\alpha\rangle = \alpha^2|\alpha\rangle$ und $\langle\alpha|\hat{a}^\dagger\hat{a}^\dagger|\alpha\rangle = \alpha^{*2}$ ist und $\alpha^*\alpha = \overline{n}$ gilt. Die im Nenner stehenden Erwartungswerte ergeben:

$$\langle\alpha|\hat{E}^-(x,t)\hat{E}^+(x,t)|\alpha\rangle = \frac{\hbar\omega}{2\varepsilon_0 V}\overline{n} \,.$$

Daraus folgt, daß für den kohärenten Zustand

$$g_{12}^{(2)} = 1$$

beträgt.

Nun betrachten wir monochromatisches thermisches Licht, bei dem wir den statistischen Operator:

$$\begin{aligned}
&\langle \hat{E}^-(x_1,t_1)\,\hat{E}^-(x_2,t_2)\,\hat{E}^+(x_1,t_1)\,\hat{E}^+(x_2,t_2)\rangle \\
&= \mathrm{Sp}\left[\hat{\rho}\hat{E}^-(x_1,t_1)\,\hat{E}^-(x_2,t_2)\,\hat{E}^+(x_1,t_1)\,\hat{E}^+(x_2,t_2)\right] \\
&= \left(\frac{\hbar\omega}{2\varepsilon_0 V}\right)^2 \sum_n P_n(n^2 - n) = \left(\frac{\hbar\omega}{2\varepsilon_0 V}\right)^2 (\overline{n^2} - \overline{n})
\end{aligned}$$

zum Ansatz bringen. Mit der Beziehung $\rho = \sum_n P_n|n\rangle\langle n|$ ergeben sich die diagonalen Matrixelemente:

$$\left[\hat{\rho}\hat{E}^-(x_1,t_1)\,\hat{E}^-(x_2,t_2)\,\hat{E}^+(x_1,t_1)\,\hat{E}^+(x_2,t_2)\right]_{nn} = \sum_n P_n\langle n|\hat{a}^\dagger\hat{a}^\dagger\hat{a}\hat{a}|n\rangle.$$

Die im Nenner stehenden Erwartungswerte ergeben:

$$\langle \hat{E}^-(x,t)\,\hat{E}^+(x,t)\rangle = \mathrm{Sp}[\rho \hat{E}^-(x,t)\,\hat{E}^+(x,t)] = \frac{\hbar\omega}{2\varepsilon_0 V}\sum_n P_n n = \frac{\hbar\omega}{2\varepsilon_0 V}\overline{n}\,.$$

So bekommt man für die Korrelationsfunktion:

$$g_{12}^{(2)} = \frac{\overline{n^2} - \overline{n}}{\overline{n}^2}\,.$$

Dabei haben wir nicht von der expliziten Form der Wahrscheinlichkeit P_n für monochromatisches thermisches Licht Gebrauch gemacht, so daß die letzte Gleichung für alle drei bisher behandelten Fälle gilt. Für monochromatisches thermisches Licht ist $\overline{n^2} = (2\overline{n} + 1)\overline{n}$ und somit:

$$g_{12}^{(2)} = \frac{2\overline{n}^2 + \overline{n} - \overline{n}}{\overline{n}^2} = 2\,.$$

Beachten wir, daß in diesem Falle $g_{12}^{(2)} \rangle 1$ gilt. Für monochromatisches thermisches Licht gilt auch:

$$g_{12}^{(2)} = \left(g_{12}^{(1)}\right)^2 + 1\,.$$

Wir sparen uns die Rechnung für nichtmonochromatisches thermisches Licht mit dem Hinweis, daß auch in diesem Falle die angegebene Gleichung gilt. Für eine Spektrallinie der Gauß-Form ergibt sich also die Korrelationsfunktion

$$g_{12}^{(2)} = \exp\left(-\kappa^2 X^2\right) + 1 = \exp\left(-\kappa^2 c^2 \tau^2\right) + 1\,,$$

wenn man im gegebenen Punkt ($x_1 = x_2$) die Verzögerung $\tau = t_1 - t_2$ berücksichtigt.

Die Korrelationsfunktion zweiter Ordnung wurde gemessen für kohärentes Licht eines Lasers und für quasi-monochromatisches Licht und die Meßergebnisse stimmen gut überein mit den Resultaten der Quantentheorie. Wir müssen aber wieder einräumen, daß für diese beiden Fälle die klassische Elektrodynamik zu den gleichen Gleichungen führt. Man muß nämlich berücksichtigen, daß die Amplitude der elektrischen Feldstärke im thermischen Licht nicht konstant ist, sondern um den Mittelwert schwankt. Wir können schnell beurteilen, inwieweit die klassische Elektrodynamik brauchbare Ergebnisse liefern kann. Wir führen die Differenz einer klassisch verstandenen Intensität zu verschiedenen Zeitpunkten $j(t) - j(t+\tau)$ ein. Der zeitliche Mittelwert ihres Quadrats kann nicht negativ sein:

$$\overline{[j(t) - j(t+\tau)]^2} \geq 0\,.$$

Wenn man berücksichtigt, daß $\overline{j^2(t)} = \overline{j^2(t+\tau)}$ ist, folgt:

$$\overline{j^2(t)} \geq \overline{j(t)j(t+\tau)}\,.$$

Damit gelangen wir zu einer Art *Schwarz-Ungleichung*:

$$\overline{j(t)j(t+0)} \geq \overline{j(t)j(t+\infty)}\ .$$

Das kann man mit der Korrelationsfunktion zweiter Ordnung als

$$g_{12}^{(2)}(\tau = 0) \geq g_{12}^{(2)}(\tau \to \infty) = 1$$

ausdrücken, wenn man berücksichtigt, daß in meßbaren Fällen für sehr große Verzögerung keine Korrelation auftritt. Aus der Ungleichung folgt, daß man dieses *„Bunching"* der Photonen, d.h. $g_{12}^{(2)} \geq 1$ bei $\tau = 0$ auch klassisch als die Folge der Schwankungen in Wellen verstehen kann. Die Meßergebnisse können somit klassisch, mit Verzicht auf die Feldquantisierung, ebensogut erklärt werden. Dagegen kann man aber *„Antibunching"* der Photonen

$$g_{12}^{(2)}(\tau = 0) < 1\ ,$$

die die Quantentheorie für den Anzahlzustand voraussagt, auf diese Weise nicht erklären.

Photonenkorrelationen zweiter Ordnung wurden erstmal von R.Hanbury Brown und R.Q.Twiss gemessen.[1] Es ist interessant, ganz kurz den Weg zu verfolgen, der zu diesem Zweig der Optik führte. Schon früher benutzte A.A.Michelson ein Interferometer zur Messung des Winkeldurchmessers von Sternen. Zwei um einige Meter entfernte Spiegel sammelten das Licht vom Stern und führten es über weitere zwei Spiegel in das Fernrohr, mit dem das Interferenzbild betrachtet wurde. Aus diesem Bild konnte man den Winkeldurchmesser bestimmen, wenn er groß genug war.

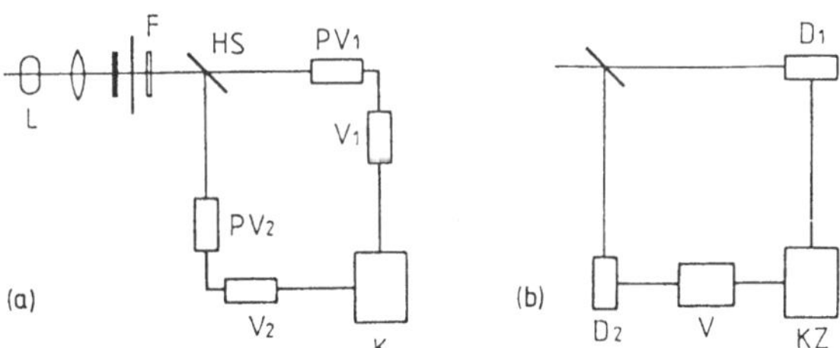

Bild 5.16 Eine vereinfachte Darstellung der Anordnung von Hanbury Brown und Twiss: Quecksilberlampe (L), Filter (F), halbdurchlässiger Spiegel (HS), Photovervielfacher (PV_1 und PV_2), Verstärker (V_1 und V_2) und Korrelator (K) (a) und von späteren Anordnungen für die Messung von Photonenkorrelation: Detektoren (D_1 und D_2), Verzögerungseinheit (V), Koinzidenzzähler (KZ) (b).

[1] R.Hanbury Brown, R.Q.Twiss, *Correlations between photons in two coherent beams of light*, Nature **177** (1956)27

Um den in der Atmosphäre verursachten Störungen aus dem Wege zu gehen, schlugen Hanbury Brown und Twiss vor, ein Intensitätsinterferometer zu benutzen, das nur auf die Intensität der Strahlung, nicht aber auf die Phase anspricht. Sie bauten ein solches Interferometer zuerst mit zwei Radioantennen und beobachteten mit ihm eine astronomische Radioquelle. Um die Wirkungsweise des geplanten optischen Interferometers zu illustrieren, bauten sie noch ein Modell im Labor nach. Zu dieser Zeit wurden eben die ersten schnellen Photovervielfacher hergestellt. Aus dem Licht einer Quecksilberlampe wurde die Spektrallinie mit der Wellenlänge 435.8 nm ausgefiltert. Ein halbdurchlässiger Spiegel teilte den Strahl in zwei Teile, die auf die Photovervielfacher 1 und 2 fielen. Die verstärkten Signale wurden im Korrelator miteinander multipliziert (Bild 5.16). Durch Verstellung des Photovervielfachers 1 wurde der Weg des entsprechenden Strahles geändert. Es stellte sich heraus, daß das Korrelationssignal am stärksten war, wenn der Weg beider Strahlen gleich war, also wenn es zwischen den Signalen keine zusätzliche Verzögerung gab. Später machte man viele Experimente solcher Art, bei denen man einzelne Photonen zählte (Bild 5.17).[2]

H.J.Carmichael und D.F.Walls schlugen vor, die Photonenkorrelation bei der Resonanzfluoreszenz zu beobachten.[3]. Dies gelang H.J.Kimble, M.Dagenais und L.Mandel.[4] Ein Strahl von Natriumatomen wurde mit dem Strahl eines Farbstofflasers unter rechtem Winkel bestrahlt. Dabei gingen einzelne Atome aus dem Grundzustand in den ersten angeregten Zustand über. Die Resonanzstrahlung, die die Atome beim Übergang aus dem ersten angeregten Zustand in den Grundzustand im rechten Winkel zum Atomstrahl und Laserstrahl emittierten, wurde dem Korrelationsexperiment unterworfen. Ein halbdurchlässiger Spiegel teilte das Lichtbündel in zwei Teilbündel, die auf zwei Photovervielfacher fielen. Das Signal des ersten Photovervielfachers löste einen Puls im Konverter aus, der vom Signal des zweiten Photovervielfachers gestoppt wurde. Schließlich erhielt man die Verteilung der Anzahl der Pulse nach ihrer Dauer, d.h. die Verteilung der Koinzidenzen nach der Verzögerung.

---

[2] F.T.Arecchi, E.Gatti, A.Sona, *Time distribution of photons from coherent and Gaussian sources*, Phys.Lett. **20** (1966) 27;

B.L.Morgan und L.Mandel maßen als erste die Korrelationsfunktion mit dem Licht einer Quecksilberlampe ^{198}Hg: B.L.Morgan, L.Mandel, *Measurement of photon bunching in a thermal light beam*, Phys.Rev.Lett. **16** (1966) 1012

[3] H.J.Carmichael, D.F.Walls, *Proposal for the measurement of the resonant Stark effect*, J.Phys.B:Atom.Molec.Phys. **9** (1976) L43;

H.J.Carmichael, D.F.Walls, *A quantum-mechanical master equation treatment of the dynamical Stark effect*, J.Phys.B:Atom.Molec.Phys. **9** (1976) 1199

[4] H.J.Kimble, M.Dagenais, L.Mandel, *Photon antibunching in resonance fluorescence*, Phys.Rev.Lett.**39** (1977) 691;

H.J.Kimble, M.Dagenais, L.Mandel, *Multiatom and transit-time effects on photon correlation measurements in resonance fluorescence*, Phys.Rev. A **18** (1978) 201

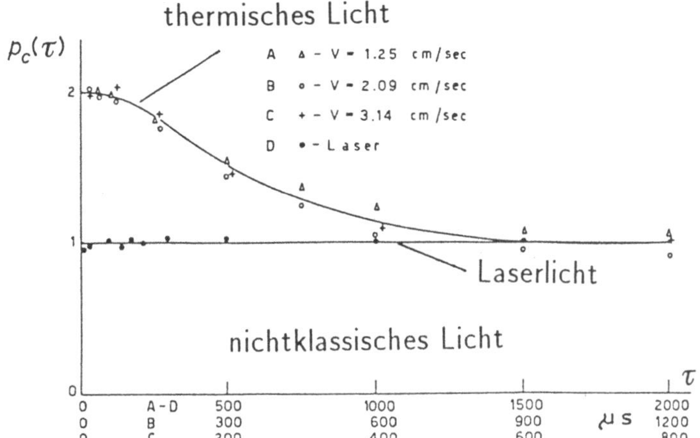

Bild 5.17 Die gemessene normierte Korrelationsfunktion zweiter Ordnung in Abhängigkeit von der Verzögerung τ: Laserlicht gibt den Wert 1, monochromatisches thermisches Licht würde den Wert 2 geben, quasi-monochromatisches Licht - eine Spektrallinie aus dem Spektrum einer gewöhnlichen Gasquelle - eine Funktion, die von 2 bei $\tau = 0$ auf 1 bei $\tau > 1/c\kappa$ abfällt. Der Vorgang kann in der klassischen Elektrodynamik erklärt werden. Es wurde ein Helium-Neon Laser benutzt. Meßpunkte, die dem direkten Laserlicht entsprechen, sind mit vollen Kreisen gezeichnet. Andere Meßpunkte wurden mit Laserlicht gewonnen, das an einer mattierten Glasscheibe, die sich drehte, reflektiert wurde. Die angegebene Geschwindigkeit des Strahls auf der Platte beeinflußte das Ergebnis. Nach F.T.Arecchi, E.Gatti und A.Sona.[2]

M.Dagenais und L.Mandel maßen die Korrelationsfunktion für eine sehr kleine Feldstärke im Laserstrahl (Bild 5.18).[5] Ihr Ergebnis kann man in der klassischen Elektrodynamik nicht erklären. Die Form der Korrelationsfunktion $g_{12}^{(2)}(\tau) = [1 - \exp(-\frac{1}{2}\gamma\,\tau)]^2$ ist in der Quantentheorie nicht leicht abzuleiten. Aber das beobachtete Ergebnis läßt sich leicht qualitativ erklären. Man mißt die Verbundwahrscheinlichkeit, daß der Photovervielfacher 1 zur Zeit $t = 0$ auf ein Photon anspricht, und der Photovervielfacher 2 zur Zeit $t = \tau$ auf ein anderes. Die Photonen werden von einem Atom im Strahlungsfeld emittiert. Wenn der Photovervielfacher 1 zur Zeit $t = 0$ auf ein Photon anspricht, ist zu dieser Zeit das Atom im Grundzustand, da es eben ein Photon emittiert hat. Im Grundzustand kann es nicht emittieren, so daß es zu dieser Zeit kein zweites Photon geben kann: $g_{12}^{(2)}(\tau = 0) = 0$. Zu einem späteren Zeitpunkt kann das Atom durch Absorption eines Photons aus dem Laserstrahl in den angeregten Zustand übergehen und das Photon emittieren, auf das der Photovervielfacher 2 anspricht. In der Tat ist $g_{12}^{(2)}(\tau)$ zu der Wahrscheinlichkeit proportional, daß das Atom zur Zeit $t = \tau$ in den angeregten Zustand übergeht, wenn es zur Zeit $t = 0$ im Grundzustand war. Die Experimente wurden

[5]M.Dagenais, L.Mandel, *Investigation of two-time correlations in photon emission from a single atom*, Phys.Rev. A **18** (1978) 2217

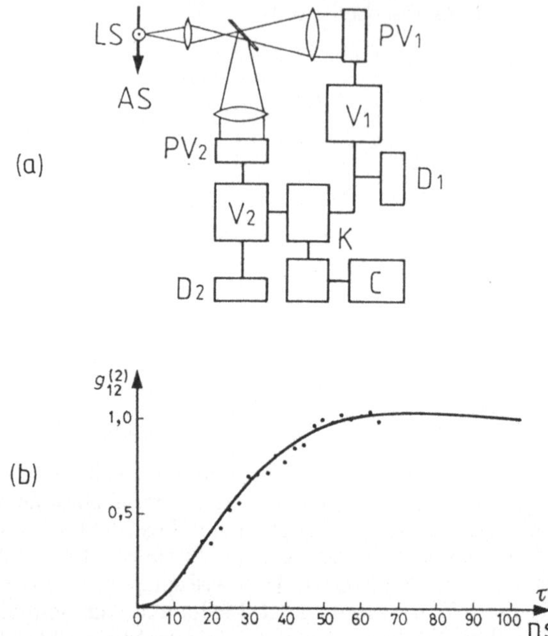

Bild 5.18 Die normierte Korrelationsfunktion zweiter Ordnung in Abhängigkeit von der Verzögerung bei der Resonanzfluoreszenz mit einem schwachen Laserstrahl: Laserstrahl (LS), Atomstrahl (AS), Photovervielfacher (PV_1 und PV_2), Diskriminator und Verstärker (V_1 und V_2), Detektoren (D_1 und D_2), Konverter (K) und Computer (C). Man berücksichtigte, daß die Zeitintervalle zwischen im Beobachtungsbereich eintreffenden Natriumatomen durch die Poisson-Verteilung bestimmt sind. Ein Wert der Korrelationsfunktion unter 1, d.h. „Antibunching", kann nur in der Quantentheorie erklärt werden. Nach M.Dagenais und L.Mandel.[5]

in zusammenfassenden Artikeln eingehend beschrieben.[6]

Bei dem Experiment wurden alle möglichen Vorkehrungen getroffen, um nur zwei Zustände der Atome einzubeziehen. Der Atomstrahl war von so geringer Intensität, daß sich im Durchschnitt nicht mehr als ein Atom im beobachteten Bereich befand. Das erwartete Ergebnis bekam man aber erst, als man berücksichtigte, daß die Atome statistisch, nach der Poisson-Verteilung, in dem beobachteten Bereich eintrafen. Später gelangen Experimente, bei denen man unmittelbar einzelne Ionen beobachtete. Statt mit Atomen im Atomstrahl wurden Messungen an einem Ion, das im Feld einer Paul-Falle gefangen war, ausgeführt (Bild 5.19).[7]

[6] D.F.Walls, *Evidence for the quantum nature of light*, Nature **280** (1979) 451; H.Paul, *Photon antibunching*, Rev.Mod.Phys. **54** (1984) 1061

[7] F.Diedrich, H.Walther, *Nonclassical radiation of a single stored ion*, Phys.Rev.Lett. **58** (1987) 203; H.Walther, *Atome im nichtklassischen Licht*, Phys.Blätt. **47** (1991) 38

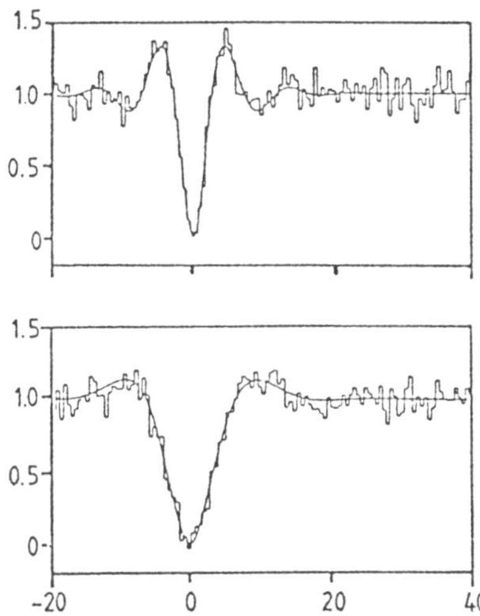

Bild 5.19 Die normierte Korrelationsfunktion zweiter Ordnung in Abhängigkeit von der Verzögerung bei der Resonanzfluoreszenz. Bei größerer Intensität des Laserstrahls (oben) folgen Photonen in kürzeren Zeitabständen als bei einer kleineren (unten). Man verzögerte den ersten Detektor gegenüber dem zweiten oder umgekehrt und bekam eine symmetrische Meßkurve. Ein Wert der Korrelationsfunktion unter 1, d.h. „Antibunching", kann nur im Rahmen der Quantentheorie erklärt werden. Nach F.Diedrich und H.Walther.[7]

5.9 Hohlraum-Quantenelektrodynamik und Mikromaser

Neuere Hohlraum-Experimente bestätigen eindrucksvoll die Auswirkungen der Quantentheorie.

Die Rate für spontane Emission (**4**.13.3) gilt für ein angeregtes Atom im leeren Raum. Dieses Atom ist an das elektromagnetische Feld im Vakuum gekoppelt, das im Grundzustand der Mode r die Nullpunktsenergie $\frac{1}{2}\hbar\omega_r$ besitzt. Das Feld im Vakuum stellt einen riesigen Speicher dar, der die Anregungsenergie des Atoms übernimmt. Die spontane Emission ist ein irreversibler Vorgang. Das ändert sich im Hohlraum, in dem die Wände dem Felde zusätzliche Randbedingungen aufzwingen, wenn die Dimension des Hohlraumes vergleichbar mit der Wellenlänge der Strahlung wird. Dabei kann es zu reversiblen Vorgängen kommen. Diese Gesichtspunkte werden im Rahmen der *Hohlraum-Quantenelektrodynamik* betrachtet.[1]

Ein charakteristisches Beispiel ist ein Atom im angeregten Zustand im Kanal zwischen zwei parallelen Spiegeln im Abstand d. In einer Eigenschwingung muß das elektrische Feld wenigstens die Knoten an den Spiegeln aufweisen. Da der Abstand zweier benachbarter Knoten eine halbe Wellenlänge beträgt, bedeutet dies,

[1] S.Haroche, D.Kleppner, *Cavity Quantum Electrodynamics*, Phys.Today **42** (1989) 24 (1); siehe auch P.R.Berman, *Cavity Quantum electrodynamic*, Academic Press, New York 1994

daß $\frac{1}{2}\lambda < d$ sein muß. Ein Atom kann mit spontaner Strahlung überhaupt nicht aus dem angeregten Zustand in einen tieferliegenden Zustand übergehen, wenn $\lambda > 2d$ gilt und sein Dipolmoment parallel zu den Spiegeln ist. Der Übergang ist *gehemmt.* In der klassischen Vorstellung kreist in diesem Fall das Elektron um den Rumpf des Atoms in einer zu den Spiegeln parallelen Ebene. Für ein Atom mit dem Dipolmoment senkrecht zu dem Spiegel ist der Übergang nicht gehemmt. Im Mikrowellenbereich ist es leicht einen solchen Kanal herzustellen, schwieriger wird das im Infrarotbereich.

Bei solchen Experimenten werden oft Alkali-Atome im hochangeregten Zustand, die sogenannten *Rydberg-Atome*, benutzt. Ein solches Atom kann man sich als einen verhältnismäßig großen Oszillator vorstellen, der mit der Frequenz schwingt, die der Übergangsfrequenz in den benachbarten Zustand gleich ist. Nach dem Korrespondenzprinzip von N.Bohr ist für große Hauptquantenzahlen n nämlich eine klassische Näherung zulässig. Die Zerfallszeit für ein Rydberg-Atom ist im leeren Raum verhältnismäßig groß und kann 10^{-3} s erreichen.

R.G.Hulet, E.S.Hilfer und D.Kleppner maßen mit einem thermischen Strahl von Cäsiumatomen.[2] Atome im Strahl wurden durch Bestrahlung mit zwei Farbstofflasern in den Zustand $n = 22$ angeregt. Aus ihm könnten sie durch die Emission der Strahlung mit der Wellenlänge 0.45 mm in den Zustand $n = 21$ übergehen. Der Strahl wurde durch einen 20 cm langen Kanal zwischen Spiegeln im Abstand von 0.2 mm geleitet. Vor dem Eintritt in den Kanal wurden die Dipole der Atome parallel zu den Spiegeln ausgerichtet. Die Wellenlänge des Übergangs wurde geringfügig dadurch geändert, daß man ein schwaches oder stärkeres elektrisches Feld einschaltete. Man beobachtete, daß der Übergang für $\lambda > 2d$ stark gehemmt war. Nachdem die Wellenlänge $2d$ übertraf, wuchs der Fluß der Atome im angeregten Zustand um mehr als das zwanzigfache an. Dabei zählte man unmittelbar Atome, die im angeregten Zustand den Kanal verließen.

Rydberg-Atome haben eine so niedrige Ionisationsenergie, daß sie schon ein elektrisches Feld von der Größenordnung 1 V/cm ionisiert. Dies kann man ausnutzen, um Atome im angeregten Zustand zu zählen. Die Spannung am Kondensator wird so eingestellt, daß Atome im angeregten Zustand ionisiert und gezählt werden. Atome, die in den tieferen Zustand übergehen und eine höhere Ionisationsenergie aufweisen, werden nicht ionisiert und gezählt.

Ein ähnliches Experiment gelang mit infrarotem Licht.[3] Ein Strahl von Cäsiumatomen im Zustand 5d wurde durch einen 2.2 μm breiten Kanal zwischen Spiegeln geleitet. Beim Übergang 5d $\rightarrow$ 6d wird infrarotes Licht mit der Wellenlänge 3.5

[2] R.G.Hulet, E.S.Hilfer, D.Kleppner, *Inhibited spontaneous emission by a Rydberg atom*, Phys.Rev.Lett. **55** (1985) 2137

[3] W.Jhe, A.Anderson, E.A.Hinds, D.Meschede, L.Moi, S.Haroche, *Suppresion of spontaneous decay at optical frequencies: Test of vacuum-field anisotropy in confined space*, Phys.Rev.Lett. **58** (1987) 666

μm ausgestrahlt. Obwohl die Länge des Kanals 17 Zerfallszeiten im leeren Raum entsprach, gab es fast keine Übergänge. Mit einem schwachen Magnetfeld wurden die Atom-Dipole aus der parallelen Ebene gedreht. Alle Atome gingen aus dem angeregten Zustand über, wenn die Dipole senkrecht zu den Spiegeln gestellt wurden (Bild 5.20).

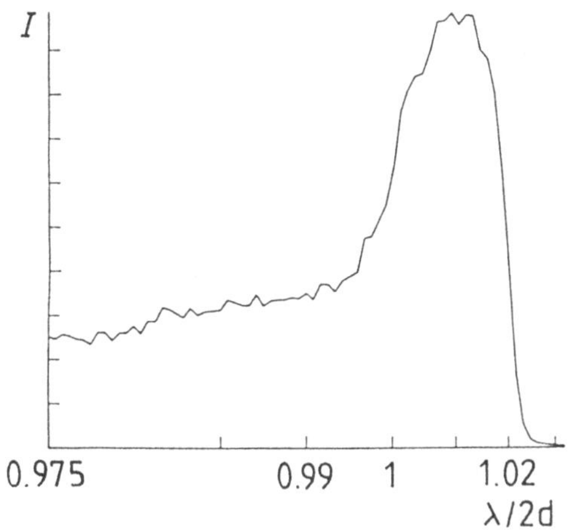

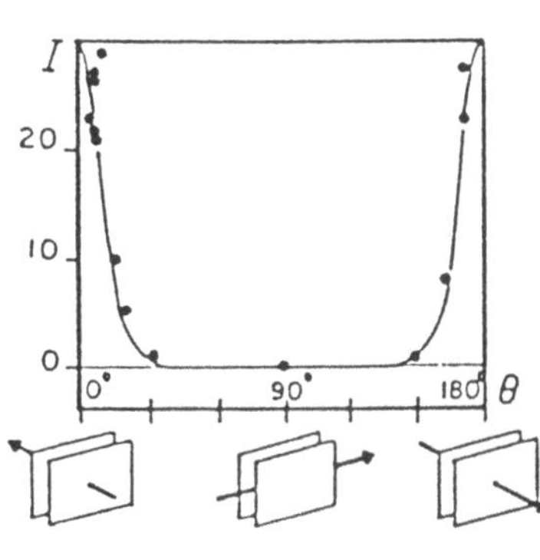

Bild 5.20 Die Abhängigkeit des Flußes von Cäsium-Atomen I beim Austritt aus einem 20 cm langen Kanal zwischen Spiegeln mit $\lambda/2d$. Wenn das Verhältnis größer als 1 wird, wächst der Anteil der angeregten Atome stark an, die Zerfallszeit übertrifft den Wert im Vakuum um mehr als zwanzigmal. Der Abfall für $\lambda/2d > 1.015$ wird durch die Ionisation im Feld, das in den Kanal reicht, verursacht. Nach R.G.Hulet, E.S.Hilfer und D.Kleppner[2] (links). - Die Abhängigkeit des Flußes von Atomen I beim Austritt aus einem Kanal zwischen Spiegeln in Abhängigkeit vom Winkel, um den das Magnetfeld die Dipolmomente der Atome drehte. Bei 0° und 180° waren die Dipole den Spiegeln parallel und der Übergang war stark gehemmt. Bei 90° standen die Dipole senkrecht zu den Spiegeln und der Übergang war nicht gehemmt. Nach W.Jhe, A.Anderson, E.A.Hinds, D.Meschede, L.Moi und S.Haroche[3] (rechts).

In der Hohlraum-Quantenelektrodynamik können Experimente beschrieben werden, die auch unter anderen Gesichtspunkten behandelt werden.[1] Die Zerfallszeit eines angeregten Atoms verkürzt sich, wenn es sich im Resonator befindet, dessen Eigenfrequenz mit der Übergangsfrequenz übereinstimmt. Die Resonatortemperatur muß möglichst tief gehalten werden, so daß thermische Photonen nicht die Messungen beeinträchtigen. Bei einer Temperatur von 0.5 K ist z.B. die mittlere Anzahl von Photonen mit der Frequenz 10^{10} s^{-1} etwa $1/[\exp(h\nu/k_B T)-1] \approx 0.6$. Im Resonator von hoher Güte wird das emittierte Photon absorbiert und reemittiert. Die Zahl der ausgetauschten Photonen hängt von der Zeit ab, die das Atom im Resonator verbringt, und von der Anzahl der emittierenden Atome.

Man leitet einen Atomstrahl durch den Resonator, nachdem man mit einem Farbstofflaser die Atome in den entsprechenden Zustand angeregt hat. Die Geschwindigkeit der Atome im Strahl wird mit der Drehgeschwindigkeit eines Selektors bestimmt. In ihm sind Blenden in gegebener Entfernung an einer Achse angebracht und ihre Schlitze um den entsprechenden Winkel verstellt. Bei einer Geschwindigkeit von 500 m/s brauchen die Atome $4 \cdot 10^{-5}$ s um einen 2 cm hohen Resonator zu durchfliegen. Wenn 2000 Atome den Resonator in einer Sekunde durchfliegen, beträgt der durchschnittliche Abstand zwischen ihnen 25 cm, so daß sich im Durchschnitt nur 0.08 Atome im Resonator befinden. Weil die Atome Mikrowellen emittieren und absorbieren, nicht Licht, ist für die Vorrichtung der Name *Ein-Atom-Maser* oder *Mikromaser* angebracht.

Den Mikromaser baute H.Walther mit Mitarbeitern.[4] Durch einen etwa 2 cm hohen zylindrischen Resonator wurde ein Strahl von Rubidiumatomen ^{85}Rb im Zustand $n = 63\mathrm{p}_{3/2}$ geleitet (Bild 5.21). Die Eigenfrequenz wurde durch eine kleine Verformung des Resonators geändert. Der Fluß der Atome, die im angeregten Zustand den Resonator verließen, wurde in Abhängigkeit von der Eigenfrequenz des Resonators gemessen. Die meisten Übergänge gab es, wenn die Eigenfrequenz der Übergangsfrequenz gleich war. Wenn sich beide Frequenzen unterscheideten, gab es weniger Übergänge: die Zerfallszeit verlängerte sich. Außerdem wurde mit zunehmendem Fluß das Minimum der Meßkurve breiter, da bei größerem Fluß mehrmals ein Photon ausgetauscht wurde: im Durchschnitt bei 1750 s^{-1} etwa einmal, bei 28 000 s^{-1} etwa viermal.

Auch die Casimir-Kraft kann im Rahmen der Hohlraum-Quantenelektrodynamik behandelt werden. In der Tat stammen die genauesten Ergebnisse von Messungen mit Atomstrahlen. Ein Strahl von Natriumatomen im Grundzustand trat aus dem Ofen bei 180 °C und wurde durch einen Resonator mit der Höhe 3 cm und Länge 8 mm geführt. Die Wände waren Spiegel, die schief zueinander gestellt waren, so daß die Breite des Resonators unten Null und oben von 1 bis 8 μm betrug.[5] Der Atomstrahl war 50 μm breit und 1 cm hoch, so daß die Atome den Resonator bei verschiedenen Breiten durchliefen (Bild 5.22). Die Breite wurde mittels Interferenz mit Licht in Abhängigkeit von der Höhe genau gemessen.Auf die Atome im Strahl wirkte die Kraft zu den Wänden hin und ein Teil von Atomen wurde zu der einen oder anderen Wand gezogen und blieb an ihr haften. Je größer die Kraft war, desto mehr Atome wurden aus dem Strahl entfernt.

Austretende Atome wurden mit zwei Laserstrahlen in den Zustand mit der Hauptquantenzahl $n = 12$ angeregt, dann im elektrischen Feld ionisiert und gezählt. Damit erreichte man, daß die Breite des Resonators in gegebener Höhe auf 3 nm

[4] D.Meschede, H.Walther, G.Müller, *One-Atom-Maser*, Phys.Rev.Lett. **54** (1985) 551;
H.Walther, *Atome im nichtklassischen Licht*, Phys.Blätt. **47** (1991) 38

[5] C.I.Sukenik, M.G.Boshier, D.Cho, V.Sandoghdar, E.A.Hinds, *Measurement of the Casimir-Polder force*, Phys.Rev.Lett. **70** (1993) 560;
B.Goss Levi, *New evidence confirms old predictions of retarded forces*, Phys.Today **46** (1993) 18 (3)

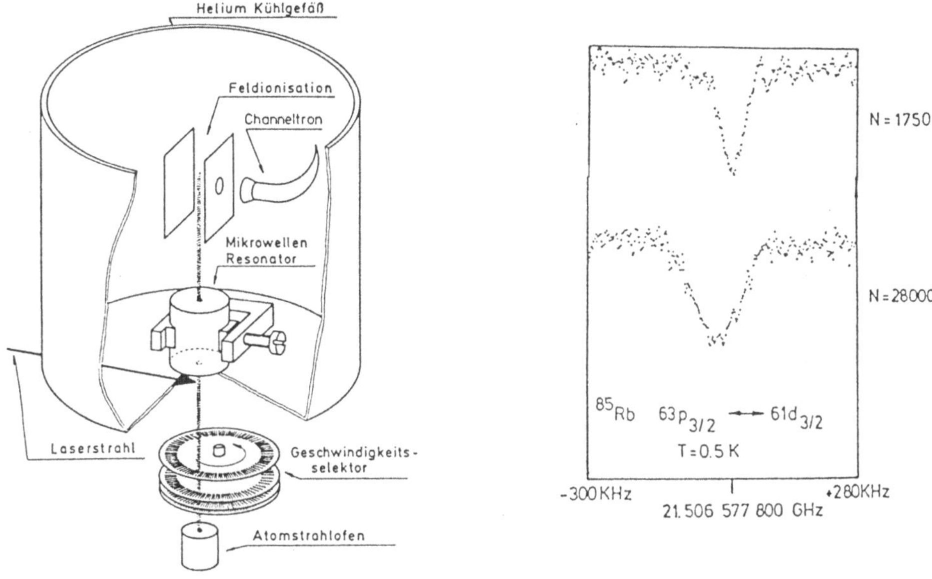

Bild 5.21 Der Ein-Atom-Maser (links) und die Zählrate der Rubidiumatome im angeregten Zustand, die den Resonator verliessen, in Abhängigkeit von der Resonatorfrequenz mit dem Fluß der Atome als Parameter. Der Resonator aus Niobium war bei der Temperatur 0.5 K supraleitend. Nach D.Meschede, H.Walther und G.Müller.[4]

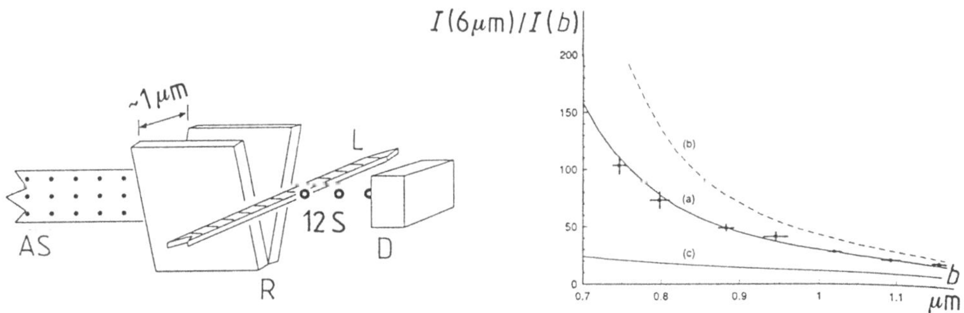

Bild 5.22 Die Meßanordnung: Natrium-Atomstrahl (AS), Resonator (R), Nachweis-Laserstrahl (L), Detektor (D), austretende Atome im angeregten Zustand $n = 12$ (12S) (links) und das Ergebnis (rechts): der Kehrwert des durchgelassenen Flußes I(b) der Atome in Abhängigkeit von der Breite b des Resonators. Die Meßpunkte stimmen mit der Quantentheorie und der retardierten Kraft von Casimir und Polder (Kurve a) überein. Die Kurve (b) stellt die Casimir-Kraft ohne Retardierung dar und die Kurve (c) entspricht dem Fall, daß es keine Kraft gibt. Nach C.I.Sukenik, M.G.Boshier, D.Cho, V.Sandoghdar und E.A.Hinds.[5]

genau festgelegt werden konnte. Der Fluß der durchgelassenen Atome wuchs mit der Vergrößerung der Breite des Resonators. Die Meßergebnisse stimmten mit dem Resultat der Quantentheorie überein, das praktisch gleich dem von Casimir und Polder mit Retardierung ist. Man mußte dabei berücksichtigen, daß sich der Grundzustand des Atoms im Hohlraum in Abhängigkeit von der Entfernung von der Achse verschiebt. Maßgebend ist der Übergang des Natriumatoms aus dem Grundzustand 3s in den ersten angeregten Zustand 3p, dem die Wellenlänge 589 nm entspricht. Für Entfernungen, die viel kleiner sind und die bei dem Experiment nicht erreicht wurden, kann die Retardierung vernachläßigt werden. Andererseits braucht man auch bei Breiten über 1.2 μm die Retardierung nicht zu berücksichtigen. Das beschriebene Experiment läßt schließen, daß statische Messungen der Casimir-Kraft ziemlich ungenau waren.

Rydberg-Atome. Im Bohr-Modell nahm man an, daß sich im Wasserstoffatom das Elektron um den Kern auf einem Kreis mit Radius r mit der Geschwindigkeit v bewegt. Die Coulomb-Kraft ist die Zentripetalkraft: $e_0^2/4\pi\varepsilon_0 r^2 = mv^2/r$ und die Energie des Atoms ist aus der kinetischen Energie des Elektrons und der potentiellen Energie des Elektrons und des Kerns zusammengesetzt: $W = \frac{1}{2}mv^2 - e_0^2/4\pi\varepsilon_0 r = -e_0^2/8\pi\varepsilon_0 r$. Die Quantisierung des Bahndrehimpulses $mvr = n\hbar$ führt zum Radius $r_n = n^2 r_B$ mit dem Bohr-Radius $r_B = 4\pi\varepsilon_0\hbar^2/me_0^2 = 0.053$ nm und zu der Energie $W_n = -W_R/n^2$ mit der Ionisationseneregie $W_R = me_0^4/32\pi^2\varepsilon_0^2\hbar^2 = 13.6$ eV.

Beim Übergang aus dem Zustand $n+1$ in den benachbarten Zustand n wird für $n \gg 1$ die Frequenz: $\nu = (W_{n+1} - W_n)/h \approx 2W_R/hn^3$ ausgestrahlt. Diese Übergangsfrequenz ist mit der klassischen Frequenz des Elektrons bei der Bewegung um den Kern identisch: $v/2\pi r = (e_0^2/4\pi\varepsilon_0 m r_n)^{1/2}/2\pi r = 2W_R/hn^3$. Für $n = 60$ ist z.B. $r_n \approx 0.2$ μm und die Frequenz $\nu \approx 3 \cdot 10^{10}$ s^{-1} entspricht Mikrowellen mit der Wellenlänge 1 cm. Für ein Atom im Zustand $n = 60$ ist die Ionisationsenergie $W_R/60^2 = 0.0037$ eV.

5.10 Experiment mit einzelnen Photonen

Ein charakteristisches Experiment von A.Aspect und Mitarbeitern kann als „Experiment mit einzelnen Photonen“ aufgefaßt werden. Es führt zu eindrucksvollen Ergebnissen.

Bei Interferenzexperimenten mit „einzelnen Photonen“ haben wir gefordert, daß der Quotient der Photonenenergie und der Intensität klein ist gegenüber der Zeit, die das Photon in der Meßanordnung verbringt. Diese Forderung ist nicht einleuchtend, da man den Photoeffekt, den die Meßanordnungen ausnützen, mit der halbklassischen

Näherung beschreiben kann. Außerdem wurden bisher alle Interferenzexperimente mit thermischem Licht ausgeführt, bei dem sich die Korrelationsfunktion zweiter Ordnung nicht von der klassischen unterscheidet, auch wenn die Intensität sehr klein ist.

Deswegen erscheint es angebracht, ein Experiment zu beschreiben, bei dem man sich dem Einphotonenzustand so weit wie möglich nähert.
Beim Experiment benutzten A.Aspect und seine Mitarbeiter die Anordnung, mit dem sie das von A.Einstein, B.Podolsky und N.Rosen vorgeschlagene Gedankenexperiment realisierten.[1]

Mit optischem Pumpen mit zwei Lasern wurden Atome im Calciumdampf in den zweiten angeregten Zustand mit Spin 0 gebracht. Der Übergang erfolgt in einer Kaskade: zuerst geht das Atom in den ersten angeregten Zustand mit Spin 1 über und dann in den Grundzustand mit Spin 0. Beim Experiment öffnet der erste Photovervielfacher, der auf das Photon vom ersten Übergang anspricht, ein elektronisches Tor, das eine bestimmte Zeit T offen bleibt (Bild 5.23). Dieser Photovervielfacher mißt auch die Zahl der Photonen pro Zeiteinheit N_1, welche die Zahl der Ereignisse, die das Tor öffnen, pro Zeiteinheit angibt. Die Photonen vom zweiten Übergang fallen auf einen halbdurchlässigen Spiegel. Der zweite Photovervielfacher mißt die Zahl der durchgelassenen Photonen pro Zeiteinheit N_t und der dritte die Zahl der reflektierten Photonen pro Zeiteinheit N_r. Es wird auch die Zahl der Koinzidenzen des zweiten und dritten Detektors N_c pro Zeiteinheit während der Zeit T ermittelt. Der Koeffizient

$$A = \frac{N_1 N_c}{N_t N_r}$$

gibt das Verhältnis der echten und zufälligen Koinzidenzen an.

Klassisch könnte der entsprechende Koeffizient $\overline{j^2(t)}/\overline{j(t)}^2$ wegen der Schwarz-Ungleichung $\overline{j^2(t)} \geq \overline{j(t)}^2$ nicht kleiner als 1 sein. Anders steht es bei einer quantenmechanischen Beschreibung. Ein Atom emittiert beim Übergang aus dem zweiten angeregten Zustand in den ersten ein Photon, das das elektronische Tor öffnet. Deswegen spricht der zweite oder der dritte Photonenvervielfacher mit großer Wahrscheinlichkeit auf ein Photon an, das dieses Atom beim Übergang aus dem ersten angeregten Zustand in den Grundzustand emittiert. In der Zeit T, in dem das Tor geöffnet ist, entsprechen die Verhältnisse angenähert einem Einphotonenzustand. Wenn der Vervielfacher auf ein durchgelassenes Photon anspricht, ist die Wahrscheinlichkeit äußerst klein, daß der andere Vervielfacher auf ein reflektiertes Photon ansprechen würde. In diesem Fall gelten die Gleichungen:

$$N_1 = e_1 N, \qquad N_c = e_r e_t (2fNT + N^2T^2) ,$$

[1] P.Grangier, G.Roger, A.Aspect, *Experimental evidence for a photon anticorrelation effect on a beam splitter: A new light on single-photon interference*, Europhys.Lett. **1** (1986) 173

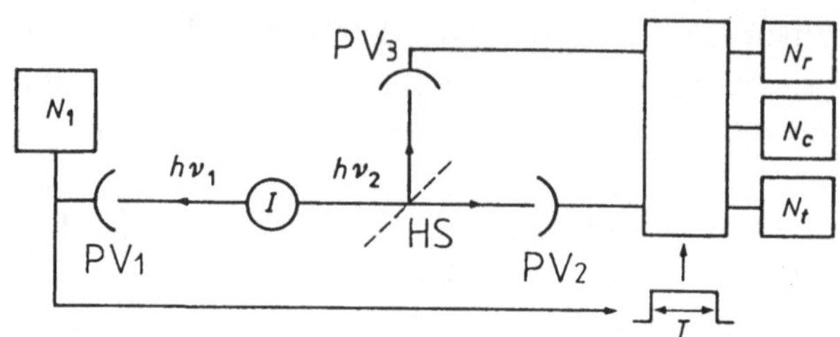

Bild 5.23 In der Quelle I emittiert ein Calciumatom beim Übergang aus dem zweiten angeregten Zustand in der ersten ein Photon $h\nu_1$, auf das der erste Photovervielfacher PV_1 anspricht und öffnet ein elektronisches Tor. In der Zeit T, in der das Tor offen ist, können der zweite Photovervielfacher PV_2 und der dritte Photovervielfacher PV_3 auf das Photon $h\nu_2$ vom zweiten Übergang ansprechen. HS ist ein halbdurchlässiger Spiegel. PV_1 spricht pro Zeiteinheit auf N_1 Photonen an, PV_2 auf N_t, PV_3 auf N_r und N_c ist die entsprechende Zahl der Koinzidenzen. Nach P.Grangier, G.Roger und A.Aspect.[1]

$$N_t = e_t N_1 (f + NT), \qquad N_r = e_r N_1 (f + NT) \,,$$

wobei e_1, e_2 und e_3 die Ausbeuten der drei sind Photovervielfacher und N die Zahl der Kaskadenübergänge pro Zeiteinheit sind. f ist ein Koeffizient, der im beschriebenen Experiment nicht beträchtlich von 1 verschieden ist. Er setzt sich zusammen als Produkt des Faktors $1 - \exp(-T/\tau)$, der die Überlappung der Öffnungszeit des Tores und das Zeitintervall zwischen den Photonen eines Kaskadenpaares angibt, und des Faktors, der die Winkelkorrelation berücksichtigt und etwas größer als 1 ist. Die Verteilung der Photonenpaare nach dem Zeitintervall zwischen ihnen ist exponentiell, proportional zu $\exp(-t/\tau)$ mit der Relaxationszeit $\tau = 4.7$ ns, die der Zerfallszeit des ersten angeregten Zustandes entspricht. Im Ausdruck für N_c gibt es kein Glied mit f^2, das im Produkt von N_t und N_r auftreten würde, weil auf ein Photon nur ein Vervielfacher ansprechen kann. Damit folgt:

$$A = \frac{N_1 N_c}{N_t N_r} = \frac{2fNT + N^2T^2}{(f + NT)^2} \leq 1 \,.$$

Die Zeit $T = 2\tau = 9$ ns wurde so gewählt, daß der gemessene Koeffizient so klein wie möglich war. Sein kleinster Wert $A = 0.18$ wurde bei einer 5 Stunden dauernden Messung beobachtet, bei der sich $N_1 = 8800$ s^{-1} und $N_r = 5$ s^{-1} ergab (Bild 5.24). Klassisch erwartete man 50 oder mehr Koinzidenzen, beobachtet wurden lediglich 9. Dieses Ergebnis kann klassisch also nicht erklärt werden.

Im zweiten Teil des Experimentes wurde nach dem ersten halbdurchlässigen Spiegel noch ein zweiter aufgestellt, so daß man ein Mach-Zender Interferometer erhielt. Eigentlich wurden Teile eines einzigen Glimmerplättchens benutzt, das mit dünnen dielektrischen Schichten überzogen war. Die Wahrscheinlichkeit, daß der Detektor M1 auf ein durchgelassenes Photon anspricht, und die Wahrscheinlichkeit, daß der Detektor M2 auf ein reflektiertes Photon anspricht, müssen im Einphotonenzustand eine Summe 1 ergeben. Beim Experiment näherte man sich soweit wie

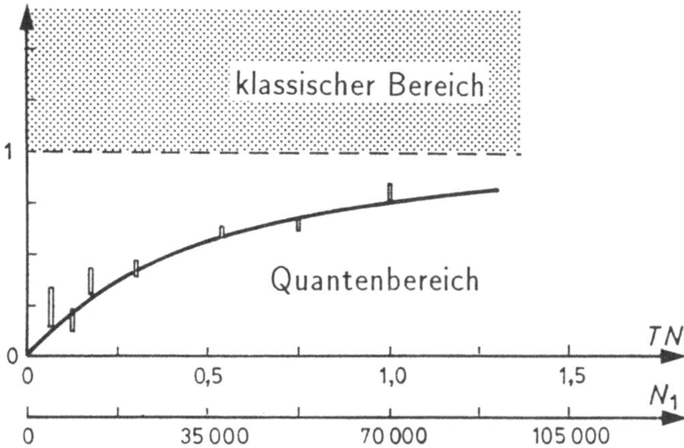

Bild 5.24 Der gemessene Koeffizient $A = N_1 N_c / N_t N_r$ in der Abhängigkeit von TN und N_1. Nach P.Grangier, G.Roger und A.Aspect.[1]

möglich dem Einphotonenzustand, in dem ein Photon mit sich selbst interferiert.

Zuerst wurde beim Experiment mit dem Interferometer das elektronische Tor ausgeschaltet. Dann wurde es eingeschaltet, wie beim ersten Teil des Experimentes. Mit einer piezoelektrischen Vorrichtung wurde der Wegunterschied von 0 in 256 Schritten um $\lambda/50$ geändert. Bei einer Messung wurden die Photonen 1 Sekunde gezählt. Die Endergebnisse beziehen sich auf eine Reihe von fünfzehn solcher Messungen (Bild 5.25).

> Wir haben ... zwei Experimente mit der gleichen Quelle ... ausgeführt. Die Experimente illustrieren den Wellen-Teilchen Dualismus bei Licht. In der Tat: wenn man die Experimente mit klassischen Begriffen und Bildern erklären will, muß man beim ersten Teil des Experimentes das Teilchenbild benutzen („das Photon wird durch den halbdurchlässigen Spiegel nicht geteilt"), weil die Ungleichung, die für Wellen gilt, verletzt wird. Umgekehrt ist man gezwungen das Wellenbild („das elektromagnetische Feld wird durch den halbdurchlässigen Spiegel kohärent geteilt") zu verwenden, wenn man den zweiten Teil des Experimentes (mit dem Interferometer) erklären will. Gewiß entsprechen die komplementären Beschreibungen zwei Ausführungen des Experimentes, die sich gegenseitig ausschließen.
>
> P.Grangier, G.Roger, A.Aspect[1]

Abschließend erwähnen wir einen Kunstgriff, wie man quantenelektrodynamisch den Übergang von Photonen durch einen halbdurchlässigen Spiegel beschreibt.[2] Der Erzeugungsoperator für ein Photon mit bestimmter Frequenz im einfallenden Strahl wird in zwei Teile gespalten:

[2]D.F.Walls, *A simple field theoretic description of photon interference*, Am.J.Phys. **45** (1977) 952; R.Loudon, *Non-classical effects in the statistical properties of light*, Rep.Progr.Phys. **43** (1980) 913

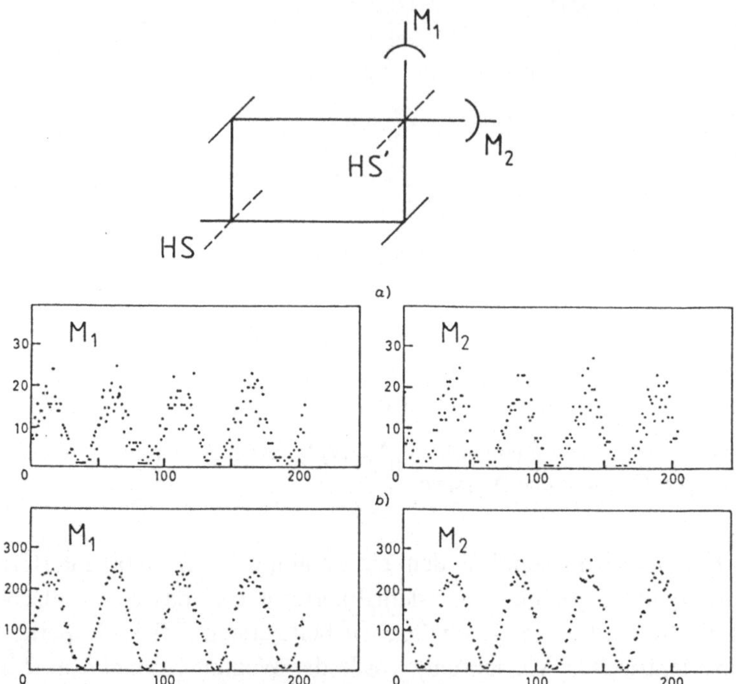

Bild 5.25 Der Mach-Zender-Interferometer zwischen dem ersten (HS) und dem zweiten halbdurchlässigen Spiegel (HS') (oben). Die Detektoren M_1 und M_2 sprachen auf Photonen an. Das Ergebnis nach einer 1 Sekunde dauernden Zählung (mitte) und nach 15 solchen Zählungen (unten) beim kleinsten Wert des Koeffizienten $A = 0.18$. Auf die horizontale Achse ist die laufende Zahl der Kanäle aufgetragen, einem Kanal entspricht der Wegunterschied von $\lambda/50$. Nach P.Grangier, G.Roger und A.Aspect.[1]

$$\hat{a}^\dagger = \frac{1}{\sqrt{2}}(\hat{a}_t^\dagger + \hat{a}_r^\dagger)\,.$$

(Eine allgemeinere Form ist $\hat{a}^\dagger = \hat{a}_t^\dagger \cos\delta + \hat{a}_r^\dagger \sin\delta$.) Der erste Teil des Operators erzeugt ein durchgelassenes Photon und der zweite ein reflektiertes Photon. Auf ähnliche Weise spalten wir den Vernichtungsoperator auf. Es gelten dann die Vertauschungsbeziehungen: $\hat{a}_t\hat{a}_t^\dagger - \hat{a}_t^\dagger\hat{a}_t = 1$, $\hat{a}_r\hat{a}_r^\dagger - \hat{a}_r^\dagger\hat{a}_r = 1$ und $\hat{a}_t\hat{a}_r^\dagger - \hat{a}_r^\dagger\hat{a}_t = 0$.

Wir bilden einen Zustand mit n Photonen im einfallenden Strahl:

$$\begin{aligned}|n\rangle &= \tfrac{1}{\sqrt{n!}}(\hat{a}^\dagger)^n|0\rangle = \tfrac{1}{\sqrt{2n!}}(\hat{a}_t^\dagger + \hat{a}_r^\dagger)^n|0\rangle \\ &= \tfrac{1}{\sqrt{2n!}}\sum_{k=0}^{n}\tfrac{k!}{k!(n-k)!}\hat{a}_t^{\dagger k}\hat{a}_r^{\dagger(n-k)}|0\rangle \\ &= \sum_k \tfrac{\sqrt{n!}}{\sqrt{2^n}k!(n-k)!}\sqrt{k!}\sqrt{(n-k)!}|n-k\rangle|k\rangle \\ &= \sum_k \left[\tfrac{n!}{2^n k!(n-k)!}\right]^{1/2}|n-k\rangle|k\rangle\ .\end{aligned}$$

Dabei benutzten wir die binomische Formel $(A+B)^n = \sum_k [n!/k!(n-k)!]A^k B^{n-k}$ und berücksichtigten, daß das Vakuum $|0\rangle$ aus dem Vakuum im durchgelassenen und dem Vakuum im reflektierten Strahl $|0\rangle|0\rangle$ zusammengesetzt ist. Damit wird schnell das Matrixelement ermittelt:

$$\begin{aligned}\langle n_t\, n_r|n\rangle &= \langle n_t|\langle n_r|\sum_k \left[\tfrac{n!}{2^n k!(n-k)!}\right]^{1/2}|n-k\rangle|k\rangle \\ &= \left(\tfrac{n!}{2^n N_t! n_r!}\right)^{1/2}, \qquad n_r = n - n_t\ .\end{aligned}$$

Es gilt nämlich $\langle n_t|k\rangle = \delta_{n_t k}$.

Im durchgelassenen Strahl trifft man mit der Wahrscheinlichkeit

$$P_{n_t n_r} = \langle n_t n_r|n\rangle^2 = \frac{n!}{2^n n_t! n_r!}$$

auf n_t Photonen - und auf $n_r = n - n_t$ im reflektierten, wenn n Photonen im einfallenden Strahl vorhanden sind. Man kann sich schnell überzeugen, daß

$$\sum_{n_t} P_{n_t n_r} = 1$$

gilt, denn nach der binomischen Formel ist $\sum_k n!/k!(n-k)! = 2^n$. Im nächsten Schritt ermitteln wir die mittlere Zahl der Photonen im durchgelassenen Strahl:

$$\begin{aligned}\langle n_t\rangle = \overline{n_t} = \sum_{n_t} n_t P_{n_t n_r} &= \sum_{n_t=0}^{n}\frac{n_t n!}{2^n n_t! n_r!} \\ = \sum_{n_t=1}\frac{n!}{2^n(n_t-1)!(n-n_t)!} &= \sum_{n_t=0}\frac{n!}{2^n(n_t-1)!(n-1-n_t)!} \\ = \frac{2^{n-1}n!}{2^n(n-1)!} = \tfrac{1}{2}n\ .\end{aligned}$$

Infolge der Symmetrie gilt $\langle n_r\rangle = \overline{n_r} = \frac{1}{2}n$.

Wir ermitteln noch die Korrelation:

$$\langle n_t n_r \rangle = \sum_{n_t} n_t n_r P_{n_t n_r} = \sum_{n_t=0}^{n} \frac{n_r(n-n_r)n!}{2^n n_t! n_r!}$$

$$= \sum_{n_t=1}^{n-1} \frac{n!}{2^n (n_t-1)!(n-n_t-1)!} = \sum_{n_t=0} \frac{n!}{2^n n_t!(n-2-n_t)!}$$

$$= \frac{2^{(n-2)}n!}{2^n(n-2)!} = \tfrac{1}{4}n(n-1)\ .$$

Im Einphotonenzustand $n = 1$ ist die Korrelation 0. Diesem Schluß kam das Meßergebnis A nahe. Es soll noch erwähnt werden, daß wir dieses Resultat auf dem Wege über die Korrelationsfunktion zweiter Ordnung bereits erhalten haben:

$$g_{12}^{(2)} = \frac{\langle n_t n_r \rangle}{\langle n_t \rangle \langle n_r \rangle} = \tfrac{1}{4}n(n-1)/\tfrac{1}{4}n^2 = 1 - \tfrac{1}{n}\ .$$

5.11 Photonenzählung

Experimente, bei denen Photonen gezählt werden, führen zu aufschlußreichen Ergebnissen.

Photonen zählt man, indem man den Photovervielfacher für ein Zeitintervall T einschaltet und die Zahl der Photonen, auf die er anspricht, registriert. Das Verfahren wiederholt man in längeren Zeitabständen und gewinnt so die Wahrscheinlichkeit $P_n^{(T)}$, mit der man n Photonen im Zeitintervall T antrifft. Daraus kann man die mittlere Photonenzahl $\overline{n}$, das mittlere Quadrat $\overline{n^2}$ und die Unschärfe $\delta n = \sqrt{\overline{n^2} - \overline{n}^2}$ ermitteln.

Im kohärenten Licht eines Lasers beobachtet man die Poisson-Verteilung

$$P_n^{(T)} = \exp(-\overline{n})\frac{\overline{n}^n}{n!} \qquad \text{mit} \qquad (\delta n)^2 = \overline{n}\ ,$$

wie wir sie für den kohärenten Zustand berechnet haben.

Im thermischen monochromatischen Licht beobachtet man dagegen eine Verteilung:

$$P_n^{(T)} = \frac{\overline{n}^n}{(\overline{n}+1)^{n+1}} \qquad \text{mit} \qquad (\delta n)^2 = \overline{n}^2 + \overline{n}\ .$$

Das gilt auch für nichtmonochromatisches thermisches Licht mit der Einschränkung, daß das Zeitintervall T kurz ist gegenüber der Kohärenzzeit τ. Für den entgegengesetzten Fall, in dem das Zeitintervall T sehr lang ist gegenüber der Kohärenzzeit τ, beobachtet man dagegen auch eine Poisson-Verteilung. Wir können das mit der Korrelationsfunktion zweiter Ordnung, die wir kennengelernt haben, erklären.

Die Quadrate der Unschärfen $(\delta n)^2$ hängen mit den Schwankungen im Strahlungsfeld zusammen. Man kann sie in Energieschwankungen umschreiben. Für die Energie $W = \hbar\omega$ bei gegebener Kreisfrequenz ω führt man die mittlere Energiedichte $\overline{w} = \overline{n}\hbar\omega/V$ ein. Somit bekommt man für Energieschwankungen im Laserlicht

$$(\delta W)^2 = \hbar\omega\overline{w}V$$

und im thermischen Licht:

$$(\delta W)^2 = \hbar\omega\overline{w}V + \overline{w}^2V^2 \; .$$

Die Ausdrücke für die Schwankungen der Photonenzahl im kohärenten Zustand $(\delta n)^2 = \overline{n}$ und im thermischen Licht $(\delta n)^2 = \overline{n} + \overline{n}^2$ spielten in der Entwicklung der Physik eine wichtige Rolle. Den ersten Ausdruck bekommt man auch für Teilchen mit Masse. Auf ihn stoßen wir, wenn wir die Schwankungen der Molekülzahl im Teil eines Gasbehälters bestimmen. Das zweite Ergebnis weist ein zusätzliches Glied auf. Deswegen faßte man auch bei Energieschwankungen das erste Glied als charakteristisch für Teilchen und das zweite als charakteristisch für Wellen auf. Bei der Einführung von Lichtquanten spielte die entscheidende Rolle das zweite Glied. A.Einstein beschränkte sich 1905 auf die Wiensche Näherung der Planckschen Strahlungsformel, wobei die Energiedichte sehr klein ist und das zweite, für Wellen charakteristische Glied, gegenüber dem ersten vernachläßigbar ist. Nachdem Louis de Broglie seine „Materiewellen" einführte, sah A.Einstein bei der Behandlung der Quantentheorie des einatomigen Gases mit Atomen mit ganzzahligem Spin, daß außer dem ersten auch das zweite Glied auftreten muß. Auf diese Weise trat der *Dualismus Teilchen-Welle* in die Physik ein.[1]

Nebenbei sei bemerkt, daß für eine Gesamtheit von Fermionen mit halbzahligem Spin

$$(\delta n)^2 = \overline{n} - \overline{n}^2$$

gilt. Diese Gleichung ist wegen des Minuszeichens nicht so leicht zu erklären wie bei den Bosonen mit ganzzahligem Spin.

[1] M.Born, W.Biem, *Dualism in quantum theory*, Phys.Today. **21** (1968) 51 (8)

Die Photonenzählung behandelten E.Jakeman und E.R.Pike (Bild 5.26).[2] Die Theorie wurde schon früher von P.L.Kelley und W.K.Kleiner bereitgestellt.[3]

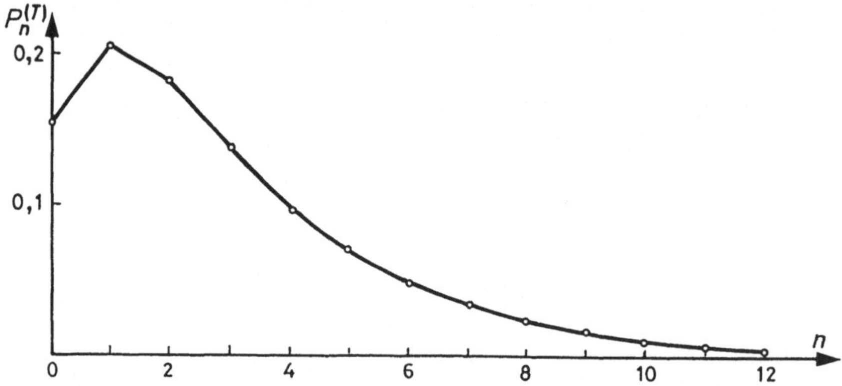

Bild 5.26 Die Verteilung von Photonen nach ihrer Anzahl im Laserlicht mit der Wellenlänge 632.8 nm gestreut an Polystyrenkugeln. Die Photonen wurden 0,1 Sekunde lang gezählt und die Zählung 10^4-mal wiederholt. Die mittlere Photonenzahl war $\overline{n} = 3$. Die Kurve gibt die Poisson-Verteilung für diesen Fall an. Aus der Zerfallszeit folgt die Halbwertsbreite für das Laserlicht: 9.9 s^{-1}. Nach E.Jakeman und E.R.Pike.[2]

5.12 Nichtklassisches Licht

Experimente mit nichtklassischem Licht führen zu Ergebnissen, die sich klar von den enstprechenden Ergebnissen der Maxwell-Elektrodynamik abheben. Dabei kommen auch gequetschte Zustände des Strahlungsfeldes zur Geltung.

Nichtklassisch wird Licht genannt, das im Rahmen der Maxwell-Elektrodynamik nicht behandelt werden kann. Es umfaßt *gequetschtes Licht* und *„Antibunching"*.[1] In diesem Zusammenhang beschränken wir uns auf „quadrature sqeezed light", also auf gequetschtes Licht, in dem man in einem Punkt die Feldstärke E_1 und die Feldstärke E_2 im Zeitabstand von einer Viertelperiode mißt. Die Unschärfebeziehung ist über die Nullpunktsenergie und das Rauschen im Vakuum mit der erreichbaren Meßgenauigkeit verknüpft. Diese kann verbessert werden, ohne daß man dabei gegen die Beziehung verstößt. Man kann die Unschärfe der Feldstärke

[2]E.Jakeman, E.R.Pike, *The intensity - fluctuation distribution of Gaussian light*, J.Phys.A **1** (1968) 128;
E.Jakeman, C.J.Oliver, E.R.Pike, *A measurement of optical linewidth by photon-counting statistics*, J.Phys.A **1** (1968) 406

[3]P.L.Kelly, W.H.Kleiner, *Theory of electromagnetic field measurement and photoelectron counting*, Phys.Rev. A **136** (1964) 316

[1]*M.Teich, B.E.A.Saleh, Squeezed and antibunched light*, Phys.Today **43** (1990) 26 (6)

E_1 auf Kosten der Unschärfe der Feldstärke E_2 verkleinern. Wir wollen dies kurz diskutieren, weil es Hoffnung erweckt, neue Präzisionsmessungen zu ermöglichen, z.B. die Detektion von Gravitationswellen, und die Kommunikation mit Licht zu verbessern.

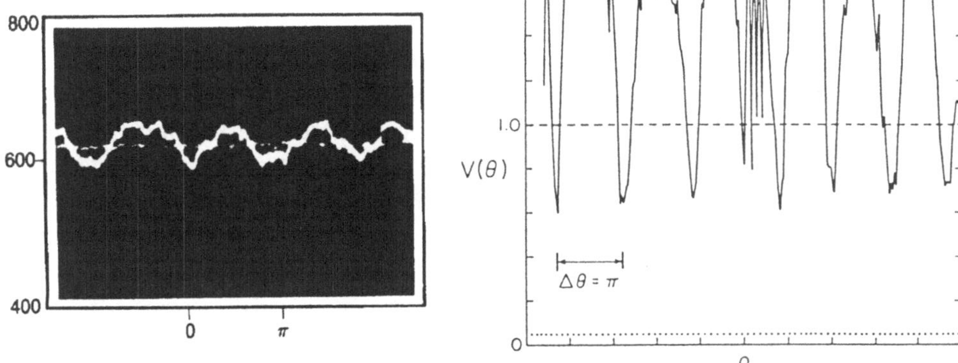

Bild 5.27 Die Abhängigkeit der effektiven Spannung in μV von der Phase des lokalen Oszillators beim Experiment von R.E.Slusher, L.W.Hollberg, B.Yurke, J.C.Mertz und J.F.Valley [2] (links) und beim Experiment von L.-A.Wu, H.J.Kimble, J.L.Hall und H.Wu [3] (rechts, der niedrigste Wert der Spannung ist 250 μV). Die schwache horizontale Spur bzw. die gestrichelte horizontale Linie entspricht dem Vakuum. Im ersten Experiment wurde die Leistung des Rauschens um 4 bis 17 % herabgesetzt, im zweiten um mehr als 50 %. Vergleiche mit dem Bild 2.6.

Bei den gequetschten Zuständen des harmonischen Oszillators haben wir alle Gleichungen bereitgestellt. Den Operator der elektrischen Feldstärke mit stehenden Wellen im Heisenberg-Bild kann im gegebenen Punkt außerhalb von Knoten als proportional zu $\hat{x}_1$ angegeben werden und der entsprechenden Operator der elektrischen Feldstärke in laufenden Wellen (**4**.3.4) im Punkt $x = 0$ zu $\hat{x}_2$. Die Ergebnisse aus (**2**.16) können unmittelbar in die Quantentheorie des elektromagnetischen Feldes übertragen werden.

Wir begnügen uns mit einer vereinfachten Diskussion der anspruchsvollen Experimente. Zuerst bekam man gequuetschtes Licht mit demr Zusammensetzung von vier Wellen.[2] Zwei gegenläufige Wellen waren schwächer und zwei stärker. Die Wellen liefen geneigt gegeneinander in Resonatoren zwischen zwei Paaren von sphärischen Spiegeln. Im Schnittpunkt trafen sie auf einen Strahl von Natriumatomen. Die Wellenlänge des Farbstofflasers, der die Wellen speiste, war etwas unterhalb der Resonanz bei 589.0 nm. Über die nichtlineare Wechselwirkung mit

[2] R.E.Slusher, L.W.Hollberg, B.Yurke, J.C.Mertz, J.F.Valley, *Observation of squeezed states generated by four-wave mixing in an optical cavity*, Phys.Rev.Lett. **55** (1985) 2409,
B.G.Levi, *Squeezing the quantum noise limits*, Phys.Today **39** (1986) 17 (3)

Atomen gingen Photonen aus den stärkeren Wellen in die schwächeren über, wobei sich zwischen ihnen eine Korrelation bildete. Man versuchte das gequetschte Vakuum festzustellen, indem man die Wellen mit den Wellen eines lokalen Oszillators zusammensetzte. In ungeraden Halbperioden fiel das Rauschen fast bis 10 % unter den Wert der Vakuumschwankungen, was für das gequetschte Vakuum charakteristisch ist (Bild 5.27).

Später wurde eine Herabsetzung des Rauschens bis zu 60 % erreicht.[3] Wellen mit der Wellenlänge 0.53 μm aus einem Laser wurden durch einen Kristall von Lithium-Niobat geleitet, dessen dielektrische Eigenschaften stark von der elektrischen Feldstärke abhängen. Der Kristall wirkte als ein parametrischer Verstärker, ähnlich wie ein Pendel, dessen Eigenfrequenz die Hälfte der Frequenz einer äußeren treibenden Kraft ist. Dabei entstanden aus einem Photon zwei Photonen mit der zweifachen Wellenlänge 1.06 μm. Das ursprüngliche Feld verstärkte das entstandene Feld, wenn beide in Phase waren, und schwächte es ab, wenn die Phasendifferenz $\frac{1}{2}\pi$ betrug. Die Wellen wurden aus den Wellen eines lokalen Oszillators zusammengesetzt und analysiert (Bild 5.27).

„Antibunching", für das eine Korrelationsfunktion zweiter Ordnung $g_{12}^{(2)} < 1$ charakteristisch ist, haben wir bereits beschrieben. Es wird auch Subpoisson-Licht genannt. Im kohärenten Licht gilt $g_{12}^{(2)} = 1$ und die Folge der Photonen wird mit einer Poisson-Verteilung beschrieben. Im nichtklassischen Licht sind die Photonen gleichmäßiger über die Zeit verteilt (Bild 5.28).

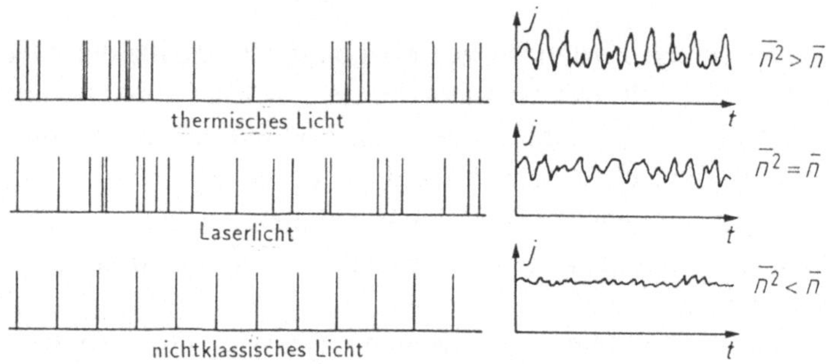

Bild 5.28 Die Verteilung von Photonen nach der Zeit im thermischen Licht, Laserlicht und nichtklassischen Licht (links) und die Schwankungen der Intensität (rechts). Im thermischen Licht sind die Schwankungen groß und es gilt $\overline{n^2} > \overline{n}$. Im nichtklassischen Licht („Antibunching") sind die Schwankungen klein und es gilt $\overline{n^2} < \overline{n}$. Das kohärente Laserlicht ist ein Grenzfall: $\overline{n^2} = \overline{n}$.

[3] L.-A.Wu, H.J.Kimble, J.L.Hall, H.Wu, *Generation of sueezed states by parametric down conversion*, Phys.Rev.Lett. **57** (1986) 2520,
B.G.Levi, *Still more squeezing of optical noise*, Phys.Today **40** (1987) 20 (3)

5.13 Compton-Effekt

Dem Compton-Effekt wird haüfig die Rolle eines Entscheidungsexperimentes für die „korpuskularen" Eigenschaften der Photonen zugeschrieben. Deshalb wird er auf drei Ebenen beschrieben. Die halbklassische Näherung, die ohne Photonen auskommt, führt zu Ergebnissen, die für die Lehre aufschlußreich sind.

Der *Compton-Effekt* wird in einführenden Lehrbüchern der Quantenmechanik eingehend behandelt. Gewöhnlich wird er zusammen mit dem Photoeffekt als Kronzeuge für die Photonen-Vorstellung herausgestellt. Die folgende dreiteilige Diskussion soll vor diesbezüglichen voreiligen Schlüssen warnen. In ihr begnügen wir uns mit der nichtrelativistischen Näherung.

Quantenelektrodynamik. Der Compton-Effekt wird in der Quantenelektrodynamik beschrieben, indem man den differentiellen Wirkungsquerschnitt ausrechnet. In der elementaren Quantenmechanik kann man nur den Teil der Rechnung gebrauchen, der die Energie- und Impulserhaltung berücksichtigt.

Ein Photon mit der Energie $h\nu_0$ und dem Impuls $h\nu_0/c$ stößt elastisch mit einem freien Elektron. Das Photon mit der Energie $h\nu$ und Impuls $h\nu/c$ wird unter dem Winkel ϑ gestreut und das Elektron wird mit der kinetischen Energie $\frac{1}{2}mv^2$ unter dem Winkel φ zurückgestoßen. Die Energieerhaltung gibt

$$h\nu_0 = h\nu + \tfrac{1}{2}mv^2, \qquad \nu_0 = \nu + \tfrac{1}{2}\nu_C v^2/c^2 \ ,$$

die Impulserhaltung zusammen mit dem Cosinussatz:

$$(h\nu_0/c)^2 - (2h^2\nu_o\nu/c^2)\cos\vartheta + (h\nu/c)^2 = (mv)^2 \ ,$$

$$\nu_0^2 - 2\nu_0\nu\cos\vartheta + \nu^2 = \nu_C^2 v^2/c^2 \ .$$

Die Beziehungen wurden mit der Einführung der *Compton-Frequenz* $\nu_C = mc^2/h$ vereinfacht.

Die nichtrelativistische Näherung ist berechtigt, wenn die Geschwindigkeit des Elektrons klein gegenüber der Lichtgeschwindigkeit ist. Dann ist auch die Differenz $\nu - \nu_0$ klein und die Compton-Frequenz groß gegenüber der Frequenz ν_0 der einfallenden Röntgenstrahlen. A.H.Compton hat z.B. die K_α-Linie des Molybdens benutzt mit der Frequenz $\nu_0 = 4.16 \cdot 10^{18}\ \mathrm{s}^{-1}$, für die der Quotient ν_0/ν_C gleich 0.033 ist. Wir berücksichtigen lineare Glieder und vernachlässigen quadratische: $\nu^2 + \nu_0^2 = [\nu_0 - (\nu_0 + \nu)]^2 = 2\nu_0\nu$ und erhalten die bekannte Gleichung:

$$\nu = \nu_0/[1 + (nu_0/\nu_C)(1 - \cos\vartheta)] \ . \qquad (1)$$

Zu dieser Gleichung führt auch eine Behandlung im Rahmen der speziellen Relativitätstheorie. In unserer Näherung unterscheidet sie sich nicht von der Gleichung:

$$\nu = \nu_0[1 - (\nu_0/\nu_C)(1 - \cos\vartheta)] \ . \qquad (1a)$$

Halbklassische Näherung. Das Elektron beschreiben wir mit einer Wellenfunktion. Im Laborsystem S ruht es anfangs und bewegt sich nachher mit der Geschwindigkeit v. Wir führen ein Bezugssystem S′ ein, dessen Ursprung sich im S mit der Geschwindigkeit $\frac{1}{2}v$ in der Richtung des zurückgestoßenen Elektrons bewegt. Im Bezugssystem S′ bilden wir eine Wellenfunktion, zu der das einlaufende und das zurückgestoßene Elektron beitragen:

$$\Psi' = \tfrac{1}{2}\exp\{i[m(-\tfrac{1}{2}v)x' - \tfrac{1}{2}(-\tfrac{1}{2}v)^2 t']/\hbar\} + \tfrac{1}{2}\exp\{i[m(\tfrac{1}{2}v)x' - \tfrac{1}{2}(\tfrac{1}{2}v)^2 t']/\hbar\}$$

$$= \exp[-im(\tfrac{1}{2}v)^2 t'/2\hbar]\cdot\tfrac{1}{2}[\exp(-\tfrac{1}{2}imvx'/\hbar) + \exp(\tfrac{1}{2}imvx'/\hbar)]\ .$$

Die Wahrscheinlichkeitsdichte

$$\Psi'^*\Psi' = \cos^2(\tfrac{1}{2}mvx'/\hbar)$$

ist stationär und im Raum periodisch. Die Periode a, das ist die Entfernung zweier Ebenen mit der maximalen Wahrscheinlichkeitsdichte, folgt aus der Forderung $mva/2\hbar = \pi$:

$$a = \frac{2\pi\hbar}{mv} = \frac{h}{mv}\ .$$

Wir nehmen an, daß die Wellen an diesen Ebenen „reflektiert“ werden, wie auf Netzebenen im Kristall. Die Richtung der verstärkten Strahlen wird mit der Bragg-Bedingung

$$2a\cos\varphi' = n\lambda_0'$$

bestimmt. Wir setzen in sie $a = h/mv$ und bekommen:

$$v/c = 2(\nu_0/\nu_C)\cos\varphi\ .$$

Wir berücksichtigten nur $n = 1$, weil bei der Streuung an einer zu $\cos^2$ proportionalen Struktur außer dem durchgelassenen Strahl nur die Strahlen der ersten Ordnung übrig bleiben. Wir ersetzten auch λ_0' mit c/v_0'.

Im Bezugssystem S′ ist die Frequenz wegen des Doppler-Effektes verändert:

$$\nu_0' = \nu_0[1 - (v/2c)\cos\varphi]\ .$$

Zuletzt müssen wir zurück in das Laborsystem S transformieren. Wir prüfen unsere Gleichungen, indem wir die Frequenz der einfallenden Wellen zurücktransformieren

$$\nu = \nu_0'[1 + (v/2c)\cos\varphi'] = \nu_0[1 - (v/2c)\cos\varphi'][1 + (v/2c)\cos\varphi'] = \nu_0\ ,$$

wie es sein muß. Anders ist es mit der Frequenz der gestreuten Wellen:

$$\nu = \nu_0'[1 - (v/2c)\cos\varphi'] = \nu_0[1 - (v/2c)\cos\varphi'][1 - (v/2c)\cos\varphi']$$

$$= \nu_0[1 - (v/c)\cos\varphi'] \; .$$

Beim Übergang aus dem Bezugssystem S′ in das Laborsystem S muß auch die Richtung transformiert werden. In unserer Näherung gilt:

$$\cos\varphi = \cos\varphi' + (v/2c)\sin^2\varphi' \; , \quad \sin\varphi = \sin\varphi'[1 - (v/2c)\cos\varphi'] \; .$$

Die Winkel φ und φ' unterscheiden sich durch Glieder der Größenordnung v/c. In unserer Näherung, in der quadratische Glieder vernachlässigt werden, gilt demnach:

$$(v/c)\sin\varphi' = (v/c)\sin\varphi \; , \qquad (v/c)\cos\varphi' = (v/c)\cos\varphi \; .$$

Dieses Ergebnis haben wir schon im voraus berücksichtigt.

Der Abbildung entnehmen wir

$$\vartheta' = \pi - 2\varphi' \; ,$$

was zu $\cos\vartheta' = 1 - 2\cos^2\varphi'$ und mit der Gleichung $v/c = 2(\nu_0/\nu_C)\cos\varphi$ noch zu der Gleichung (1)

$$\nu = \nu_0[1 - 2(\nu_0/\nu_C)\cos\varphi'] = \nu_0[1 - (\nu_0/\nu_C)(1 - \cos\vartheta)]$$

führt.

Klassische Beschreibung. In der klassischen Elektrodynamik beobachten wir ein Elektron, auf das linear polarisierte Wellen mit der Frequenz ν_0 einfallen. Wir nehmen an, daß das Elektron anfangs im Laborsystem S ruht und sich später mit der Geschwindigkeit v_0 in Richtung der einfallenden Strahlung bewegt und in der Richtung der elektrischen Feldstärke schwingt. Wir führen ein Bezugssystem S″ ein, dessen Ursprung sich im Laborsystem mit der Geschwindigkeit v_0 bewegt. Im Bezugssystem S″ vollführt das Elektron nur Schwingungen (Bild 5.29). Infolge des Doppler-Effektes ist die Frequenz der Wellen im System S″:

$$\nu_0'' = \nu_0[1 - (v_0/c)] \; .$$

Im S″ werden Wellen mit dieser Frequenz unter dem Winkel ϑ'' am Elektron gestreut und das Elektron wird zurückgestoßen. Im Laborsystem beläuft sich die Frequenz der gestreuten Wellen zu:

$$\nu = \nu''[1 + (v_0/c)\cos\vartheta''] \; .$$

Wenn der Quotient v_0/c sehr klein gegenüber 1 ist, gilt in unserer Näherung

$$(v_0/c)\cos\vartheta'' = (v_0/c)\cos\vartheta \; .$$

Damit gelangen wir endlich zu der Gleichung:

$$\nu = \nu_0[1 - (v_0/c))][1 + (v_0/c)\cos\vartheta] = \nu_0[1 - (v_0/c)(1 - \cos\vartheta)] \ .$$

Daraus folgt Gleichung (1a), wenn man $v_0/c = \nu_0/\nu_C$ annimmt.

Die Erhaltungssätze der Quantenelektrodynamik und die halbklassische Näherung erklären die Frequenzänderung beim Compton-Effekt gleichermaßen. In der Quantenelektrodynamik tritt die Planck-Konstante in der Energie und im Impuls des Photons auf, in der halbklassischen Näherung in der Wellenfunktion des Elektrons. In der klassischen Elektrodynamik können wir den Compton-Effekt nur mit zwei zusätzlichen Annahmen erklären. Wir müssen annehmen, daß das Elektron im Laborsystem nicht emittiert, bis es die Geschwindigkeit v_0 erreicht. Das ist schwer zu begründen, denn das Elektron wird in der Richtung der einfallenden Wellen nur von der Reaktionskraft der Strahlung beschleunigt, nicht aber unmittelbar das Feld der einfallenden Wellen.[1]

Der Compton-Effekt wird gewöhnlich im Rahmen der speziellen Relativitätstheorie behandelt. Dabei müssen in eine quantenmechanische Behandlung auch relativistische Gleichungen einbezogen werden. In dieser Hinsicht ist die nichtrelativistische Näherung empfehlenswert.

> Wir sehen ein, daß die Wellenlänge und die Intensität in gestreuten Wellen der Beschreibung der Streuung vom Licht an Elektronen mit elastischem Stoß zweier Billardkugeln entsprechen. Nicht nur das, in der Tat beobachtet man die zurückgestoßene Billardkugel, das Elektron, das sich mit der Geschwindigkeit bewegt, die es nach einem elastischen Stoß mit dem Quant haben sollte. Offensichtlich folgt daraus der Schluß, daß die Röntgenstrahlen und demzufolge auch das Licht aus diskreten Einheiten bestehen, die sich in bestimmten

[1] Betrachten wir die elektromagnetischen Wellen, die in der Richtung der x-Achse fortschreiten, mit der elektrischen Feldstärke in der Richtung der y-Achse und der magnetischen Feldstärke in der Richtung der z-Achse:

$$E = E_0 \cos(k_0 x - \omega_0 t), \qquad B = (E_0/c)\cos(k_0 x - \omega_0 t) \ .$$

Das Newton-Gesetz

$$F_y = -e_0 E = -e_0 E_0 \cos(k_0 x - \omega_0 t) = m a_y = -m\omega_0^2 y$$

zeigt, daß in Richtung der y-Achse schwingt

$$y = (e_0 E_0/m\omega_0^2)\cos(k_0 x - \omega_0 t)$$

mit der Geschwindigkeit:

$$v = dy/dt = -(e_0 E_0/m\omega_0)\sin(k_0 x - \omega_0 t) \ .$$

Die magnetische Kraft hat die Richtung der x-Achse

$$F_x = -e_0 v B = (e_0^2 E_0^2/m\omega_0 c)\sin 2(k_0 x - \omega_0 t) \ ,$$

jedoch ist ihr Mittelwert über eine Periode gleich Null.

Richtungen bewegen. Dabei hat jede Einheit die Energie $h\nu$ und den Impuls $h\nu/c$. A.Sommerfeld hat in einem Brief diese Entdeckung der Änderung der Wellenlänge bei der Streuung als das Grabgeläute für die Wellentheorie der Streuung bezeichnet.

A.H.Compton, *The scattering of X-rays*,
Journal of the Franklin Institute **198** (1924) 57

Tabelle 5.1 Drei Ebenen bei der Behandlung des Compton-Effektes

Elektron	Strahlung	Konsequenzen
relativistische Quantenmechanik	Quanten-elektrodynamik	quantisiertes Feld, Photonen, Differentialquerschnitt
Quantenmechanik	klassische Elektrodynamik	keine Photonen, Planck-Konstante eingeführt mit der Wellenfunktion
klassische Mechanik	klassische Elektrodynamik	keine Photonen, zusätzliche Annahmen

Der Effekt wurde von J.A.Gray im Jahre 1913 beobachet, aber nicht weiter erforscht. Das wurde von A.H.Compton 1922 nachgeholt. Im darauffolgenden Jahre erklärte er den Effekt mit dem elastischen Stoß von Photonen mit Elektronen.[2] Dabei gab er auch die klassische Berechnung an. Comptons Entdeckung führte schließlich zu der uneingeschränkten Aufnahme der Quanten. E.Schrödinger erörterte den Effekt grundsätzlich in der halbklassischen Näherung.[3] Er beschrieb das Elektron im Anfangszustand und im Endzustand mit einer ebenen Lösung der Klein-Gordon-Gleichung und erhielt stehende Wellen. Diese „reflektieren" die Röntgenstrahlen, wie Netzebenen im Kristall oder wie stehende Ultraschallwellen Licht.

Der Differentialquerschnitt wurde in der halbklassischen Näherung hergeleitet, wobei man das Elektron mit einer Lösung der Dirac-Gleichung beschrieb.[4] Die vollständige Erklärung des Effektes im Rahmen der Quantenelektrodynamik erwähnten wir im vorangegangenen Abschnitt. Die klassische Näherung wurde im Rahmen der Relativitätstheorie[5] und der Ansatz von Schrödinger relativistisch und in nichtrelativistischer Näherung eingehend behandelt.[6]

[2] A.H.Compton, *A quantum theory of the scattering of X-rays by light elements*, Phys.Rev. **21** (1923) 207; 483

[3] E.Schrödinger, *Der Comptoneffekt*, Ann.Phys. **28** (1927) 257

[4] O.Klein, Y.Nishina, *Über die Streuung von Strahlung durch freie Elektronen nach der relativi-*

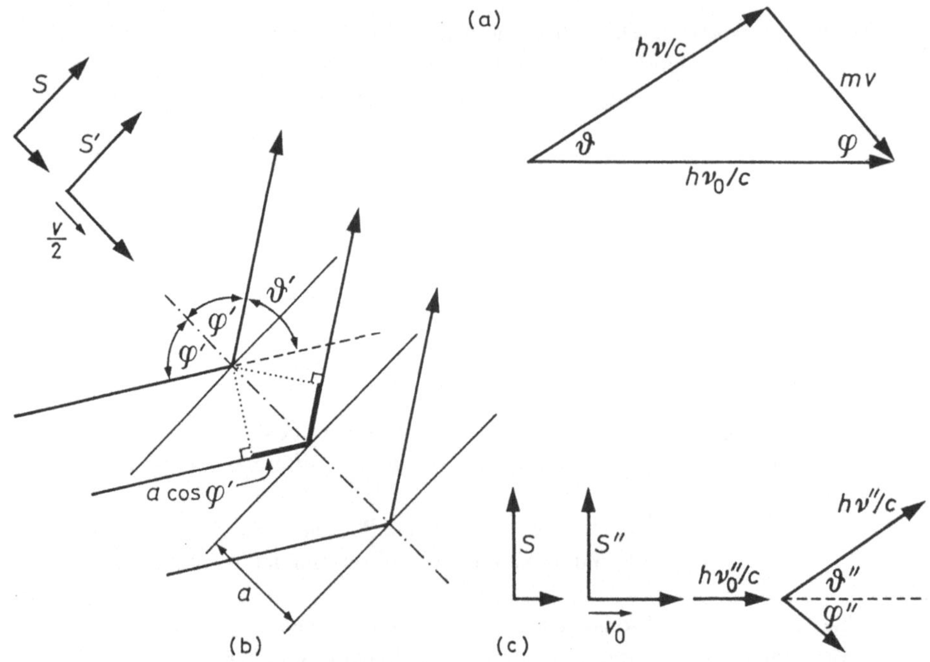

Bild 5.29 Die Impulse des einfallenden und gestreuten Photons und des zurückgestoßenen Elektrons. Impulse darf man sich anschaulich vorstellen, die Lage des Photons dagegen nicht (oben rechts). Das Laborsystem S und das Bezugssystem S′, in dem die Summe der Impulse des Elektons vor dem Stoß und nach ihm gleich Null ist. In diesem Bezugssystem werden elektromagnetische Wellen an Ebenen mit maximaler Wahrscheinlichkeitsdichte „reflektiert" wie an Netzebenen im Kristall (links unten). Das Laborsystem und das Bezugssystem S″, das sich im Laborsystem mit der Geschwindigkeit v_0 in der Richtung der einfallenden Wellen bewegt und in dem das Elektron nur Schwingungen ausführt (rechts unten)

5.14 Photoeffekt

Der lichtelektrische Effekt läßt sich erfolgreich in halbklassischer Näherung beschreiben. Man kann also ohne Photonen auskommen.

Es gibt wenige einführende Lehrbücher der Quantenmechanik, in denen der *Photoeffekt* nicht als ein zwingender Beweis für die Einführung der Photonen benutzt wird. Dieser unberechtigte Standpunkt trotzt hartnäckig der physikalischen Einsicht. Die übliche Gegendarstellung geht von der halbklassischen Näherung aus.

Im Rahmen der Quantenelektrodynamik wurde eingehend die Photoionisation,

---

stischen Quantendynamik von Dirac, Z.Phys. **52** (1929) 853

[5] J.N.Dodd, *The Compton effect - a classical treatment*, Eur.J.Phys. **4** (1983) 205

[6] J.Strnad, *The Compton Effect - Schrödinger's treatment*, Eur.J.Phys. **7** (1986) 217; *Der Compton-Effekt - nichtrelativistisch*, Praxis d.Naturwiss.Phys. **36** (1987) 29 (4)

der Photoeffekt am Atom, als stellvertretend für den eigentlichen Photoeffekt, den Photoeffekt am Festkörper, erörtert (**4**.12). Die Diskussion ging von der quantenelektrodynamischen Behandlung der Strahlungsübergänge aus. Um zu zeigen, daß man beim Photoeffekt zwanglos ohne Photonen auskommt, wiederholen wir die Behandlung im Rahmen der halbklassischen Näherung, in der man das Teilchensystem im Rahmen der Quantenmechanik und das elektromagnetische Strahlungsfeld im Rahmen der Maxwell-Elektrodynamik beschreibt. Der Vergleich des halbklassischen Ergebnisses mit dem entsprechenden quantenelektrodynamischen zeigt überzeugend, wie gut man sich auf die halbklassische Näherung verlassen kann.

Das ungestörte Teilchensystem sei mit dem Hamilton-Operator $\hat{H}_A$ beschrieben. Die Schrödinger-Gleichung

$$\hat{H}_A \Psi_\nu = i\hbar \frac{\partial \Psi_\nu}{\partial t} = W_\nu \Psi_\nu \tag{1}$$

führt zu den Eigenfunktionen $\Psi_\nu = \exp(-iW_\nu t/\hbar) u_\nu$, die einen nichtentarteten orthonormierten Satz bilden. Zum Zeitpunkt $t = 0$ wird die Störung eingeschaltet; die zugehörige Energie wird mit dem Wechselwirkungs-Operator $\hat{H}_W$ beschrieben. Die Lösung der entsprechenden Schrödinger-Gleichung

$$(\hat{H}_0 + \hat{H}_W)\Psi = i\hbar \frac{\partial \Psi}{\partial t} \tag{2}$$

ist die Wellenfunktion $\Psi(t)$, die nach den Eigenfunktionen entwickelt wird: $\Psi(t) = \sum_\nu c_\nu(t)\Psi_\nu$. Am Anfang, bei $t \leq 0$, ist das Teilchensystem im Grundzustand Ψ_g mit der Eigenenergie W_g, so daß die Anfangsbedingung $c_g(t = 0) = 1$ und $c_{\nu \neq g}(t = 0) = 0$ lautet. Die Reihe wird in die Gleichung (2) eingesetzt und die Gleichung (1) berücksichtigt. Die gewonnene Gleichung

$$i\hbar \sum_\nu \frac{dc_\nu}{dt} \Psi_\nu = \sum_\nu c_\nu \hat{H}_W \Psi_\nu$$

wird mit $\Psi^*_{\nu'} d^3x$ von links multipliziert und über den Definitionsbereich der Wellenfunktionen integriert. Wegen der Orthonormierung folgt die Gleichung

$$i\hbar \frac{dc_{\nu'}}{dt} = \sum_\nu c_\nu \int \Psi^*_{\nu'} \hat{H}_W \Psi_\nu d^3x \ ,$$

die nach Berücksichtigung der Anfangsbedingung in

$$i\hbar \frac{dc_{\nu'}}{dt} = \int \Psi^*_{\nu'} \hat{H}_W \Psi_g d^3x$$

übergeht.

Das elektromagnetische Strahlungsfeld, das in der Quantenelektrodynamik neben dem Teilchensystem als ein gleichberechtigter Bestandteil des beobachteten Systems betrachtet wurde, beschreibt man in der halbkassischen Näherung als eine Störung. Die zugehörige Energie wird der Energie des elektrischen Dipolmoments des gebundenen Elektrons $\hat{H}_W = -\hat{\mu}E(t) = e_0\hat{y}E(t) = e_0 y E_0 \cos\omega t$ gleichgesetzt. Die elektrische Feldstärke $E(t)$, die wir wie gewöhnlich in die Richtung der y-Achse setzen, ist ein zeitabhängiger äußerer Parameter. Im gegebenen Raumpunkt in der einfallenden linear polarisierten Strahlung mit der Kreisfrequenz ω hängt sie harmonisch von der Zeit ab: $E(t) = E_0 \cos\omega t = \frac{1}{2}[\exp i\omega t + \exp(-i\omega t)]$. Wenn wir $\frac{1}{2}e_0 y E_0$ mit H_a abkürzen, haben wir

$$\int \Psi_{\nu'}^* \hat{H}_W \Psi_g d^3x = \exp[i(W_{\nu'} - W_g)t/\hbar] \int u_{\nu'}^* \hat{H}_W u_g d^3x$$

$$= H_{\nu' g}\{\exp[i(W_{\nu'} - W_g + \hbar\omega)t/\hbar] + \exp[i(W_{\nu'} - W_g - \hbar\omega)t/\hbar]\}$$

mit dem Matrixelement $H_{\nu' g} = \int u_{\nu'}^* H_a u_g d^3x$. Dabei berücksichtigten wir die Zusammensetzung der Eigenfunktionen aus dem Zeitfaktor und dem räumlichen Teil $u_{\nu'}$. Es entsteht die Gleichung:

$$\frac{dc_{\nu'}}{dt} = \frac{i}{\hbar} H_{\nu' g}\{\exp[i(W_{\nu'} - W_g + \hbar\omega)t/\hbar] + \exp[i(W_{\nu'} - W_g - \hbar\omega)t/\hbar]\} .$$

Ihre Integration nach der Zeit von 0 bis t liefert:

$$c_{\nu'} =$$
$$iH_{\nu' g}\left(\frac{\exp[i(W_{\nu'} - W_g + \hbar\omega)t/\hbar] - 1}{(W_{\nu'} - W_g + \hbar\omega)/\hbar} + \frac{\exp[i(W_{\nu'} - W_g - \hbar\omega)t/\hbar] - 1}{(W_{\nu'} - W_g - \hbar\omega)/\hbar}\right) .$$

Wenn die Energie des angeregten Zustandes über den Grundzustand $W_{\nu'} - W_g$ in der Nähe von $\hbar\omega$ gerät, ist das zweite Glied viel größer als das erste. Wenn man sich auf diesen Fall beschränkt, kann man das erste Glied vernachlässigen. Das Betragsquadrat von $c_{\nu'}$ kann dann mit der Spaltfunktion $g(\Delta W)$ (**4**.12.9) ausgedrückt werden:

$$|c_{\nu'}|^2 = (|H_{\nu' g}|/\hbar)^2 \frac{4\sin^2[(W_{\nu'} - W_g - \hbar\omega)t/2\hbar]}{(W_{\nu'} - W_g - \hbar\omega)^2} = \frac{2\pi t}{\hbar}|H_{\nu' g}|^2 g(\Delta W) . \quad (3)$$

Dabei ist $\Delta W = W_{\nu'} - W_g - \hbar\omega$.

Mit der Gleichung (3) kann man die Rate $|c_{\nu'}|^2/t = (2\pi/\hbar)|H_{\nu' g}|^2 g(\Delta W)$ beim Übergang aus dem Grundzustand mit der Energie W_g in einen angeregten Zustand mit der Energie $W_{\nu'}$ ermitteln. Dabei treten Resonanzvorgänge auf, wie aus der Form der Funktion $g(\Delta W)$ hervorgeht. Uns interessieren aber vor allem Übergänge in Zustände mit kontinuierlichem Spektrum, die ungebundenen Elektronen entsprechen. Wir berechnen die durchschnittliche Rate in alle Endzustände im gegebenen Energieintervall $d(\Delta W)$ mit der Zustandsdichte $\rho(\Delta W)$ und bekommen:

$$\frac{\overline{|c_{\nu'}|^2}}{t} = \frac{2\pi}{\hbar}|H_{\nu' g}|^2\rho\,. \tag{4}$$

Das Matrixelement und die Zustandsdichte müssen der Energie entsprechen, die der Bedingung

$$\Delta W = 0 \qquad \text{oder} \qquad W_{\nu'} - W_g = \hbar\omega$$

genügt.

Gleichung (4) ist die *goldene Regel* von E.Fermi in der Quantenmechanik. Aufschlußreich ist ihr Vergleich mit der entsprechenden Gleichung, die wir in der Quantenelektrodynamik herleiteten:

$$\frac{\overline{|c_{\nu' n'}|^2}}{t} = \frac{2\pi}{\hbar}|H_{\nu' n' \nu n}|^2\rho\,.$$

Das Matrixelement der Quantenmechanik $H_{\nu' g}$ bezieht sich nur auf die Zustände des Teilchensystems, das entsprechende Matrixelement der Quantenelektrodynamik $H_{\nu' n' \nu n}$ schließt dagegen noch die Zustände des elektromagnetischen Strahlungsfeldes ein. Das halbklassische Ergebnis geht aus dem quantenelektrodynamischen hervor, wenn man von den Zuständen des Strahlungsfeldes absieht. In den quantenelektrodynamischen Matrixelementen für Strahlungsübergänge (**4**.13.5,6) wird der Ausdruck $\hbar\omega_0(n+1)/2\varepsilon_0 V$ bzw. $\hbar\omega_0 n/2\varepsilon_0 V$ in der halbklassischen Näherung durch E_0^2 ersetzt. Wir haben die halbklassische Herleitung ähnlich wie die quantenelektrodynamische geführt und versucht die gleichen Bezeichnungen zu gebrauchen. Das konnten wir nicht konsequent durchführen und benutzten den Index g für den Grundzustand statt ν und ω statt ω_0. Außerdem mußten wir die Integration über den Raum und nicht nur über die Veränderliche y ausführen. Es ist aufschlußreich beide Herleitungen Schritt für Schritt zu vergleichen.

Nun betrachten wir speziell den Photoeffekt. Die hauptsächlichen Ergebnisse gelten sowohl für Photoionisation, d.h. den Photoeffekt am Atom, als auch für den Photoeffekt am Festkörper. Die Eigenenergie $W_{\nu'}$ des ungebundenen Elektrons ist gleich seiner kinetischen Energie W_k, die einen beliebigen positiven Wert annehmen kann. Die Eigenenergie im Grundzustand W_g ist negativ, da es sich um ein Elektron im gebundenen Zustand handelt. Beim Atom entspricht ihr Betrag der Ionisationsenergie, $-W_g = W_i$, und beim Festkörper der Austrittsarbeit, $-W_g = W_0$. Damit folgt die Einstein-Gleichung für die kinetische Energie des aus dem Festkörper ausgestoßenen Elektrons:

$$W_k = \hbar\omega - W_0\,. \tag{5}$$

Bei der Photoionisation ist W_0 mit W_i zu ersetzen. Bei der Herleitung wurde an keiner Stelle das Photon benötigt. Die Gleichung (5) kam zustande durch die Behandlung des Teilchensystems in Rahmen der Quantenmechanik mittels der Schrödinger-Gleichung und der Energieerhaltung, zustandegebracht durch die Dirac-Deltafunktion.

Wenn das Elektron nicht in der Richtung der elektrischen Feldstärke ausgestoßen wird, muß man die Komponente der Feldstärke in der Ausstoßrichtung. Das geht auch aus dem Ausdruck für die Energie eines elektrischen Dipols im elektrischen Feld hervor: $W = e_0\mathbf{r} \cdot \mathbf{E} = e_0 y E \cos\vartheta$. Dabei ist ϑ der Winkel zwischen der Ausstoßrichtung des Elektrons und der elektrischen Feldstärke. htung des Elektrons und im Quadrat des Matrixelements tritt somit $\cos^2\vartheta$ auf. Es werden beim Photoeffekt in der Tat Elektronen vorzugsweise in der Richtung der elektrischen Feldstärke emittiert (Bild 5.30).[1] Das kann in einer naiven Vorstellung mit Photonen als klassischen Lichtteilchen nicht erklärt werden.

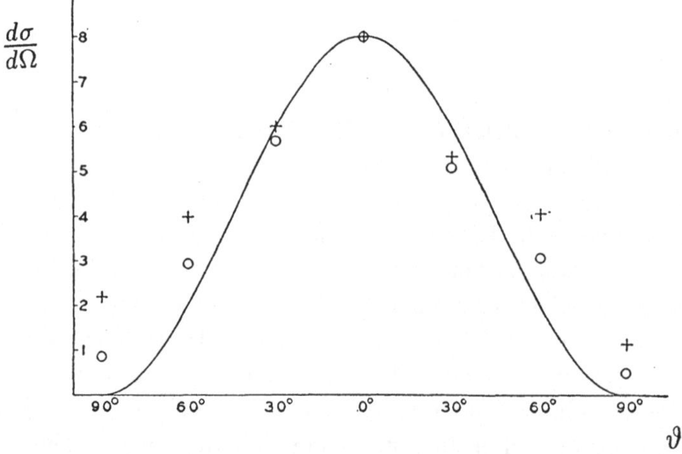

Bild 5.30 Die Winkelverteilung von ausgestoßenen Elektronen beim Photoeffekt mit linear polarisiertem ultavioletten Licht an Atomen im Natriumdampf. Aufgetragen ist der Elektronenfluß in Abhängigkeit vom Winkel ϑ zwischen der Ausstoßrichtung und der elektrischen Feldstärke. Kreuze geben Meßwerte an, Kreise die Korrektur wegen der unvollständigen Polarisation und die Kurve die Abhängigkeit $\cos^2\vartheta$. Die Abhängigkeit kann mit der halbklassischen Näherung zwangslos erklärt werden, nicht aber mit Lichtteilchen.

Oft wird die Tatsache, daß Photoelektronen ohne Verzögerung bei Bestrahlung mit kurzwelligem Licht aus dem Kristall austreten, als ein Argument gegen die Maxwell-Elektrodynamik verwendet. Wie steht es damit in der halbklassischen Näherung, die auf dieser Elektrodynamik beruht? Unsere Berechnungen zeigten, daß es zu keiner Verzögerung kommt, obwohl man die Strahlung im Rahmen der Maxwell-Elektrodynamik beschreibt. Nachdem das Strahlungsfeld eingeschaltet ist, treten ohne Verzögerung Photoelektronen aus dem Kristall aus. Dieses Ergebnis ist jedoch idealisiert, weil wir annehmen, daß die Störung augenblicklich ihre volle Intensität erreicht. In der Tat sind dafür einige Perioden der optischen Strahlung erforderlich, also eine Zeitspanne der Größenordnung 10^{-14} s.

[1] M.A.Chaffee, *The angular distribution of photoelectrons ejected by polarized ultraviolet light in potassium vapour*, Phys.Rev. **37** (1931) 1233

Wie steht es beim Photoeffekt mit der Erhaltung des Impulses? In diesem Zusammenhang muß erwähnt werden, daß beim Photoeffekt zusammen mit dem Elektron und der Strahlung der Rest des Atoms bzw. das Kristallgitter unentbehrlich ist. Die Wechselwirkung mit dem Kristallgitter erfolgt entweder im Volumen oder nur auf der Oberfläche. In beiden Fällen muß das Gitter Impuls übernehmen. Im Volumen kann es nur bestimmte Werte des Impulses übernehmen. Das folgt aus der Bragg-Gleichung $2b \sin \frac{1}{2}\theta = N\lambda$, in der b der Abstand von parallelen Gitterebenen ist, θ der Streuwinkel, λ die Wellenlänge der Strahlung und $N = 0,\ 1,\ 2, \ldots$. Wenn man annimmt, daß die Ebenen parallel mit der Oberfläche verlaufen und die Strahlung senkrecht einfällt ($\theta = 180°$), ist $2b = N\lambda$ und die Impulsänderung betr'agt Nh/b. Die Impulsänderung kann somit nicht kleiner als h/b sein. Das führt dazu, daß die kinetische Energie der ausgestoßenen Elektronen beim Grenzwert der Frequenz von Null verschieden ist. Andererseits kann die Oberfläche des Kristalls einen beliebigen Impuls übernehmen. Auf den Photoeffekt an der Oberfläche hat die Impulserhaltung keine Auswirkung. Es kommen beide Arten von Photoeffekt am Festkörper vor, bei manchen Kristallen überwiegt die eine, bei anderen die andere Art. Diskussionen in einführenden Lehrbüchern der Quantenmechanik beziehen sich offensichtlich nur auf den Photoeffekt an der Oberfläche. Wesentlich ist, daß bei beiden Vorgängen das Kristallgitter beteiligt ist. Das Photon im Sinne eines klassischen Lichtteilchens kann nicht gleichzeitig dem Elektron und dem Kristallgitter zugleich wechselwirken.

Mancher Leser mag diese Angaben wohlwollend annehmen, aber bemerken, daß kein endgültiges Ergebnis für die Rate oder den Wirkungsquerschnitt für den Photoeffekt am Festkörper vorliegt. Dazu ist zu bemerken, daß im Rahmen der Quantenelektrodynamik die Photoionisation des Wasserstoffatoms durchgerechnet wurde. Die entsprechende Berechnung oder ihre halbklassische Näherung für den Photoeffekt am Festkörper ist anspruchsvoll, wenn man die Eigenfunktionen der Elektronen im Kristall berücksichtigt. Diese haben kein diskretes Spektrum, sie sind zu Energiebändern zusammengesetzt, innerhalb welcher das Spektrum näherungsweise wie ein Kontinuum beschrieben werden kann (Bild 5.31). Eine einigermaßen realistische Berechnung ist ziemlich anspruchsvoll. Deswegen wurde die Photoionisation als stellvertretend für den Photoeffekt am Festkörper eingehend behandelt. Es sei noch bemerkt, daß die Zustandsdichte $\rho = [V(2m)^{3/2}/2\pi^2\hbar^3]W_k^{1/2}$ für ein Elektron mit der kinetischen Energie W_k in die Gleichung (4) einzusetzen ist. Wir haben dabei die Zahl der Zustände pro Energieintervall dW_k als $2 \cdot 4\pi^2 dp \cdot V/h^3 dW_k$ ausgedrückt. Dabei ist $p = (2mW_k)^{1/2}$ der Impuls des ausgestoßenen Elektrons und das Volumen V kürzt sich mit dem Volumen im Nenner des Quadrats des Matrixelements, das von der Normierung der Wellenfunktion herrührt.

Den Photoeffekt hat Heinrich Hertz schon 1887 entdeckt. Er bemerkte bei Experimenten mit seinen Oszillatoren, daß das Licht von Funken die Entstehung

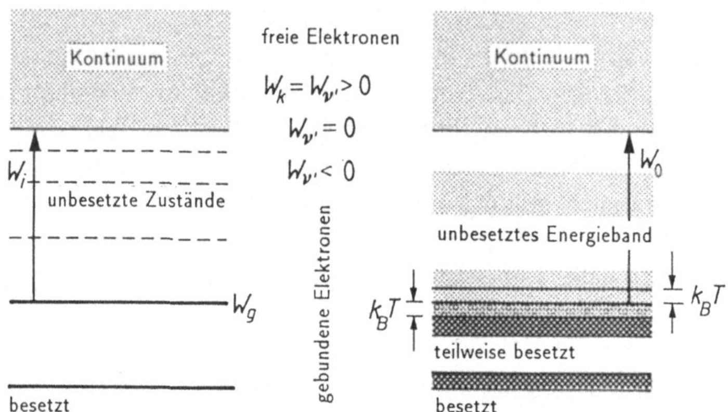

Bild 5.31 Eine Übersicht über die Elektronenzustände im Atom (links) und im Kristall eines guten Stromleiters (rechts). Im Atom entsprechen Zustände einzelner Elektronen diskreten Eigenenergien, wogegen die Zustände im Kristall zu Energiebändern zusammengesetzt sind. Das Band, aus dem die Elektronen beim Photoeffekt mit optischem Licht ausgestoßen werden, ist breit und teilweise mit Elektronen besetzt. Die Grenze zwischen unbesetzten und besetzten Zuständen, die sogenannte Fermi-Schranke, kann als scharf nur bei sehr tiefen Temperaturen angenommen werden. Bei der Temperatur T besteht ein teilweise besetztes Gebiet mit der Breite von einigen k_BT. Man pflegt Übergänge in freie Zustände ($W_{\nu'} > 0$) als äusseren Photoeffekt und Übergänge in gebundene Zustände ($W_{\nu'} < 0$) als inneren Photoeffekt zu bezeichnen. Der letztere ist wichtig in Halbleitern und Isolatoren.

von Funken zwischen geladenen Elektroden förderte. Der Vorgang wurde 1890 eingehender von Wilhelm Hallwachs untersucht. Philipp Lenard und John Joseph Thomson überzeugten sich 1899 unabhängig voneinander, daß beim Photoeffekt Elektronen ausgestoßen werden. Julius Elster und Hans Geitel fanden zur gleichen Zeit, daß der Strom durch eine Photozelle proportional der Intensität des auf die Kathode einfallenden Lichtes ist, solange sein Spektrum unverändert bleibt. P.Lenard zeigte 1902, daß die kinetische Energie der Elektronen nicht von dieser Intensität abhängt. Albert Einstein stellte schließlich 1905 die Gleichung (5) auf.[2] Im Gegensatz zu Planck, der nur die Energie der Oszillatoren quantisierte, erkannte Einstein der abgestrahkten Energie „Teilchencharakter" zu. Er berief sich dabei auf Analogie zwischen der der Entropie der Hohlraumstrahlung im Rahmen der Wienschen Strahlungsformel und der eines Gases. Seine Gleichung wurde 1915-1916 von Robert Andrews Millikan experimentell belegt.

Unmittelbar nachdem Erwin Schrödinger Näherungsverfahren zur Lösung seiner Gleichung ausgearbeitet hatte, gaben G.Wentzel[3] und Guido Beck[4] die quantenme-

[2] A.Einstein, *Über einen die Erzeugung und Verwandlung des Lichtes betreffenden heuristischen Gesichtspunkt*, Ann.Phys. **17** (1905) 132

[3] G.Wentzel, *Zur Theorie des Photoelektrischen Effektes*, Z.Phys. **40** (1926) 574; *Über die Richtungsverteilung der Photoelektronen*, Z.Phys. **41** (1927) 828

[4] G.Beck, *Zur Theorie des Photoeffekts*, Z.Phys. **41** (1927) 443

chanische Erklärung des Photoeffektes im Rahmen der halbklassischen Näherung (4) an. Eine Übersicht über spätere Arbeiten und eine in alle Einzelheiten gehende Berechnung findet man bei Arnold Sommerfeld.[5]

Auf den Mißbrauch des Photonenbegriffs beim Photoeffekt haben mit Nachdruck auch Willis E.Lamb und Marlan O.Scully hingewiesen.[6]. Dabei leiteten sie in einer konsequenten und eleganten Rechnung die bekannte Gleichung (4) her. Im deutschen Sprachraum hat sich Gerhard Simonsohn mit der Photonenvorstellung beim Photoeffekt auseinandergesetzt.[7] Heutzutage werden mit Experimenten, bei denen man beim Photoeffekt die ausgestoßenen Elektronen nach Winkeln analysiert, im Detail Zustände in Metallkristallen untersucht.[8]

> Die Mehrheit der Physiker geht anfänglich auf ein Mißverständnis ein, daß der Photoeffekt zu seiner Erklärung die Quantisierung des elektromagnetischen Feldes erfordere. [...]
>
> In der Tat werden wir einsehen, daß der Photoeffekt völlig erklärt werden kann, *ohne* sich des Begriffs der „Lichtquanten" zu bedienen. [...]
>
> Es ist ein geschichtlicher Zufall, daß der Begriff des Photons seinen stärksten frühen Beleg seitens Einsteins Behandlung des Photoeffektes bekommen sollte.
>
> W.E.Lamb, M.O.Scully[6]

> Man bemerke den vorsichtigen, bescheidenen Titel! [...] „Über einen die ... Verwandlung des Lichtes betreffenden heuristischen Gesichtspunkt" – ja, wenn es dabei geblieben wäre, bis die moderne Physik den „heuristischen Gesichtspunkt" in eine umfassende Theorie einordnen konnte!
>
> Aber es blieb nicht dabei. Es konnte nach der Lage der Dinge auch kaum dabei bleiben. Der „heuristische Gesichtspunkt für die Verwandlung" wurde auf die Ausbreitung des Lichtes, auf das Strahlungsfeld selbst, ausgedehnt. Zu einer Zeit aber, als Quantenmechanik oder gar Quantenelektrodynamik noch nicht in Sicht waren, mußte die Vorstellung von „Lichtquanten im Strahlungsfeld" zumindest in die Nähe von Newtons klassischen Lichtteilchen führen, wodurch dann ein Widerstreit klassischer Bilder entstand, der heute unter dem Namen „Dualismus" einen so breiten Raum im elementaren Unterricht einnimmt. Lichtteilchen als reine Energiequanten waren in die moderne Physik zu übernehmen. Klassische Lichtteilchen haben darin keinen Platz.

[5] A.Sommerfeld, *Atombau und Spektrallinien*, Vieweg, Braunschweig 1953, S.436

[6] W.E.Lamb, M.O.Scully, *The photoelectric effect without photons* in *Polarisation, matière et rayonnement*, Presse Univ. de France, Paris 1969, S.363

[7] G.Simonsohn, *Der Photoelektrische Effekt – Geschichte – Verständnis – Mißverständnis* im *Tagungsband*, W.Kuhn (Hrsg.), Gießen 1979, S.10; *Der Photoeffekt im einführenden Unterricht*, physica didactica **7** (1980) 3

[8] Z.B. S.D.Kevan, N.G.Stoffel, N.V.Smith, *High-resolution angle-resolved photoemission studies on Al (111) and Al (001)*, Phys.Rev.B **31** (1985) 1788; S.D.Kevan, R.H.Gaylord, *High-resolution photoemission study of the electronic structure of the noble-metal (111) surfaces*, Phys.Rev.B **36** (1987) 5809

...

Will man den äußeren Photoeffekt im einführenden Unterricht nicht nur um seiner historischen Schockwirkung willen behandeln, sondern ihn nutzen, um den Anfänger in ein Verständnis der Wechselwirkung zwischen elektromagnetischer Strahlung und Materie einzuführen, auf dem Schritt für Schritt aufgebaut werden kann, so kann der theoretische Rahmen m.E. nur die semiklassische Theorie sein, mit der in der Physik heute tatsächlich eine kaum übersehbare Fülle von Prozessen beschrieben und berechnet wird, nicht nur der Photoeffekt.

G.Simonsohn[7]

Schlußwort

Abschließend wollen wir die Schwierigkeiten, die die Einführung von Photonen in der elementaren Quantenphysik begleiten, kurz zusammenfassen. Photonen gehören weder in die nichtrelativistische Quantenmechanik noch in die klassische Elektrodynamik, somit auch nicht in die halbklassische Näherung. Sie gehören in die Quantenelektrodynamik. Die Grundsätze, mit denen man die Ungleichung für die Unbestimmtheiten des elektrischen und magnetischen Feldes ursprünglich einführte, sind nicht leicht übersehbar. Für die Feldquantisierung sprechen entweder sehr kleine Abweichungen von klassischen Voraussagen, die größtenteils auf die Nullpunktsenergie des Feldes zurückgeführt werden können, wie die Casimir-Kraft oder die Lamb-Verschiebung, oder Ergebnisse, die man klassisch überhaupt nicht voraussagen kann, bei sehr anspruchsvollen Experimenten, z.B. mit nichtklassischem Licht.

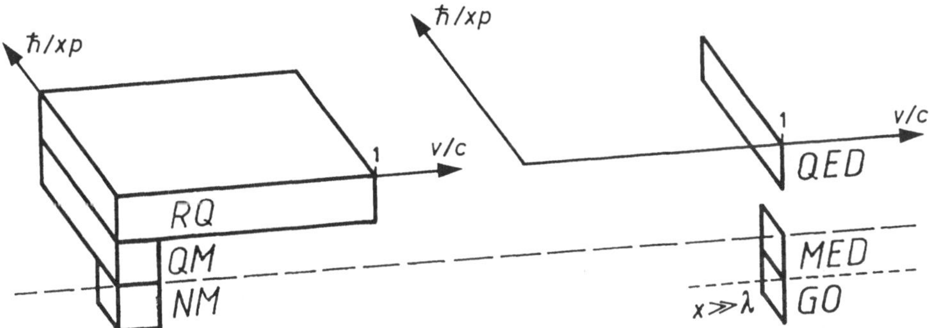

Bild 5.32 Eine Übersicht der Bereiche der relativistischen Quantenmechanik (RQ), der nichtrelativistischen Quantenmechanik (QM) und der Newton-Mechanik (NM) für Teilchen mit Masse (links) und der Quantenelektrodynamik (QED), der Maxwell-Elektrodynamik (MED) und der geometrischen Optik (GO) für freie elektromagnetische Wellen (rechts). Auf die horizontalen Achsen sind der Kehrwert der Wirkung und die Geschwindigkeit aufgetragen. x, p und v entsprechen typischen Werten von Entfernung, Impuls und Geschwindigkeit. Zwischen Teilchen mit Masse und freien Wellen gibt es keine echte Symmetrie. Die halbklassische Näherung umfaßt QM und MED.

Bei der Einführung der Quantenphysik, bei der man sich hauptsächlich auf den Photoeffekt und Compton-Effekt stützt, kann man sich kaum auf die erwähnten Experimente berufen. Trotzdem ist der Begriff des Photons so verlockend, daß man nicht ohne ihn auszukommen glaubt. Die einfache Deutung der Experimente, bei denen man die Planck-Konstante mißt, verleitet dazu.

Dabei kommt man nicht ganz umhin, Photonen als „Energieportionen" einzuführen. Mit dem Compton-Effekt kann man dann einfach zeigen, daß sie auch Impuls besitzen. Es soll bemerkt werden, daß die Beziehung zwischen Energie und Impuls im Rahmen der klassischen Elektrodynamik liegt. Man muß dabei betonen, daß zwar Photonen Energie und Impuls zugeordnet werden können, daß man aber nichts über ihren Ort sagen kann. Mit den Photonen machen wir einen Schritt aus der klassischen Elektrodynamik in die Quantenelektrodynamik, auch wenn wir uns nur auf den „kinematischen Teil" der letzteren begrenzen. Man muß sich bewußt sein, daß der Photoeffekt und Compton-Effekt in der halbklassischen Näherung erklärt werden können. Photonen sind daher zur Erklärung dieser Effekte nicht zwingend.

Von der prinzipiellen Seite läßt die halbklassische Näherung zu wünschen übrig, weil man in ihr Teilchen mit Masse im Rahmen der neuen Theorie beschreibt, d.h. in der Quantenmechanik, elektromagnetische Strahlung aber im Rahmen der alten – d.h. in der klassischen Elektrodynamik. Es wäre wünschenswerter, beides im Rahmen der neuen Theorie, also Wellen im Rahmen der Quantenelektrodynamik, zu beschreiben (Bild 5.32).

Photonen soll man sich weder als Massenpunkte noch als verschmierte Gebilde vorstellen. In der nichtrelativistischen Quantenmechanik ist der Begriff des Teilchens eine Verallgemeinerung des Begriffs des Massenpunktes der Newton-Mechanik. Die Energie von Elektronen bleibt hier klein gegenüber der Ruheenergie, es können keine Paare entstehen und es sind keine Positronen vorhanden. Außerdem sind Elektronen Fermionen mit Spin $\frac{1}{2}$, für die das Pauli-Prinzip gilt, Photonen sind aber Bosonen, für die das Prinzip nicht gilt. Oft hängen Begriffe vom Zusammenhang ab, in dem sie benutzt werden. Im Zweifelsfall kann es manchmal nützlich sein, wenn ausdrücklich die jeweilige Theorie angeführt wird. In Behauptungen über Photonen soll man äußerst vorsichtig sein um falsche Eindrücke und Vorstellungen zu vermeiden.

Physiker – unter ihnen auch bekannte – drücken sich gelegentlich locker aus. Im allgemeinen sollte man ihnen das nicht verübeln. Etwas schärfer sollte man irreführende Behauptungen in Lehrbüchern beurteilen. In vielen Fällen wäre es angebracht, wenn der Autor eine eingehendere Erklärung hinzufügen würde. Die Äußerung von R.P.Feynman über die Ähnlichkeit von Elektronen und Photonen könnte man z.B. so verstehen, daß bei hoher Energie die Ruheenergie von Elektronen bedeutungslos wird. Wenn man dann einzelne Elektronen oder Photonen beobachtet, ist es auch belanglos, wenn in der Vertauschungsbeziehung der Vernichtungs- und Erzeugungsoperatoren hier ein Minus- und da ein Pluszeichen auftritt.

Lange wurde in der Quantenelektrodynamik der Standpunkt der Hochenergiephysik bevorzugt, in der man sich auf die Ähnlichkeit von Elektronen und Photonen in der angegebenen Weise berufen konnte. Nach der Entdeckung der Laser begann sich der Standpunkt allmählich zu ändern. Unsere Darstellung wird ihren Zweck erreichen, wenn der veränderte Standpunkt auch in die Ausbildung der Physiklehrer Eingang findet.

In der heutigen theoretischen Physik spürt man oft, daß man auf Schwierigkeiten stößt, wenn man zu viel auf anschauliche Vorstellungen setzt. Jemand, der die Gleichungen nur von der formalen Seite betrachtet, gerät nicht in solche Schwierigkeiten. Es scheint, daß in der heutigen Physik der Formalismus unausweichbar ist. Jedoch können Physiker und besonders Physiklehrer auch nicht ohne anschauliche Vorstellungen auskommmen. Da scheint Feynmans Standpunkt eine Brücke zu schlagen: man soll sich Vorstellungen auch oder besonders anhand von Erfahrung mit Gleichungen bilden. Solche „Erfahrungen mit Gleichungen" will unsere Darstellung der Quantentheorie des elektromagnetischen Feldes in elementarer Form vermitteln.

Literatur

A.I.Achieser, W.B.Berestezki, *Quantenelektrodynamik*, H.Deutsch, Frankfurt 1962

H.Haken, *Licht und Materie I*, Bibliographisches Institut, Mannheim 1979

E.G.Harris, *Quantenfeldtheorie, eine elementare Einführung*, R.Oldenbourg, J.Wiley, München, Frankfurt 1975

W.Heitler, *The Quantum Theory of Radiation*, Clarendon Press, Oxford 1954

L.D.Landau, E.M.Lifschitz, *Quantenfeldtheorie*, C.Hanser, München 1976

R.Loudon, *The Quantum Theory of Light*, Clarendon Press, Oxford 1973

D.Marcuse, *Engineering Quantum Electrodynamics*, Hartcourt, Brace & World, New York 1972

E.Sargent III, M.O.Scully, W.E.Lamb, Jr., *Laser Physics*, Addison-Wesley, Reading, Mass. 1974

J.Schwinger (Hrsg.), *Quantum Electrodynamics*, Dover, New York 1958

Sachwortverzeichnis

Aus unserer Reihe:
vieweg studium, Aufbaukurs Physik
herausgegeben von Hanns Ruder

Band 69:

Quantentheorie I

von Horst Rollnik

1995. Ca. 250 Seiten. Paperback.
ISBN 3-528-07269-5

Aus dem Inhalt: Physikalische Grundlagen der Quantenmechanik – Wellenmechanik – Axiomatischer Aufbau der Quantenmechanik – Anhänge zur Mathematik.

Band 70:

Quantentheorie II

von Horst Rollnik

1995. Ca. 250 Seiten. Paperback.
ISBN 3-528-07270-9

Aus dem Inhalt: Quantisierung des harmonischen Oszillators, Phononen, Photonen – Quantentheorie des Drehimpulses, Elemente der Atomphysik – Quantenmechanik mehrerer unterscheidbarer Teilchen – Einführung in die Relativistische Quantentheorie.

Über den Autor: Prof. Dr. Dr. h. c. Horst Rollnik lehrt und forscht am Physikalischen Institut der Universität Bonn.

Geometrie und Symmetrie in der Physik

Leitmotive der Mathematischen Physik

von Martin Schottenloher

1995. Ca. 300 Seiten. Kartoniert.
ISBN 3-528-06565-6

Aus dem Inhalt: Einführung in die Geometrie, Symmetrie und Physik – Klassische Mechanik – Quantenmechanik – Elektrodynamik und Relativitätstheorie – Eichinvarianz – Anhänge zu Mannigfaltigkeiten, Lie-Gruppen und Lie-Algebren.

Ohne Mathematik ist ein tiefes Verständnis der Physik nicht möglich. Dabei werden in jüngerer Zeit besonders differentialgeometrische und gruppentheoretische Methoden mit Erfolg angewandt. Dieses Lehrbuch für die höheren Semester legt die notwendigen mathematischen Methoden anhand physikalischer Anwendungen dar und ist somit sowohl für Physiker interessant, die Einblick in die mathematische Beschreibung ihrer Wissenschaft gewinnen wollen, als auch für Mathematiker, die wissen wollen, wie die abstrakten Konzepte der modernen Mathematik angewandt werden.

Über den Autor: Dr. M. Schottenloher ist Professor für Mathematik an der Ludwig-Maximilian-Universität in München.

Verlag Vieweg · Postfach 58 29 · 65048 Wiesbaden